高等学校规划教材

高等分析化学

李建平　主编

化学工业出版社
·北京·

《高等分析化学》从分析化学学科的发展前沿出发，介绍了目前颇受关注且应用广泛的分析方法和技术，主要包括荧光和化学发光分析法、有机试剂在分析化学中的应用、动力学分析、流动注射分析、微流控芯片分离分析、化学传感器、痕量分析及分析质量控制等章节。编写过程中，力求做到内容的系统性、科学性、先进性、新颖性和实用性，在讲授经典理论和方法的同时，注重介绍各种方法的应用实例。

　　《高等分析化学》可作为化学类专业及近化学专业如化工、冶金、材料、环境、食品等专业高年级本科生和研究生的教材，也可供化学化工等行业的科技工作者参考。

图书在版编目（CIP）数据

高等分析化学/李建平主编. —北京：化学工业出版社，2018.12（2025.2重印）
高等学校规划教材
ISBN 978-7-122-33111-3

Ⅰ.①高…　Ⅱ.①李…　Ⅲ.①分析化学-高等学校-教材　Ⅳ.①O65

中国版本图书馆 CIP 数据核字（2018）第 233588 号

责任编辑：宋林青	文字编辑：刘志茹
责任校对：宋　夏	装帧设计：关　飞

出版发行：化学工业出版社（北京市东城区青年湖南街 13 号　邮政编码 100011）
印　　装：北京科印技术咨询服务有限公司数码印刷分部
787mm×1092mm　1/16　印张 12¾　字数 313 千字　2025 年 2 月北京第 1 版第 2 次印刷

购书咨询：010-64518888　　　　　售后服务：010-64518899
网　　址：http://www.cip.com.cn
凡购买本书，如有缺损质量问题，本社销售中心负责调换。

定　　价：28.00 元

前　言

　　"高等分析化学"是近年来一些理科及工科院校中为化学、化工类专业的高年级本科生或分析化学、应用化学专业研究生设置的一门课程。开设本课程的目的，系着眼于分析化学学科的发展前沿，讲述"分析化学""仪器分析"等专业基础课及其他专业课中所未涉及，而又是分析化学领域当前颇受关注的方法和技术，这些方法和技术在分析化学学科的研究，以及各种涉及分析测试的领域得到了广泛的应用。

　　由于各院校化学、化工类专业的课程设置不尽相同，因而本课程的内容及体系各有不同的选择和取舍，我们根据理工科院校与分析测试方向相关专业的课程设置情况及教学大纲要求，结合多年的教学和科研经验，选取那些在实际工作中较常用并且所用仪器装置较简单的方法和技术作为本课程的内容。主要包括荧光和化学发光分析法、有机试剂在分析化学中的应用、动力学分析、流动注射分析、微流控芯片分离分析、化学传感器和痕量分析及分析质量控制等章节。在教材编写过程中，把"实用"和"浅显易懂"作为本书的主要特点。在讲授经典理论和方法的同时，注重各种方法的应用实例，适当介绍了分析化学的一些新理论、新概念、新技术及其应用，做到兼顾内容的系统性、科学性、先进性、新颖性和实用性。

　　本书可作为高等院校化学、应用化学、化学工程与工艺等专业高年级本科生的"高等分析化学"课程和化学、应用化学专业硕士研究生"近代分析化学"课程的教材，以及冶金、材料、环境、岩矿、卫生、食品等相关专业学生学习分析化学及仪器分析课程的参考资料，同时还可供分析测试工作者及相关人员阅读和参考。

　　本书为桂林理工大学"十三五"规划教材，并得到校出版基金资助。桂林理工大学丛永正博士编写了第 6 章，聂谨芳、唐宁莉、魏小平等同志参与了部分章节的编写或内容修改。本书在编写、出版过程中得到了桂林理工大学魏小平等同志的大力帮助和支持，在此表示衷心的感谢。

　　本书讲义在我校使用多年，经过了实践检验，但限于作者水平，疏漏之处恐在所难免，希望读者不吝指正，以督促我们不断改进和提高。

编者

二〇一八年六月

目 录

第1章
绪　论

1.1　分析化学发展概述

20世纪以来，由于近代科学技术的发展，相邻学科之间相互渗透，分析化学的发展经历了3次巨大的变革，大体上可以划分为3个时代。

(1) 化学分析

20世纪初期，以化学分析为主，可以定量测定到0.1%～0.2%的组分。含量低于上述组分，只能定性分析确认其存在，但不能定量测定。

(2) 仪器分析

20世纪40～50年代，第二次世界大战前后，核材料和半导体电子材料的发展，提出了大量痕量分析的新要求，促进了分析化学中物理方法的发展，一些简便、快速、灵敏的仪器分析方法，逐步取代了繁琐费时的经典化学分析方法，进入了近代痕量分析时代。将测定组分含量大于1%的称为常量组分；含量为0.01%～1.0%的称为微量组分；含量小于0.01%称为痕量组分。

(3) 现代分析科学

20世纪70年代末到现在，以计算机和化学计量学的应用为主，提供物质更全面的信息，进入了计算机信息时代。现代分析技术检出限已有重大改善，可以测定pg（10^{-12} g）甚至fg（10^{-15} g）级的痕量组分。现代分析科学吸取了当代科学技术的最新成就（化学、物理、数学、电子学、生物学等），利用物质一切可以利用的性质（光学、电学、磁学、热学、声学等），建立表征测量的新方法、新技术，开拓了新领域。现代分析化学的重点领域主要有以下几个方面。

1.1.1　痕量分析

随着科学技术的发展，痕量组分在材料科学、环境科学、生命科学等领域的作用，已越来越引起人们的重视。因此痕量组分的测定（痕量分析）是现代分析化学引人瞩目的前沿课题之一，由于被测组分的含量太低，不仅要求其测定方法具有很高的灵敏度、一定的准确度和选择性，而且还有许多较为特殊的问题和困难需要予以注意和克服，而后者在一般的分析化学课程中很少涉及，但这些问题在进行痕量分析时又必须重视，因此是本课程所要讨论的内容。

20 世纪 40 年代，第二次世界大战中，美国制造原子弹，建立原子反应堆，提纯核材料，使痕量分析成为分析化学中最重要的领域。高技术核材料要求"核纯"，由于钐、铕、钆等稀土元素具有很高的热中子俘获截面，必须仔细提纯除去。如原子反应堆使用的高纯石墨材料，上述杂质含量必须低到 0.1ng/g 级。第三代高分辨率锗辐射探测器采用高纯金属锗制备，其杂质含量低达 pg/g（10^{-12} g/g）级。这些高纯材料的提纯过程，必须依赖高灵敏度的痕量分析方法，对其纯度作出可靠的评价。

20 世纪 50 年代初期，电子学中半导体材料崛起，观察到半导体的电性能与杂质含量有关。由于重金属杂质具有电活性，严重降低单晶硅中载流子的寿命，所以其含量须在 1ng/g 或 0.1ng/g 以下，测定杂质含量在 10^{-8}％～10^{-6}％或更低。半导体材料使人们认识到痕量元素在超纯材料中的重要性，从而开辟了痕量分析的新时代。

现在最纯的单晶硅已经达到 10 万亿个硅原子中只有 3 个杂质原子，即杂质含量为 0.3pg/g。

光导纤维传导的光通讯，在声讯技术方面是划时代的重大突破。光导纤维材料中某些有色金属，如铁、锰、钒、铜、钴、镍、铬等杂质吸收光，降低光的传导效率。因此光导纤维的通讯容量取决于光导纤维的纯度。一般要求将这些杂质的含量控制在 ng/g～pg/g（ppb～ppt）级。这一新技术的发展，往往与光导纤维材料中痕量杂质的准确测定密切相关。

高度集成化的半导体器件对水的纯度提出了越来越高的要求。现行电子工业部颁标准所提出的<0.5ppb 离子浓度已满足不了微电子工业发展的需要，目前需要监测低至 0.01ppb 的离子浓度和 10ppb 左右的杂质气体浓度，但我国尚无满足要求的分析实验室，不得不将水样送国外实验室分析。

在高技术材料研究中，痕量元素分析不仅需要控制痕量元素的含量，而且需要了解元素的状态、结构及空间分布情况。从组成到形态分析，从总体到微区分析；从整体到表面、分布及逐层分析，从宏观组分到微观结构分析；从常量到微量及微粒样分析等。在高技术材料分析中已经广泛采用各种分析技术（见图 1-1），对材料的组成、分布、结构等进行表征测量。

20 世纪 80 年代涌现出两项世人瞩目的尖端研究——高温超导材料及室温核聚变，分析方法的灵敏度和可靠程度，已被认为是深入探讨其理论的基础及解决争论的关键。在高温超导材料研究中，已经深入到材料的组成及结构分析的探讨中。而室温核聚变由于有关产物分析的灵敏度和准确度缺乏可靠性，难以重复，已被基本否定，而处于冷落状态。由此也可看出，发展现代痕量分析化学的重要性。

现代高技术材料科学的迅速发展，为痕量分析化学提出了一系列新课题。如微电子工业

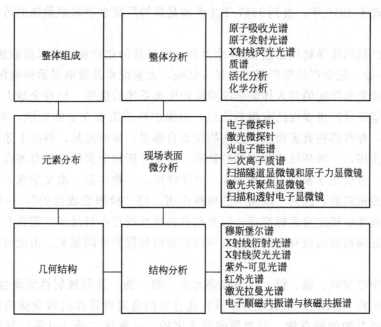

図1-1 材料分析的各种技术

中超大规模集成电路组件，已经采用微型纳米（nanometer，10^{-9} m）技术，出现了所谓纳米材料、纳米结构、纳米工程等一种新领域。纳米尺度晶体管器件只有25nm，相当于一根头发直径的1/3000，比100个原子排列起来稍大一点。这种崭新的微电子学正处于研究阶段，如果成功，由它制造出的新型计算机的计算速度将会提高几个数量级，能对人类语言、复杂的视觉图像，做出智能判断。

微型纳米材料由于试样微小，已经无法进行采样细分，微粒及微区分析成为现代分析化学中最有发展潜力的领域之一。近来发展的场发射枪聚焦电子束的电子显微技术，已经使横向分辨高达0.5nm，可作厚度为2~3个原子层的表征测量。利用场离子显微技术进行原子微探针分析，可分辨单个原子。由于试样向微型化发展，利用微束技术在微区进行痕量分析是发展微区、表面、纵深剖析的重要研究方向。新近发展的电子扫描显微镜技术已可观察单个原子运动轨迹。这些新技术对于微电子材料、半导体材料、薄膜材料的研究和发展，具有十分重要的意义。

1.1.2　环境分析化学

20世纪60年代以来，环境污染所造成的危害引起人类极大的关注。过去人类的健康依赖于对传染病的预防和治疗，现在环境污染已成为死亡的主要原因，如癌症、心血管疾病、动脉硬化等。世界上每年死于癌症的有500多万人，其中80%~90%由环境污染而致死。如80年代以来，在日本，癌症已取代中风成为死亡的主要原因。据"国际吸烟和癌症会议"估计，全球每年平均约有300万人死于与吸烟有关的疾病。

人体从环境中接触致癌物，潜伏期平均为15~20年。因此系统研究环境污染对人体的毒性作用很困难。如众所周知的公害日本水俣病（汞中毒），早在1953年就在该地区发现这种畸异病的症状，到1968年才确认是痕量甲基汞中毒所致，长达15年之久。富山市骨痛病

（镉中毒），发现于 1910 年，直到 1967 年才弄清是炼锌厂废水带来痕量镉的污染所引起，长达 57 年。

至今人们已知的化学物质已达 1000 余万种，而且新的化合物仍在以指数速度方式增长，每 7～8 年翻一番。化学产品年产量已超过 5 亿吨，大量废水及废渣导致环境污染。

环境退化及其所伴随的对人体健康的威胁和生态系统的破坏，已在全球大规模出现。人们对于保持环境质量的重要性已有深刻认识，但保护环境需要充分的知识，如在空气、水、土壤和食品中，存在哪些有害物质？这些物质来自哪里？显而易见，解决上述问题，分析化学家应起核心作用，了解环境中存在哪些物质，需要分析化学家研究和发展高灵敏、高选择性的分析技术。分析化学家应与气象学家、海洋学家、生物学家、水文学家、气候学家等开展合作研究，追根求源，起到"眼睛"的侦察作用。把"检测变成保护"，一切环境保护战略均应立足于真实的规定有害标准值，以及在有害物质的存在量远未达到该有害标准值之前就能检测出。提前检测出该有害物质，就可以把检测和保护等同起来。由此可见环境分析的重要性。

化学元素中已知砷、镉、铍、钇为致癌元素。镭、铀、钍等放射性元素也是致癌元素。国际癌症研究机构（IARC）对致癌元素及其化合物的危险性曾作过较全面的评价，如含砷化合物是人们所共知的剧毒物，但单质砷是无害的，三氧化二砷（砒霜）及砷酸盐类有剧毒。1956 年世界上最大的砷中毒，即日本"森永奶粉事件"，是由于生产奶粉时添加的乳质稳定剂磷酸二氢钠中含 3%～6% As_2O_3。现在研究表明含砷药物（如 666 等）、含砷量高的饮用水及砷职业环境会引起皮肤癌。台湾台南地区居民长期饮用含砷量高（0.24～0.96μg/g）的井水，发现慢性砷中毒，即所谓"黑脚病"流行，皮肤色素沉着变黑，角化肥厚，龟裂性溃疡，有的恶变成皮肤癌。

镉污染也带来危害，实验表明镉是唯一能引起大鼠高血压的痕量元素。高血压在西方国家成为一种常见的多发病，据报道，美国 28 个城市中高血压的死亡率和空气中传播的镉含量有密切关系。香烟中的镉含量为 1～2μg/支，吸烟时有 70% 进入烟雾。每天吸一包烟，在人体内将积累 1.5μg 镉，每年积累 0.5mg 镉。

稀土元素中钇及钪具有致癌作用，进入人体后排出速度慢，具有长期积累作用。我国稀土资源极为丰富，随着稀土的推广应用，稀土元素也会进入生活环境。如稀土微肥对农作物有较明显的增产效果，已进行农田试验。还有加稀土的铁锅、化妆品、毛线等等。由于某些稀土元素的致癌作用，长期毒性试验尚在进行中，对稀土元素在生产生活的实际应用，我们应理性看待。

痕量元素在环境或毒理方面的影响与其存在形式密切相关，元素的化学形态可划分为 3 大类：元素、元素无机化合物、元素有机化合物。某一元素的不同化学形态都具有不同的环境分布和毒害。因此，在环境科学中有关元素形态的研究日益重要，元素形态分析也在迅速发展，已成为环境科学中的研究热点。

1.1.3 生物分析化学

生命科学已被人们视为 21 世纪的中心科学。它涉及生物特别是人的生长、生殖、代谢、疾病、衰老及死亡等生命现象。由于蛋白质、核酸等生物分子的人工合成，以及组成、结构与功能间关系的研究，揭示了生命过程的奥秘，生命科学的研究向分子水平发展，进入了一个崭新的阶段。随着生命科学的发展，生物分析化学应运而生。生命科学研究中涉及的生物工艺学、基因工程、分子生物学和遗传学的影响，对分析化学家提出了挑战。生命科学的发展正在促进分析化学的发展。1987年，在美国国家标准局（NBS）召开的"痕量分析讨论会"上，研讨了痕量分析化学的过去、现在和未来。认为痕量分析的重点已从环境问题方面转移到生物分析化学方面。

美国匹兹堡分析化学及应用光谱会议是世界分析化学方面最大的学术会议，被誉为"世界分析化学及分析仪器的窗口"，可以观察到分析化学的发展动向。1989年以来的历届会议上交流的论文中，生物分析及生命科学的论文数量逐年增加，在生物分析及生命科学中应用最多的色谱、质谱、电化学、红外光谱等分子分析方法居于前列。它们的论文总数已超过会议论文总数的一半。无机分析中应用最多的原子分析方法，如原子发射光谱、原子吸收、X射线荧光光谱已退居次要地位，占论文总数中不到10％。专题讨论也反映了这一发展动向，生物分析及生命科学以及与其关系密切的色谱、质谱、电化学分析的专题讨论会最多，占专题讨论会总数一半以上。其中1989年会议的主题是90年代中分析化学在生物工程及生物药物领域中的作用。美国Bristol-Myers生物工程副主席R.Elander向分析化学家呼吁：生物化学家通过遗传工程已有大量实用的蛋白质，可提供给人类。在90年代中，蛋白质工程肯定会全部走向为消费服务。但在10万个有用的人体蛋白质中，已知结构的仅2000个（占总数2％）。人们开始懂得蛋白质的第一代结构，但对于第二、第三和第四代结构知道得很少。酶化学家十分需要生物传感器及控制分析。在化粪池中进行深度发酵，使大肠杆菌产生人体蛋白质，这是在非常肮脏的环境中工作。目前还没有性能可靠的控制pH值、溶解氧及氧化还原的在线传感器，来监测生物反应器内反应进行的程度。世界上已有860个生物工程公司，其中有一半在美国。生物工程产品要求无毒、保证质量，必须经过严格的分析检验。由于缺乏先进的分析方法和分析仪器，目前获得批准生产的生物工程新产品每年仅有1～2个，只有分析化学家和生物化学家紧密合作，才能促进生物工程及生物药物的发展。

所有生命过程都是通过生物大分子（包括酶、核酸和受体）和各种不同结构的小分子（如激素、神经传导物质、神经调节物质和微量元素等）之间的相互作用而调节。人们控制复杂生物过程的能力，依赖于在分子水平上对生物过程的了解程度。所以，化学正处于能对生理学、医学做出重要贡献的地位。如在癌症的研究方面，人们发现当正常细胞转变成恶性癌细胞时，其生长异常，体内无限制的增长，对生命造成威胁。近年来在癌症研究中最引人注目的进展，是发现在正常细胞中有导致细胞恶化的基因。这类基因与正常细胞转化为恶性细胞病毒的基因（癌基因）相似或相同。分析化学家能够测定正常基因和致癌基因的核苷酸序列，当细胞的一个基因中的一个核苷酸被改变时，就能使基因产物中一个特定的氨基酸被另一氨基酸所取代，结果使正常细胞转变成恶性细胞。在分子水平上分析鉴定正常细胞与癌细胞的蛋白质之间的差异，为研制新的治癌药物提供了基础，能更合理的研究新治疗方法。现在对癌的起源和癌症的化学治疗都已取得富有成效的进展。

生物分析化学的发展对生命科学提供了新的机遇和挑战。远从DNA双螺旋的发现，近从人类基因测序的完成，紧接着基因组学、蛋白质组学、代谢组学、金属组学，以至当今提出的系统生物学、合成生物学等都与分析化学（科学）相依相随。生命科学研究的两大根本目的"揭示和阐明生命物种的起源和本质"、"改善和提高人类自身的生活品质和生存时间"使得生命分析化学的内涵变得更加广阔，任务更加艰巨，学科交叉更加深入。

世界各发达国家都将生命科学列为优先发展领域，而美国居领先地位。据美国国家科学基金会（NSF）统计资料，1990 年美国大学的研究及开发经费为 134 亿美元，生命科学研究经费占 54%，化学研究经费仅占 5%。美国大学的化学家为了获得充分的经费，纷纷投入生命过程中化学的研究，已经形成生物无机、生物分析、生物有机、生物物理化学等生命化学新领域。我国在 2000 年前发展高科技战略规划中，也将生物技术列为 7 个重点领域之一。生命科学的发展已经向分析化学提出了新的挑战。

1.1.4 联用技术

联用分析技术已成为当前仪器分析的重要发展方向。将几种分析方法结合起来，其中特别是将一种分离手段（如色谱方法）和一种检测方法结合组成的联用分析技术，不仅有可能将它们各自的优点汇集起来，起到方法间的协同作用，从而提高方法的灵敏度、准确度及分辨能力，同时还可能获得两种方法各自单独使用时所不具备的某些功能，以得到更多、更全面的信息。例如，在环境科学研究中，分析化学家面临的挑战是需要在很多无害化合物的复杂混合物中测定某一特定的痕量化合物。例如二噁英（dioxin）家族中的四氯二噁英（TCDD）有 22 种异构体，其中毒性最大的 2,3,7,8-四氯二噁英，比次毒性的 2,3,6,9-四氯二噁英的毒性高 1000 倍。应用色质联用技术能分离测定 10^{-12} g/g（ppt）级 22 种四氯二噁英的异构体。

2,3,7,8-四氯二噁英　　2,3,6,9-四氯二噁英

联用分析法定义为"由合适的接口把两个分开的分析技术连接起来，一般还靠一台计算机把所有的部件都连接起来"。联用法起到增加定性分辨能力，增加分离能力以及能体现出方法之间的协同效应。目前联用较多的是色谱与光谱之间的结合。原子光谱与色谱结合可提供色谱峰的元素信息，质谱、红外光谱、拉曼光谱、核磁共振波谱、紫外-可见光谱以及荧光光谱等与色谱结合可提供色谱峰的分子结构信息。此外，有热重分析仪与傅里叶红外光谱的联用和流动注射分析与原子吸收光谱或电感耦合等离子体质谱的联用。也有一个分离技术和两个光谱仪联用的，如：气相色谱-质谱-红外光谱的联用仪和液相色谱-质谱-质谱的联用仪。气相色谱-质谱-红外光谱的特点是有些异构体进行质谱鉴定时不能给出确切的结构式，这时可利用异构体在红外光谱上的不同出峰位置给予区别，再与标准谱图对照后就可给出较确切的鉴定结果。液相色谱-质谱-质谱联用仪的特点是与两台质谱仪联用后可大大提高质谱的灵敏度和选择性，而且只需要很少量的样品净化工作量，因此由色谱得到的峰不一定要求得到 100% 的分离。

在水质监测中，美国环境保护局建立了气相色谱-质谱法测定水中痕量有机物质的方法。仅此项测定，每年花费 1 亿美元。但很多有机化合物不具有挥发性，气相色谱法不能检测出。有些有机化合物的质谱尚无谱图可查，结果约有一半有机化合物未能测出。人们认为液相色谱与多种光谱法联用，将是适宜的方法。

日本已经建立河水、海水中有益元素及某些痕量元素的分析方法，但方法的灵敏度和选择性均欠理想。美国环境保护局采用高灵敏度的等离子体—质谱（ICP-MS）法检测湖水中 45 种元素，检测限一般达到 0.2ng/mL。应用此法对美国东部 118 个湖泊中 45 种元素进行

测定的结果，在所有湖泊中都能检测出的元素仅 5～6 种，80％湖水中待测元素约有一半未检测出。需将湖水浓缩 10～1000 倍，才能检测出全部元素。他们认为在环境分析中，由于试样的复杂性，应采用多种联用技术（见表 1-1），才能满足复杂样品的多种多样的分析要求。

表 1-1　联用技术在环境分析中的应用

检测器	分离单元	环境分析中的应用
FT-IR	HPLC,SFC	多组分(非挥发及热不稳定性)分析
NMR	GC,HPLC,SFC	多组分(半挥发及非挥发性)分析
FT-IR/MS	HPLC,SFC	多组分(非挥发及热不稳定性)分析
ICP-MS	HPLC,FIA	形态分析,同位素稀释,复杂样品分析
FAB/MS	HPLC,SFC	多组分(低质子亲和的非挥发性)分析

1.1.5　计算机的应用

电子计算机，特别是微机的引入是 20 世纪 70 年代中期开始的，到 70 年代末期已得到普遍应用，现已成为先进分析仪器的必备组成部分，计算机的应用可使操作和数据处理快速、准确与简便化，较大型计算机的应用已使分析仪器和分析方法大为改观，出现了分析仪器的智能化。各种傅里叶变换仪器相继问世，如 FT-IR、FT-MS、FT-NMR 等，比传统的仪器具有更多的功能和优越性，如提高灵敏度、快速扫描、便于与其他仪器联用等。计算机技术还使许多以往难以完成的任务，如实验室自动化、谱图检索、数理统计轻而易举地完成。近年来，由于计算机和计算科学的发展以及数学向分析化学的渗透，引起了一门新科学的出现，这就是化学计量学，它是利用数学和统计学的方法设计或选择最佳的测量条件，并从分析测量中获得最大程度的化学信息，以协助分析化学家解决越来越多的问题，因而受到重视。

1.2　仪器分析概述

1.2.1　仪器分析的发展史

仪器分析的发展与分析仪器的发展息息相关，分析仪器的发展史接近 100 年。

第一阶段从 19 世纪 20 年代开始，最早的仪器是较简单的设备，如天平、滴管等。分析工作者用目视和手动的方法一点点地取得数据，然后作记录，分析人员介入了每一个分析步骤。

第二阶段是 1930～1960 年间，人们使用特定的传感器把要测定的物理或化学性质转化为电信号，然后用电子线路使电信号再转化为数据，如当时的紫外及红外光谱、极谱仪等，分析工作者用各种电钮及各种开关来使上述电信号转化到各种表头或记录器。

1960 年以后微机的应用，也就形成了第三代分析仪器。这些计算机与分析仪器相联，用来处理数据。有时可以用计算机的程序送入简单的指令，使分析仪器自动处于最佳操作条件，并监控输出的数据。但脱离了计算机，当时的分析仪器还可以独立工作。一般要求工作者必须对计算机十分熟悉才能使用这类系统。

微处理机芯片的制造成功，进一步促进了第四代分析仪器的产生。微处理机是该仪器中一个不可分割的部件，直接由分析工作者输入指令，同时控制仪器并处理数据，并以不同方式输出结果，同时也可以对仪器的各部件进行诊断。数据处理速度及内存量的增加使数据的接收及处理非常快速。新的技术如傅里叶变换红外光谱仪和核磁共振仪的相继出现，都是用计算机直接操作并处理结果的。有时可以仅用一台计算机同时控制几台分析系统，键盘和显示屏代替控制钮、数据显示器等。某一特定分析方法的各种程序及参数都预先储存在仪器中，操作更为简单。

第五代分析仪器始于 20 世纪末，此时计算机的价格/性能比进一步改进，因而有可能采用功能十分完善的个人计算机来控制第四代分析仪器。因此分析工作中必不可少的制样、进样过程都可以自动进行。已经有一些仪器制造商可以提供工作站，其中包括各种制样技术，如稀释、过滤、抽提等模式，样品在不同设备中的移动可以用流动注射或机器人进行操作。目前对于环境样品的分析已有这类标准模式的全自动仪器出售。高效的图像处理可以让工作及监控分析过程自动进行，并为之提供报告及结果的储存。

1.2.2　仪器分析的发展是多种学科交叉发展的结果

仪器分析的发展与社会及科技的要求相适应，仪器分析的发展是多种学科交叉发展的结果。以下 30 余位在不同时期荣获诺贝尔奖的科学家，他们的受奖内容都与分析仪器的发明或深入研究有关。这些科学家分布在物理、化学、生物学等各个领域，由此也可以看出，分析仪器的发展是多种学科交叉发展的结果，从他们在不同时期的发现也可以看出分析仪器的大致发展进程。

1901 年，W. C. Rontgen，首先发现了 X 射线的存在。

1901 年，J. N. Van't Hoff 发现了化学动力学的法则及溶液渗透压。

1902 年，S. Arrhenius 对电解理论的贡献。

1906 年，J. J. Thomson 对气体电导率的理论研究及实验工作。

1907 年，A. A. Michelson 首先制造了光学精密仪器及对天体所做的光谱研究。

1914 年，M. Von Lane 发现结晶体 X 射线的衍射。

1915 年，W. H. Bragg 及 W. L. Bragg 共同采用 X 射线技术对晶体结构进行分析。

1917 年，C. G. Barkla 发现了各种元素 X 射线辐射的不同。

1922 年，F. W. Aston 发明了质谱技术可以用来测定同位素。

1923 年，F. Pregl 发明了有机物质的微量分析。

1924 年，W. Einthoven 发现了心电图机制。

1924 年，M. Sieghahn 在 X 射线仪器方面的发现及研究。

1926 年，T. Svedberg 采用超离心机研究分散体系。

1930 年，V. Raman 发现了拉曼效应。

1939 年，E. O. Lawrence 发明并发展了回旋加速器。

1944 年，I. I. Rabi 用共振方法记录了原子核的磁性。

1948 年，A. W. K. Tiselius 采用电泳及吸附分析法发现了血浆蛋白质的性质。

1952 年，F. Block 及 E. T. S. Walton 发展了核磁共振的精细测量方法。

1952 年，A. J. P. Martin 及 R. L. M. Synge 发明了分配色谱法。

1953 年，F. Zernike 发明了相差显微镜。

1959 年，J. Heyrovsky 首先发展了极谱分析仪及分析方法。

1979 年，A. M. Cormack 及 C. N. Hounsfield 发明计算机控制扫描层析诊断法（CT）。

1981 年，K. M. Sieghahn 发展了高分辨电子光谱仪。

1982 年，A. Klug 对晶体电子显微镜的发展。

1991 年，R. R. Ernst 对高分辨核磁共振方法的发展。

1994 年，C. G. Shull 发展了用于凝聚态物质研究的中子散射技术。

1999 年，A. H. Zewail 用飞秒光谱学对化学反应过渡态的研究。

2002 年，J. B. t Fenn 和田中耕一采用软解析电离法对生物大分子进行质谱分析。

2002 年，K. Wüthrich 利用核磁共振谱学来解析溶液中生物大分子三维结构的方法。

2003 年，P. Mansfield 在核磁共振成像的研究。

2009 年，G. E. Smith 发明了生物分析用的电荷耦合器件图像传感器。

2014 年，W. E. Moerner 对超分辨率荧光显微技术的发展。

2017 年，J. Dubochet、J. Frank、R. Henderson 开发了冷冻电镜技术。

这些诺贝尔奖获得者都曾因在分析仪器方面的贡献而受到人们的肯定，也从另一方面反映了人类的进步与分析仪器的发展有着多么密切的关联。基础研究促进分析仪器的发展，而先进的分析仪器又是人类进步和基础研究不可缺少的工具。

1.3　分析仪器的组成及用途

1.3.1　分析仪器的组成

分析仪器（analytical instrument）是用来测定物质的组成、结构和某些物理及物理化学特性的装置或设备。分析仪器一般由信号发生器、检测器和信号工作站组成。信号工作站包括信号处理器、信号读出装置及其相关联的计算机工作软件。部分常用分析仪器的基本组成如表 1-2 所示。

表 1-2　常用分析仪器的基本组成

仪器名称	信号发生器	分析信号	检测器	输出信号	读出装置
可见分光光度计	样品、钨灯	光吸收	光电倍增管	电流	表头、显示器
化学发光仪	样品	相对光强	光电倍增管	电流	表头、显示器或工作站
气相色谱仪	样品	电阻或电流	热导池或氢火焰	电阻	记录仪、显示器或工作站
伏安仪	样品	电位和电流	电极	电位和电流	记录仪或显示器
离子计	样品	离子活度	选择性电极	电位	表头、显示器
库仑计	直流电源、样品	电量	电极	电量	表头、显示器

信号发生器使样品产生分析信号，它可以是样品本身，如分析天平的信号为样品的质量，酸度计的信号就是溶液中的氢离子活度，而分光光度计的信号发生器包括样品、入射光源和单色器等。

检测器是将某种类型的信号转变为可测量信号的装置，如光电倍增管将光信号变换成便于测定的电流信号，热电偶可以把辐射热信号转变为电压，离子选择性膜电极则将离子的活度转换为电位信号等。

信号处理器通常是将微弱的电信号通过电子线路加以放大、微分、积分或指数增加，使之便于读出或记录。

读出装置将信号处理器放大的信号显示出来，它可以是表针、记录仪、打印机、示波器、数显或计算机显示器。较高档的仪器通常装备有功能较齐全的全程工作站，通过多媒体软件，对整个分析过程进行程序控制操作和信号处理，自动化程度较高。

1.3.2　鉴定分子的仪器分析方法

鉴定分子的仪器分析方法见表 1-3。

表 1-3　鉴定分子的仪器分析方法

方　　法	主　　要　　应　　用
紫外和可见分光光度法	芳香族和其他含双键的有机化合物,金属元素配合物,有机化合物自由基和生物物质的测定
红外光谱	能鉴定功能团和提供指纹峰,可与已知标准谱图对比
拉曼光谱	可测水溶液,提供与红外光谱不同的功能团信息,如固体分子簇团的对称性
质谱	能给出元素(包括同位素)和化合物的分子量及分子结构信息;可鉴定有机化合物
核磁共振波谱	结构测定和鉴定有机化合物;能提供分子构象和构型信息;能测定原子数
顺磁共振波谱	有机自由基测定;电子结合信息,还可研究聚合机理
X 射线衍射分析	鉴定晶体结构(特别是无机物、高聚物、矿物、金属半导体、微电子材料)
圆二色光谱	分析药物和毒物中对映体;高聚物的基础性研究
热分析	研究物质的物理性质随温度变化而产生的信息;广泛用于研究无机材料、金属、高聚物和有机化合物;表征高聚物性能变化;测定生物材料或药物的稳定性

1.3.3　鉴定原子（及离子）的仪器分析方法

鉴定原子（及离子）的仪器分析方法见表 1-4。

表 1-4　鉴定原子（及离子）的仪器分析方法

方　　法	主　　要　　应　　用
原子发射光谱	特别适宜于分析矿物、金属和合金
原子吸收光谱	元素精确定量,金属元素痕量分析
X 射线荧光光谱	特别适用于稀土元素,可测比硫重的元素
中子活化分析	精确定量,痕量和超痕量分析元素、大多数元素的同位素
电化学分析	具氧化还原性的金属离子
ICP-质谱	同位素分析,多元素同时测定,痕量元素分析

1.3.4 分离用分析仪器方法

实际的分析对象往往是复杂的,在测定某一组分时常受到其他共存组分的干扰,同时,分析方法的灵敏度具有局限性。解决这个问题的有效方法是对待测组分进行富集,富集过程也是分离过程。表 1-5 给出了分析仪器方法。

表 1-5　分离用分析仪器方法

方　法	主　要　应　用
气相色谱(GC)	适宜于高效分离分析复杂多组分的挥发性有机化合物、同分异构体和旋光异构体以及痕量组成
液相色谱(LC)	分离不大挥发的物质,适宜于分离窄馏分
超临界流体色谱(SFC)	可分离重于气相色谱能分离的样品,柱温可比气相色谱低,分离速度和效率以及定性、选择性比 LC 优越
体积排阻色谱(SEC)	根据分子量大小分离大分子量物质
场流分离色谱(FFF)	用来分离和表征流体中粒子和(生物)聚合物
逆流色谱(CCC)	分离生化和植化样品,制备少量样品(小于 1g),比 LC 有效和经济
薄层色谱(TCL)	适宜分离极性有机化合物,高速、经济
毛细管电泳(CE)	分离无机和有机离子、中性化合物、氨基酸、肽、蛋白质、低聚核苷酸

第2章
荧光和化学发光分析法

分子荧光和化学发光分析简称荧光和发光分析法，属于发光分析的范畴。

第一次记录荧光现象的是 16 世纪西班牙的内科医生和植物学家 Monardes，他于 1575 年提到，在含有一种称为 "Lignum Nephriticum" 的木头切片的水溶液中，呈现可爱的蓝色。以后逐步有一些学者也观察和描述过荧光现象，但对其本质及含义的认识都没有明显的进展，直到 1852 年，对荧光分析法具有开拓性工作的 Stokes 在考察奎宁和叶绿素的荧光时，用分光光度计观察到其荧光的波长比入射光的波长稍长些，而不是由光的漫反射引起的，从而引入荧光是光发射的概念，并提出了 "荧光" 这一术语，他还研究了荧光强度与荧光物质浓度之间的关系，并描述了在高浓度或某些外来物质存在时的荧光猝灭现象。可以说，Stokes 是第一个提出应用荧光作为分析手段的人。1867 年，Goppelsrode 应用铝-桑色素配位化合物的荧光测定铝，这是历史上首次进行的荧光分析工作。

磷光也是某些物质受紫外线照射后产生的光。1944 年，Lewis 和 Kasha 提出了磷光与荧光的不同概念，指出磷光是分子从亚稳态的激发三重态跃迁回基态所发射出的光，它有别于从激发单重态跃迁回基态所发射的荧光。磷光位于长波波段，并且磷光寿命长，易于消除荧光背景和色散。由于这些特点，磷光分析法的理论研究及应用得到了不断发展，特别是在生命科学研究领域得到越来越广泛的引用。

进入 20 世纪以后，荧光现象被研究得更多了，在理论或实验技术上都得到极大的发展。特别是随着激光、计算机和电子学的新成就及技术的引入，大大推动了荧光分析法在理论及实验技术上的发展，出现了许多新的理论和新的方法。

在我国，20 世纪 50 年代初期仅有极少数的分析工作者从事荧光分析方面的研究工作。到了 70 年代以后，已逐步形成一支在这个研究领域中的工作队伍，研究内容已从经典的荧光分析方法扩展到荧光分析的各种新技术。

2.1 荧光分析法

荧光法根据光的波长范围不同，可分为 X 射线荧光分析法、紫外-可见荧光分析法、红外荧光分析法。根据待测物质的存在形式，又可分为分子荧光法和原子荧光法。本章主要介绍由分子产生的波长位于紫外-可见光区的荧光。

分子吸收一次光后受到激发，受激发的分子在去激发过程中再发射出波长比激发光波长更长的位于紫外-可见光区的二次光，这种光称为（分子）荧光（fluorescence）。当激发光停止照射后，发光现象随之消失。因此，荧光是一种光致发光。由于物质分子结构不同，所吸收光的波长及发射的荧光波长也不相同，利用这个性质可以鉴别物质；同种物质的浓度不同，所发射的荧光强度亦不同，利用这个性质可以对物质的浓度进行测定。利用荧光的波长和强度分别进行定性和定量分析的方法称为荧光分析法。

2.1.1 荧光分析法基本概念

2.1.1.1 荧光及其产生

分子荧光是分子吸收辐射后从激发态的最低振动能级回到基态各振动能级时发射的光。

(1) 分子的激发态——单线激发态和三线激发态

一个分子的外层电子能级包括基态 S_0 和各激发态 S_1、S_2、…、T_1、T_2…，每个电子能级又包括一系列能量非常接近的振动能级，振动能级还包括一系列的转动能级。

大多数分子含有偶数电子，在基态时，这些电子成对地存在于各个原子或分子轨道中，成对自旋，方向相反，电子净自旋等于零：$S=\frac{1}{2}+\left(-\frac{1}{2}\right)=0$；其多重性 $M=2S+1=1$（M 为磁量子数）。因此，分子是抗（反）磁性的，即其能级不受外界磁场影响而发生分裂，称为"单线（基）态"。

当基态分子成对电子中的一个吸收光辐射后，被激发跃迁到能量较高的轨道上，通常它的自旋方向不改变，则激发态仍是单线态，即"单线激发态"（或称为单重激发态），用 S_1、S_2…表示第一、第二电子激发单重态。如果电子在跃迁过程中，还伴随着自旋方向的改变，这时便具有两个自旋不配对的电子，电子净自旋不等于零，而等于 1（$S=\frac{1}{2}+\frac{1}{2}=1$）；其多重性 $M=2S+1=3$。即分子在磁场中受到影响而产生能级分裂，这种受激态称为"三线激发态"（或称三重激发态），用 T 表示；"三线激发态"比"单线激发态"能量稍低。但由于电子自旋方向的改变在光谱学上一般是禁阻的，即跃迁概率非常小，只相当于单线态至单线激发态跃迁过程的 $10^{-7}\sim10^{-6}$（见图 2-1）。

(2) 分子去激发过程及荧光的产生

室温下，大多数分子处在基态的最低振动能级，处于基态的分子吸收能量（化学能或光能等）后被激发成为激发态。处于激发态的分子不稳定，在较短的时间内可通过不同途径释放出多余的能量，通过辐射或无辐射跃迁回到基态，这个过程称为"去激发"。返回到基态时伴随着光子的辐射，则有"发光"现象产生。若分子吸收辐射时被激发至第一或更高电子激发态任一振动能级，先以无辐射跃迁形式损失其振动能后下降至第一电子激发态的最低振动能级，然后再以光辐射形式跃迁到电子基态的任一振动能级，即产生荧光。分子荧光的产生过程如图 2-2 所示。

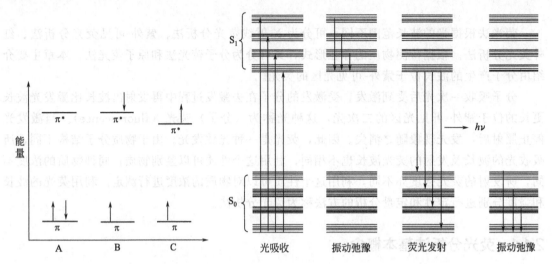

图 2-1　单线基态（A）、单线激发态（B）　　　图 2-2　分子荧光产生过程

　　　　　　和三线激发态（C）

　　荧光的产生过程分为四步：①处于基态最低振动能级的荧光物质分子受到光照射，吸收与其特征频率相一致的光，跃迁到激发态的各振动能级；②被激发到激发态各振动能级的分子，通过无辐射跃迁，降落到第一电子激发态的最低振动能级；③处于第一电子激发态最低振动能级的分子，继续跃迁至基态各振动能级，同时辐射光子（荧光）；④各基态振动能级的分子通过无辐射跃迁回到基态最低能级。

　　激发态的分子是不稳定的，它可能通过辐射跃迁和无辐射跃迁等去激发过程返回基态，其中以速度最快、激发态寿命最短的途径占优势。有以下几种基本的去激发过程。

　　振动弛豫：同一电子能级中，处于高振动能级的溶质分子与溶剂分子间发生碰撞，电子由高振动能级转至低振动能级，而将多余的能量以热的形式发出。振动时间 $10^{-13} \sim 10^{-11}$ s。

　　荧光发射：当分子处于单重激发态的最低振动能级时，去活化过程的一种形式是在 $10^{-9} \sim 10^{-7}$ s 左右的短时间内发射一个光子返回基态，这一过程称为荧光发射。

　　外转移：激发态荧光分子与溶剂分子或其他溶质分子相互作用（如碰撞）而以非辐射形式去激发回到基态的过程。

　　内转换：内转换指的是相同多重态等能态间的一种无辐射跃迁过程。当激发态 S_2 的较低振动能级与 S_1 的较高振动能级的能量相当或重叠时，分子有可能从 S_2 的振动能级以无辐射方式过渡到 S_1 的能量相等的振动能级上，这一无辐射过程称为"内转换"。当两个电子能级的振动能层间有重叠时，则可能发生电子由高能层以无辐射跃迁方式跃迁到低能层的电子激发态。

　　系间跨（窜）跃：当电子单线激发态的最低振动能级与电子三线激发态的较高振动能级相重叠时，发生电子自旋状态改变的 S-T 跃迁，这一过程称为"系间跨跃"。通常含有高原子序数的原子（如 Br_2、I_2 的分子）中，由于分子轨道相互作用大，系间跨跃较为常见。

　　磷光发射：第一电子三线激发态最低振动能级的分子以发射辐射（光子）的形式回到基

态的不同振动能级，此过程称为"磷光发射"。

从表面上看，磷光的波长较荧光的波长稍长，发生过程较慢，约为 $10^{-4} \sim 10s$。

由于三线态-单线态的跃迁是禁阻的，因此三线态寿命比较长，若没有其他过程同它竞争时，磷光的发生才有可能；同样由于三线态寿命较长，因而发生振动弛豫及外转移（外转换）的概率也高，失去激发能的可能性大，以致在室温条件下很难观察到溶液中的磷光现象。因此，试样采用液氮冷冻降低温度去活化才能观察到某些分子的磷光。

上述各去激发过程可用图 2-3 表示。

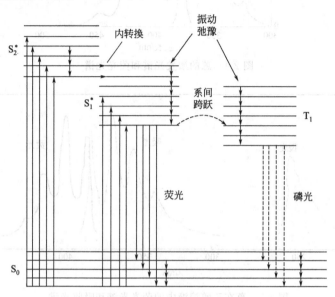

图 2-3　分子激发及去激发过程

处于激发态的分子，除可以通过上述的光辐射、热辐射方式外，还可通过化学反应和电离等不同途径回到基态，哪种途径的速度快，哪种途径就优先发生。例如发射荧光时受激分子去活化过程与其他过程相比较快，则荧光发生概率高，强度大；而发射荧光时受激分子去活化过程与其他过程相比较慢，则荧光很弱或不发生。

2.1.1.2　荧光的激发光谱和发射光谱

荧光为光致发光，因此，荧光物质都具有两个特征光谱，即激发光谱和荧光光谱。

激发光谱：固定荧光测量波长（发射波长），改变激发光的波长，测量不同波长激发光 λ_{ex} 照射下荧光强度的变化，记录荧光强度 I_F 与激发光波长的关系曲线。从激发光谱图上可找到发生荧光强度最强的激发波长 λ_{ex}，选用 λ_{ex} 可得到强度最大的荧光。

发射光谱：即荧光光谱，固定激发光波长和强度，记录在不同波长 λ_{em} 下所发射的荧光强度 I_F，所得关系曲线即不同波长下荧光强度的分布。

图 2-4 为蒽的激发光谱和发射光谱。

荧光物质的最大激发波长 λ_{ex} 和最大发射波长 λ_{em} 是鉴定物质时定性的依据，也是定量测定时获得高灵敏度的条件。根据荧光产生的性质，荧光发射波长 $\lambda_{em} >$ 荧光激发波长 λ_{ex}。

激发光谱与吸收光谱的关系：两种曲线经常相似，甚至说激发光谱是吸收光谱的复制品。在峰值处，吸收最多，发射荧光强度最大。但前者是荧光强度与波长的关系曲线，后者是吸光度与波长的关系曲线，性质不同。

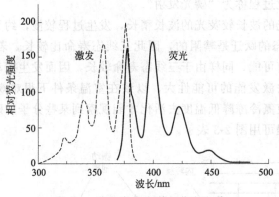

图 2-4　蒽的激发光谱和荧光光谱

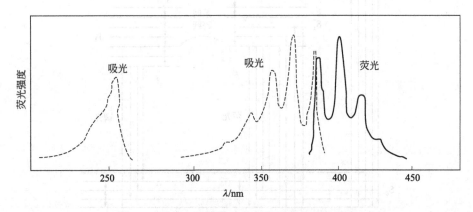

图 2-5　蒽在乙醇溶液中的荧光光谱和吸收光谱

荧光光谱和吸收光谱的关系：对比图 2-5 中蒽的荧光光谱曲线和吸收光谱曲线可以看出，

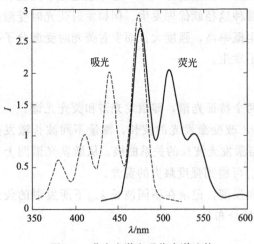

图 2-6　荧光光谱和吸收光谱比较

①吸收光谱有两个吸收带，而荧光的谱带数较少。因为荧光发生是由第一电子激发态的最低振动能级开始的，既使物质分子被激发至更高能级，也得先通过无辐射跃迁回到第一激发态，再向下跃迁产生荧光。②能级跃迁图还可看出荧光的波长比吸收光第一吸收带波长要长。③荧光光谱与吸收光谱第一吸收带的形状基本相似，且呈"镜像对称"关系（如图 2-6 所示）。吸收光谱第一吸收带形状主要由第一激发态中能级分布决定；荧光光谱主要由基态中的能级分布决定，基态的能级分布与第一激发态能级分布情况类似，故其形状相似。

2.1.1.3　荧光效率

又称荧光量子产率，是荧光物质的重要发光参数，其值由下式得到：

$$\phi = \frac{发射荧光的分子数}{激发分子总数} \quad (0 < \phi < 1)$$

荧光效率与物质化学结构及化学环境有关，而几乎与激发波长及稀溶液浓度无关。

2.1.1.4　荧光猝灭

处于激发态的荧光分子与其他分子相互作用引起荧光强度降低甚至荧光消失的现象，称为荧光猝灭（也称熄灭）。引起荧光强度降低或荧光消失的物质称为荧光猝灭剂。

引起溶液中荧光物质荧光猝灭的因素很多，主要如下。

① 碰撞猝灭　是猝灭的主要原因。指处于激发态的荧光分子 M^* 与猝灭剂 Q 发生碰撞后，使激发态分子以无辐射跃迁方式回到基态，因而产生猝灭：

$$M+h\nu \longrightarrow M^*$$
$$M^* \longrightarrow M+h\nu^*$$
$$M^*+Q \longrightarrow M+Q+热$$

② 能量转移　M^* 与猝灭剂作用后，能量发生转移，猝灭剂被激发。

$$M^*+Q \longrightarrow M+Q^*$$

能量转移在荧光分析中常被用于提高检测的灵敏度。在测定荧光效率不高的化合物时，使激发态的待测物将能量转移给高荧光效率的试剂，可以大大提高荧光强度。

2.1.1.5　化学发光

在化学反应过程中，某些化合物接受能量而被激发，从激发态返回基态时，发射出一定波长的光。

2.1.2　荧光强度及影响因素

2.1.2.1　荧光强度与溶液浓度的关系

荧光是由物质吸收激发光的能量后发射产生，因此，溶液的荧光强度 I_f 与溶液吸收激发光的程度有关：

$$I_f = K^*(I_0 - I)$$

式中，K^* 为常数，取决于荧光物质的荧光效率 ϕ；I_0 为入射光（激发光）的强度；I 为入射光被吸收后的透射光的强度。

根据朗伯-比耳定律：

$$\frac{I}{I_0} = 10^{-\varepsilon bc}$$

式中，ε 为摩尔吸光系数；b 为吸收池厚度；c 为荧光物质的浓度。

则

$$I_F = K^* I_0 (1 - 10^{-\varepsilon bc})$$

而

$$10^{-\varepsilon bc} = e^{2.303\varepsilon bc} = 1 - 2.303\varepsilon bc + \left[\frac{(2.303\varepsilon bc)^2}{2!} - \frac{(2.303\varepsilon bc)^3}{3!} + \cdots \right]$$

则

$$I_F = K^* I_0 \left[2.303\varepsilon bc - \frac{(2.303\varepsilon bc)^2}{2!} + \frac{(2.303\varepsilon bc)^3}{3!} + \cdots \right]$$

若溶液为稀溶液，$2.303\varepsilon bc < 0.05$，上式括号内第一项以后的各项均可忽略不计，则有近似式：

$$I_F = 2.303 K^* \varepsilon bc I_0$$

当 I_0 固定时，$I_F = Kc$，此式即为荧光分析定量关系式。

注意：

① 仅在低浓度条件下，I_F 与 c 成正比；

② $I_F \propto \varepsilon$（I_0、b、c、K^* 固定时），吸收越大，荧光强度越大；另一方面，吸收光谱与 ε 有关，故荧光光谱曲线与吸收光谱曲线形状相似；

③ I_0 大时 I_F 大，增强激发光强度可提高灵敏度。

荧光分析法根据荧光的波长和强度来进行分析。因此，荧光分子的荧光性质是进行荧光分析的关键。然而，有的化合物有荧光，有的没有；有的荧光强，有的荧光弱。因此，如何将无荧光的物质转化成有荧光的物质，将弱荧光的物质转化成强荧光物质，对于荧光分析非常重要。研究发现，有机物荧光的产生与其结构间存在一定的关系。

2.1.2.2 有机物的荧光与其结构的关系

有机化合物的荧光与其结构有密切的关系，影响有机物荧光效率的主要因素有：跃迁类型、共轭效应、分子共平面效应和取代基效应。

(1) 跃迁类型

大多数荧光物质具有 π、π^* 及 n、π^* 电子共轭结构，荧光的产生都是分子先经历 $\pi \rightarrow \pi^*$ 或 $n \rightarrow \pi^*$ 激发，然后经过振动弛豫或其他无辐射跃迁，再发生 $\pi^* \rightarrow \pi$ 或 $\pi^* \rightarrow n$ 跃迁而得到荧光。其中 $\pi^* \rightarrow \pi$ 跃迁有较大的荧光效率，能产生较强的荧光，是产生荧光的主要类型。这是因为：① $\pi \rightarrow \pi^*$ 的摩尔吸光系数 ε 通常比 $n \rightarrow \pi^*$ 的大 $2 \sim 3$ 个数量级，跃迁概率大；② $\pi \rightarrow \pi^*$ 跃迁的激发单线态与三线态间的能量差别比 $n \rightarrow \pi^*$ 的大得多，电子不易形成自旋反转，S-T 系间跨跃概率很小，因此，$\pi \rightarrow \pi^*$ 跃迁的寿命短，为 $10^{-8} \sim 10^{-7}$ s（而 $n \rightarrow \pi^*$ 跃迁寿命为 $10^{-7} \sim 10^{-5}$ s），不易发生其他非荧光的去激发，从而有利于荧光的发射。

所以，那些具有 $\pi \rightarrow \pi^*$ 共轭双键的分子才能发射较强的荧光；且 π 电子共轭程度越大，ϕ 越大，荧光强度就越大，λ_{ex} 与 λ_{em} 产生较大红移。

(2) 共轭效应

容易实现 $\pi \rightarrow \pi^*$ 激发的芳香族化合物易产生荧光，因此，增加体系的共轭程度，荧光效率也增大。原因是具有共轭体系的有机物分子具有较大的摩尔吸光系数 ε。

$\phi=0.11$
$\lambda_{em}=278$nm

$\phi=0.28$
$\lambda_{em}=321$nm

$\phi=0.36$
$\lambda_{em}=404$nm

$\phi=0.52$
$\lambda_{em}=480$nm

(3) 分子共平面效应

荧光分子的共平面性增加，共轭体系大，有利于 $\pi \rightarrow \pi^*$ 跃迁。例如，荧光素呈平面构型，氧桥把两个环固定在一个平面上，其结构具有刚性，它是强荧光物质；而酚酞分子由于不易保持平面结构，故不是荧光物质。

酚酞
无荧光,$\phi=0$

荧光素
有荧光,$\phi=0.92$

又如：

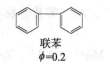

联苯
$\phi=0.2$

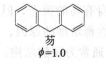

芴
$\phi=1.0$

(4) 取代基效应

芳香族化合物的环上具有不同取代基时，荧光强度（效率）和荧光波长都发生改变。

① （芳环上）给电子基团的取代基团使 π 共轭程度升高，一般可增强荧光。由于这些基团上孤对电子的电子云几乎与芳环上的 π 电子轨道平行，因而实际上它们共享了共轭 π 电子，形成了 p-π 共轭，扩大共轭体系。如烷基、—OH、—NH$_2$、—OR、—NR$_2$ 等，同时荧光光谱红移。例如苯的部分含给电子取代基的衍生物的荧光效率和荧光波长见表 2-1。

表 2-1　苯及其衍生物的荧光效率和荧光波长

化合物	ϕ	λ_{em}/nm	化合物	ϕ	λ_{em}/nm
苯	0.11	278	苯酚	0.28	295
甲苯	0.17	285	苯甲醚	0.29	296
乙苯	0.18	286	苯胺	0.28	321

② （苯环上）吸电子取代基以及卤素取代基（F$^-$ 除外）通常减弱荧光，甚至使荧光猝灭。如：—NO$_2$、—COOH、—CHO 和—N＝N—等。这类基团都会发生跃迁，属于禁阻跃迁，所以摩尔吸光系数小，荧光发射也弱，而系间跨跃较为强烈，同样使荧光减弱。例如，苯的部分含吸电子取代基的衍生物的荧光效率为：氟苯 0.16、氯苯 0.05、溴苯 0.01、碘苯 0.00、硝基苯 0.00、苯甲酸 0.00。

此外，取代基位置对芳烃的荧光也有影响。邻位、对位取代者通常增强荧光；间位取代者抑制荧光（—CN 取代者例外）。如：

$\phi=0.75$　　　　$\phi=0.03$

③ 荧光分子发生电离后，荧光性质也会发生变化，但机理不详。例如苯酚阴离子无荧光，苯胺阳离子也无荧光，但两个苯环相连的化合物，又表现出相反的性质，分子形式无荧光，离子化后显荧光。如 1-萘酚-6-磺酸无荧光，但其羟基发生阴离子化后产生蓝色荧光。

④ 取代基为原子序数高的原子，能够增加体系间跨跃的发生，使荧光减弱甚至猝灭。如 Br、I。

2.1.2.3　金属离子螯合物的荧光

荧光分析中利用形成金属离子螯合物对金属离子进行检测。常见的金属离子螯合物荧光的产生分为两种类型。

(1) 螯合物中配位体的发光

绝大多数发光螯合物属于该类型。许多有机试剂虽然具有共轭双键，但由于不是刚性结构，分子不处于同一平面，因而不发出荧光。若这些化合物和金属离子形成螯合物，随着分子刚性增强，平面结构增大，常会发出荧光。

如 2,2′-二羟基偶氮苯与 Al^{3+} 反应生成螯合物：

如：

又如 8-羟基喹啉本身有弱的荧光，但其 Mg^{2+}、Al^{3+} 等螯合物有很强的荧光，这是螯合物分子的刚性和共平面性都增加的原因。

这类螯合物中 M^{n+} 通常为硬酸结构：Be^{2+}、Mg^{2+}、Al^{3+}、Zr^{4+}。

(2) 螯合物中金属离子的发光

这类发光先是螯合物中配位体 L 吸收激发光产生 $\pi \rightarrow \pi^*$ 跃迁被激发成为 L^*，接着 L^* 把能量转移给 M，导致 M 的 $d \rightarrow d^*$、$f \rightarrow f^*$ 跃迁被激发，接着产生 $d^* \rightarrow d$、$f^* \rightarrow f$ 跃迁返回基态，发射荧光。这类发光 M 通常有不饱和次外层电子，如 $Cr^{3+}(d^3)$ 与乙二胺形成的螯合物以及 $Mn^{2+}(d^5)$ 与 8-羟基喹啉-5-磺酸形成的螯合物都产生 $d^* \rightarrow d$ 跃迁荧光。

能够与金属离子形成荧光络合物的有机螯合剂，绝大多数是芳香族，且芳环上有两个官

能团。试剂常见的有席夫碱类（$—CH = N—$）、蒽醌类（如　　　　　　　　　）、8-羟基喹啉

及衍生物、偶氮类（$—N = N—$，如荧光镓试剂）、黄酮类（母体结构：　　　　　　）、大

环化合物（卟啉，冠醚等）。

2.1.2.4 实验条件对荧光强度的影响

(1) 激发光源

激发光强度 I_0 增大，荧光强度增大，灵敏度增加。

(2) 溶剂的影响

溶剂的影响可分为一般溶剂效应和特殊溶剂效应两种，前者指的是溶剂的折射率和介电常数的影响；后者指的是荧光体和溶剂分子间的特殊化学作用，如氢键的生成和化合作用。一般溶剂效应是普遍的，而特殊溶剂效应则取决于溶剂和荧光体的化学结构。特殊溶剂效应所引起荧光光谱的移动值，往往大于一般溶剂效应所引起的移动值，由于溶质分子与溶剂分子间的作用，使同一种荧光物质在不同溶剂中的荧光光谱可能会有显著的不同。有的情况下，增大溶剂的极性，将使 $n \rightarrow \pi^*$ 跃迁的能量增大，$\pi \rightarrow \pi^*$ 跃迁的能量减小，从而导致荧光增强，荧光峰红移。8-巯基喹啉在四氯化碳、氯仿、丙酮和乙腈四种不同极性溶剂中的情况就是一例（见表 2-2）。但也有相反的情况，例如苯胺萘磺酸类化合物在戊醇、丁醇、丙醇、乙醇和甲醇五种醇中，随着醇的极性增大，荧光强度减弱，荧光峰蓝移。因此，荧光光谱的位置和强度与溶剂极性之间的关系，要看各种荧光物质与溶剂的不同而异。

表 2-2　8-巯基喹啉的荧光峰的位置和荧光效率与溶剂介电常数的关系

溶　　剂	介电常数	荧光峰波长/nm	荧光效率
四氯化碳	2.24	390	0.002
氯　　仿	5.2	398	0.041
丙　　酮	21.5	405	0.055
乙　　腈	38.8	410	0.064

如果溶剂和荧光物质形成了化合物，或者溶剂使荧光物质的电离状态改变，则荧光峰位置和强度都会发生较大的改变。

(3) 溶液黏度和温度

黏度大，温度低，可减小碰撞引起的荧光猝灭，荧光强度增大。温度对荧光强度的影响较敏

感，因此荧光分析时一定要控制好温度。温度上升使荧光强度下降，其中一个主要原因是分子的内部能量转化作用。当激发分子接受额外热能时，有可能使激发能转换为基态的振动能量，随后迅速振动弛豫而丧失振动能量。另一个原因是溶液温度下降时，介质的黏度增大，荧光物质与溶剂分子的碰撞也随之减少。相反，随着温度上升，碰撞频率增加，使外转换的概率增加。

(4) 溶液 pH

如果荧光物质含有酸性或碱性基团，则溶液 pH 的变化会使荧光物质各种型体的不同比例发生变化，从而对荧光光谱的形状和强度产生影响，所以需要严格控制溶液的酸度。

(5) 荧光猝灭、自猝灭和自吸收

溶解氧能引起几乎所有的荧光物质产生不同程度的荧光猝灭现象，因此，在较严格的荧光实验中必须除 O_2。

荧光物质的浓度较大时，激发态分子之间碰撞增多，在碰撞中引起能量损失，产生自猝灭，使荧光强度减小。

荧光被基态分子吸收，则引起自吸收，亦使荧光强度减小。

2.1.3 仪器装置

荧光分析所用的仪器是荧光分析仪，由以下部分组成：激发光源、样品池、单色器、检测器、显示系统。图 2-7 是荧光分光光度计基本部件示意图。

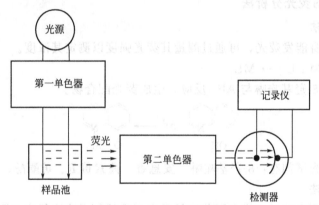

图 2-7 荧光分光光度计基本部件示意图

光源发出的光经第一单色器（激发光单色器），得到所需 I_0，经溶液吸收后，向各个方向发射荧光。为了消除入射光及散射光的影响，在入射光的垂直方向检测 I_F，经第二单色器（荧光单色器）消除了共存的其他光线的干扰，得到相应荧光。

(1) 激发光源

荧光计中的光源要比吸收法光度计中光源强度大、稳定性高。为适应不同的元素测定，要求适用波长范围宽。常用的光源有高压汞灯、碘钨灯、氙弧灯、激光光源等。

高压汞灯：发射较窄的光谱带，提供线光谱（线光谱的光源强度随 λ 变化大），在 365nm、405nm、436nm 有发射峰，尤以 365nm 谱线最强，一般滤光片式的荧光计多采用它为激发光源。

碘钨灯：提供连续光谱，波长范围为 300～700nm。

氙弧灯：通常就叫氙灯。氙弧灯是目前荧光分光分度计中应用最广泛的一种光源。它是一种电弧气体放电灯，外套为石英，内充氙气；提供连续光谱，光强大，在 $200\sim800nm$ 波长范围内可以使用，其中 $300\sim400nm$ 段强度相近。

激光光源：发光强度大，能极大地提高荧光分析的灵敏度。

（2）样品池

通常用石英材料制成长方体形（方形），四面均为光透明面。荧光样品池要求散射光较少。低温荧光测定时在样品池外可套一个液氮的透明石英真空瓶。

（3）单色器

荧光分光光度计中有 2 个单色器，分别用于选择激发波长和荧光波长。

一般荧光计的单色器常采用滤光片，精密仪器常采用光栅，位置同滤光片，但单色性更好。第一单色器位于光源与样品池之间，用于分离出所需要的激发光，选择最佳激发波长；第二单色器位于样品池与检测器之间，用于滤去溶剂散射光、容器表面散射光、杂质发出的光等，分离出荧光发射波长的光。

（4）检测器

一般仪器采用硒光电池；精密仪器通常采用光电倍增管作为检测器。为了消除入射光和散射光的影响，荧光的测量通常在与激发光成直角的方向上进行。

2.1.4 荧光分析测定方法、特点和应用

2.1.4.1 常规的荧光分析法

（1）直接测定法

如果待测物本身能发荧光，可通过测量其荧光强度以测定其浓度。

反应通式为：$M+L \longrightarrow ML$

如酸性条件下 8-羟基喹啉与 Al^{3+} 反应，生成荧光配合物。

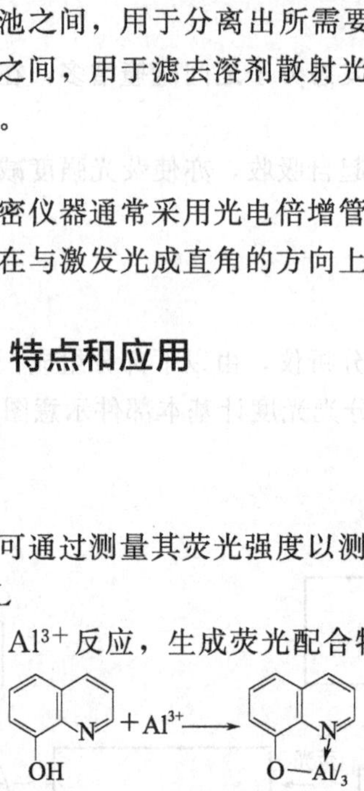

常用的有机荧光试剂有：8-羟基喹啉、安息香、茜素黄 R、黄酮醇、二苯乙醇酮等。

（2）间接测定法

有些物质本身不发荧光，或者因荧光量子产率很低而无法进行直接测定，可采用间接测定法。间接测定的方法有多种，可按待测物的具体情况来选择，主要有以下几种。

① 荧光猝灭法 待测物本身虽然不发荧光，但却具有能使某种荧光化合物的荧光猝灭的能力，可通过测量荧光化合物荧光强度的下降程度间接测定待测物的浓度。

反应通式为：$M+L \longrightarrow ML$

如试剂 2-(2′-羟苯基）苯并噻唑本身具有绿色荧光，而与 Cu^{2+} 反应生成配合物后，荧光猝灭，根据荧光强度减小的量可对 Cu^{2+} 进行测定。

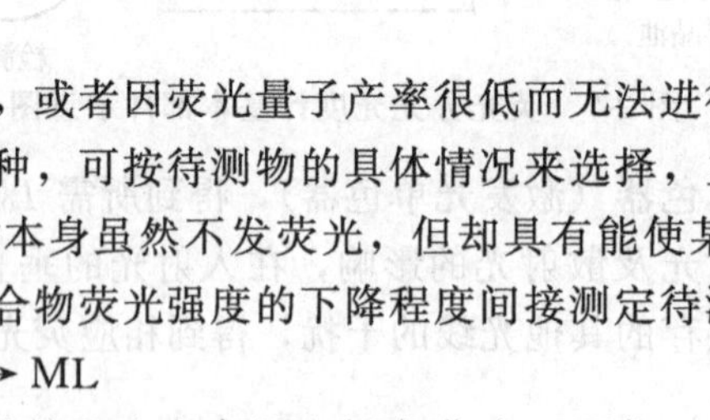

绿色荧光   无荧光

又如 NO_2^- 与对氨基苯甲酸反应生成重氮盐后，荧光强度减弱：

$$NO_2^- + H_2N-\bigcirc-COOH \longrightarrow N\equiv N^+ -\bigcirc-COOH$$

② 荧光衍生法　某些不发荧光的待测物，可以通过特定的化学反应，转化为适于测定的发荧光的物质。

如维生素 B_1 本身不发荧光，但可在碱性溶液中用铁氰化钾等氧化剂将其氧化为发荧光的硫色素而进行测定。

③ 敏化荧光法　若待测物不发荧光，但可通过选择合适的荧光试剂作为能量受体，在待测物受激发后，通过能量转移的方法，将激发能传递给能量受体，使能量受体分子被激发，再通过测定能量受体的发光强度对待测物进行间接测量。

如在滤纸上用萘作敏化剂测定低浓度的蒽时，蒽的检测限可提高 3 个数量级。

2.1.4.2　同步荧光分析法

常规的荧光分析法在分析复杂混合物时常会遇到光谱重叠、不易分辨的困难，需预分离且操作繁琐。1971 年，Lloyd 首先提出了同步荧光光谱技术。和常规荧光分析法相比，同步荧光分析法具有谱图简化、选择性提高、光散射干扰减少等特点，并且不需要预分离，操作简便、节省分析成本、缩短分析时间，尤其适合对多组分混合物的分析。

同步荧光分析法与常规荧光分析法的最大区别是同时扫描激发和发射两个波长，由测得的荧光强度信号与对应的激发波长（或发射波长）构成光谱图，称为同步荧光光谱。同步荧光法按光谱扫描方式的不同，可分为恒（固定）波长法、恒能量法、可变角法和恒基体法四种类型。

（1）恒波长同步荧光分析法

恒波长同步荧光分析法是在扫描过程中使激发波长和发射波长彼此间保持固定的波长间隔 $\Delta\lambda$（$\Delta\lambda = \lambda_{em} - \lambda_{ex} = $ 常数），即通常所说的同步荧光法，这是最早提出的一种同步扫描技术。在恒波长同步荧光法中，$\Delta\lambda$ 的选择十分重要，它直接影响到同步荧光光谱的形状、带宽和信号强度。在可能条件下，选择等于斯托克斯位移的 $\Delta\lambda$。

图 2-8 为 $\Delta\lambda = 3nm$ 时蒽的同步荧光光谱，与图 2-4 的激发光谱和发射光谱相比，同步光谱明显变窄。

恒波长同步荧光法可用于多组分多环芳烃的同时测定、药物分析、蛋白质、氨基酸测定等。

将导数技术与同步荧光技术联用可使测定的灵敏度提高。如用导数同步荧光法可直接测定尿样中的洛美沙星、3 种 B 族维生素、尿液肾上腺素和去甲肾上腺素等。

（2）恒能量同步荧光分析法

恒能量同步荧光法是在同时扫描激发波长 λ_{ex} 和发射波长 λ_{em} 的过程中保持两者为一个恒定的能量差（波数差）$\Delta\nu \left[\Delta\nu = \left(\dfrac{1}{\lambda_{ex}} - \dfrac{1}{\lambda_{em}} \right) \times 10^7 = 常数 \right]$。该法以荧光体的量子振动跃迁的特征能量为依据来进行同步扫描，若选择一固定能量差 $\Delta\nu$ 等于某一振动能差，则在同步扫描中，当激发能量和发射能量刚好匹配一特定吸收-发射跃迁条件时，该跃迁处于最佳条件，由此产生的同步光谱可达最大强度。

图 2-9 为 $\Delta\nu = 1400cm^{-1}$ 时蒽的恒能量同步荧光光谱。

恒能量同步荧光法的光谱可以定量形式来表达并用来选择扫描参数，从而为体系的参数

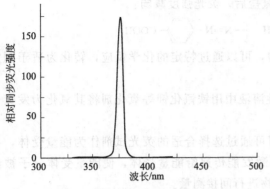

图 2-8　蒽的恒波长同步荧光光谱

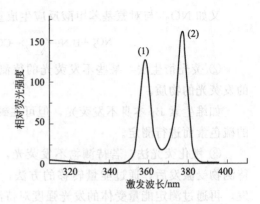

图 2-9　蒽的恒能量同步荧光光谱

优化提供便利。它除了具有恒波长同步荧光法的一般优点外，还具有一个显著的优点是可根本解决拉曼散射的干扰问题。如该法可用于多种多环芳烃的测定，绝对检测限达 7×10^{-13} g，线性动态范围达 5 个数量级。

(3) 可变角同步荧光分析法

可变角（或可变波长）同步荧光法是在测量同步光谱时，使激发、发射两个单色器以不同的速率或方向同时扫描。该方法可分为线性与非线性两类。线性可变角同步荧光法的扫描路径表现在等高线图中为一条不为 45° 的直线；而非线性可变角同步荧光法其扫描路径表现在等高线图中为折线或任意曲线。非线性可变角同步荧光扫描时，要求激发、发射两个单色器能以不同的速率和不同的方向进行扫描。该方法能使扫描路径方便地有选择性地通过各点，因而获得极佳的光谱分辨。

图 2-10 是苯并[a]芘的荧光等高线光谱示意图，图中每条等高线上的各个点具有相等的荧光强度。该图的垂直剖面（即固定激发波长）相当于发射光谱，水平剖面（即固定发射波长）相当于激发光谱。

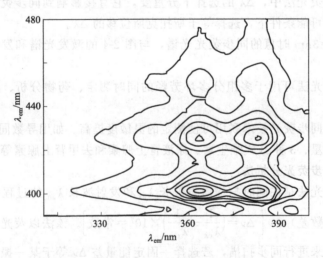

图 2-10　苯并[a]芘的荧光等高线光谱示意图

(4) 恒基体同步荧光分析法

恒基体同步荧光法是 1994 年由 Murillo-Pulgarin 等提出的。它可看成是非线性可变角同步荧光法的一种，其扫描路径在等高线图中表现为一曲线，但该曲线是基体（将干扰物视为基体）的等荧光强度线。该方法一般与导数技术联用，沿着等高线扫描，再结合导数技术就可以消除基体的干扰。

恒基体同步荧光法的基本原理是：在等高线图上把基体的荧光强度相等的各点连接起来形成等高线（等荧光强度线），沿着基体的等高线扫描，则在整个扫描过程中基体的荧光强度相等。由于整个扫描过程基体的荧光强度一致，当结合导数技术微分后，基体的导数信号为零。在混合物中沿着测定路径（干扰物或基体的等高线）扫描时所得的信号通常是混合物的总的荧光信号，既包括待测物的信号，又包括干扰物（基体）的信号。但由于是沿干扰物（基体）的等高线扫描，荧光信号求导后，就消除了干扰物（基体）的干扰，扫描所得的导数信号则是被测物的净信号。

图 2-11 为恒基体同步荧光法的原理示意图。

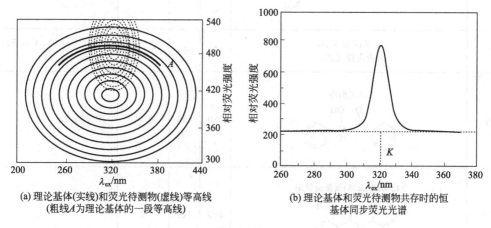

(a) 理论基体(实线)和荧光待测物(虚线)等高线
(粗线A为理论基体的一段等高线)

(b) 理论基体和荧光待测物共存时的恒
基体同步荧光光谱

图 2-11　恒基体同步荧光法原理示意图

2.1.4.3　荧光分析的灵敏度和选择性

荧光法的灵敏度比光度法高 2～3 个数量级。试样浓度低时，由于光度法测定时吸光度 $A=\lg(I_0/I)$，其中 I 与 I_0 都较大，其微小差别很难准确测量。而荧光法测量的是纯信号（荧光猝灭法除外），只要能扣除背景值就能通过提高仪器放大倍数来提高灵敏度，增强 I_0 也可。荧光分析法的第二个特点是选择性好，体现在不同的物质可以选择不同波长的光进行激发，同时不同的物质发射的荧光波长不同，因此比较容易排除其他物质的干扰。

2.1.4.4　荧光分析法的应用

(1) 无机化合物的荧光分析

由于自身发射荧光的无机化合物种类极少，因此往往利用含 π 电子共轭结构的有机试剂与荧光较弱或不显荧光的无机化合物共价或非共价结合形成有荧光的化合物来进行测定。与有机试剂形成配合物后进行荧光分析的元素已达到六十余种，很多无机阳离子和阴离子的测定都用此方法。如 Al、Au、B、Be、Ca、Cd、Cu、Eu、Ga、Ge、Hf、Mg、Nb、Pb、Rh、Ru、S、Se、Sn、Si、Ta、Th、Te、W、Zn、Zr　等。

某些元素虽不与有机试剂组成发出荧光的配合物，但这些元素的离子可以从发出荧光的其他金属有机配合物中取代有机试剂或金属离子以组成更为稳定的配合物或难溶化合物，从而导致溶液荧光强度降低，由荧光降低的程度来测定该元素的含量。采用荧光猝灭（熄灭）法进行测定的元素有 F、S、Fe、Co、Ni 等。Cr、Nb、U、Te 等元素可在液氮温度

（－196℃），用低温荧光法进行分析。此外，铜、铍、铁、钴、锇及过氧化氢，可采用催化荧光猝灭（熄灭）法进行测定。

表 2-3 和表 2-4 列出了一些无机离子和有机化合物的荧光测定方法。

表 2-3　某些无机离子的荧光测定法

待测离子	试　剂	λ/nm 吸收	λ/nm 荧光	检出限/(μg/mL)	干扰
Al^{3+}	石榴茜素R 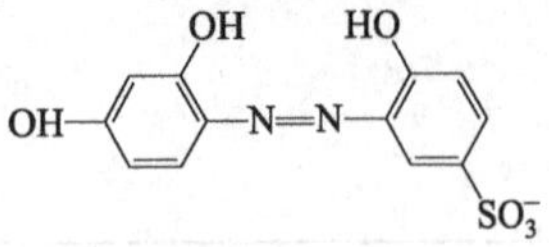	470	500	0.007	Be, Co, Cr, Cu, F^-, Ni, Th, Zr
F^-	石榴茜素 R-Al（荧光猝灭法）	470	500	0.001	Be, Co, Cr, Cu, Fe, Ni, Th, Zr
$B_4O_7^{2-}$	二苯乙醇酮 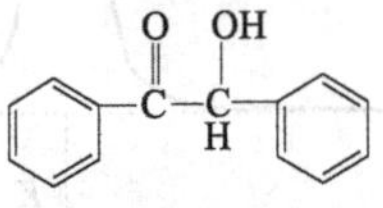	370	450	0.04	Be, Sb, Zn
Cd^{2+}	2-(2'-羟基苯基)间氮杂氧茚 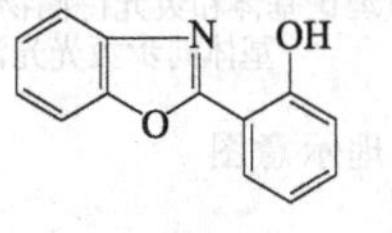	365	510	2	
Be	8-羟基喹啉 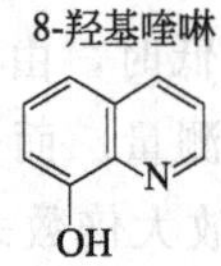	370	580	0.2	Mg, Al 等
Sn^{4+}	黄酮醇 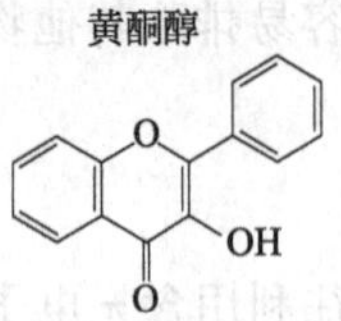	400	470	0.008	F^-, PO_4^{3-}, Zr 等
Zn^{2+}	2,2'-亚甲基二苯并噻唑 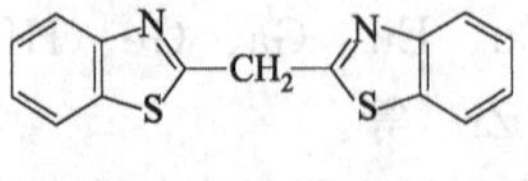	410	450	0.002	Cu, Fe, Sb 等

（2）有机化合物的荧光分析

脂肪族有机化合物分子结构较为简单，本身能产生荧光的很少，只有与其他有机试剂作用后才可产生荧光。芳香族化合物因具有共轭不饱和体系，多能产生荧光，可用荧光法直接进行分析。这些物质包括有机化合物类（如多环胺类、萘酚类、吲哚类、多环芳烃、氨基酸、蛋白质等）、药物（如吗啡、喹啉类、异喹啉类、麦角碱、麻黄碱等）、维生素（如维生素 A、维生素 B_1、维生素 B_2、维生素 B_6、维生素 B_{12}、维生素 E、维生素 C、叶酸等）、甾族化合物、抗生素、酶、辅酶等。

此外，还可将待测有机物与荧光试剂反应，生成有荧光或强荧光的产物进行分析。常见的荧光试剂有荧光胺，用于脂肪族或芳香族伯胺类分析；邻苯二甲醛和茚三酮，用于伯胺类及大多数氨基酸分析；间苯二酚，用于醛糖的荧光分析。

表 2-4　某些有机化合物的荧光测定法

待测物	试 剂	激发光波长/nm	荧光波长/nm	测定范围/(mg/L)
糠醛	蒽酮	465	505	1.5～15
蒽	—	365	400	0～5
苯基水杨酸酯	N,N'-二甲基甲酰胺	366	410	$3\times10^{-6}\sim5\times10^{-3}$ mol/L
α-萘酚	3-甲基-2-苯并噻唑-2-酮腙	515	592	0.1
四氧嘧啶	苯二胺	365	485	10^{-10}
维生素 A	无水乙醇	345	490	0～20
氨基酸	氧化酶等	315	425	0.001～50
蛋白质	曙红 Y	紫外	540	0.06～6
肾上腺素	乙二胺	420	525	0.001～0.02
胍基丁胺	邻苯二醛	365	470	0.05～5
色胺	溴化氰-对氨基苯甲酸	366	490	1～5
青霉素	α-甲氧基-6-氯-9-(β-氨乙基)氨基氮杂蒽	420	500	0.0625～0.625

（3）核酸检测

遗传物质如脱氧核糖核酸（DNA），自身的荧光效率很低，一般条件下几乎检测不到 DNA 的荧光。因此，常选用某些荧光分子作为探针，通过探针标记分子的荧光变化来研究 DNA 与小分子及药物的作用机理，从而探讨致病原因及筛选和设计新的高效低毒药物。目前，典型的荧光探针分子为溴化乙锭（EB）。此外也使用钌的配合物等。在基因检测方面，已逐步使用荧光染料作为标记物来代替同位素标记，从而克服了同位素标记物产生的污染、价格昂贵及难保存等的不足。

要求 DNA 标记所用的荧光染料吸收光谱应尽量靠近可见光发射光谱的红光区，避免 DNA 自身的蓝色荧光干扰，且荧光强度足够大；对于 DNA 测序中所用的标记荧光染料，应该不影响 DNA 片段在电场中的泳动。

目前用于 DNA 序列的荧光染料主要是呫吨类和菁类化合物，荧光多为黄、绿、红色，荧光量子产率较高。

呫吨（xanthene）类荧光染料主要是荧光素和罗丹明类的染料。菁类荧光染料为近红外吸收的荧光染料，用于半导体激光器激发，近年来颇受人们的关注。许多菁类荧光染料符合这个要求。菁类荧光染料的水溶性较好，与 DNA 作用的条件缓和，DNA 与染料的结合物稳定性好，而且能很好地抑制由于染料分子聚集而引起的荧光猝灭现象。

用于 DNA 检测的其他类型荧光染料还有多种。1,8-萘酰亚胺类染料能与 DNA 相互作用，是一种 DNA 嵌入剂，稳定性好，量子产率较高，是很有用的生物标记物。1,8-萘酰亚胺类染料作为荧光探针标记已被广泛使用。二氟化硼二吡咯烷（BODIPY）类染料是电中性的，又具有亲脂性，很容易溶解在非极性溶剂和细胞膜中。BODIPY 比其他荧光化合物有更高的吸收强度和荧光产率，本身还有很深的颜色。

咕吨类　　　　　　　1,8-萘酰亚胺类　　　　　　二氟化硼二吡咯烷类

（4）识别分子对蛋白质的影响

近几年随着药学的飞速发展，研究药物分子和蛋白质的相互作用机理对于了解药效和毒副作用是非常重要的，利用同步荧光光谱技术可以检测蛋白质中发内源荧光的氨基酸残基所处微环境的变化，考察药物分子对蛋白质构象的影响。

2.2　化学发光分析

2.2.1　分子发光分析法及其分类

化学发光（chemiluminescence，简称为 CL）是基于化学反应所提供的化学能使分子激发而发射光的过程。某些物质在进行化学反应时，由于吸收了反应时产生的化学能，而使反应产物分子激发至激发态，受激分子由激发态回到基态时，便发出一定波长的光，这种吸收化学能使分子发光的过程称为化学发光，利用化学发光反应而建立起来的分析方法称作化学发光分析法。

（1）化学发光反应需满足的条件

任何一个化学发光反应都应包括化学激发和发光两个关键步骤，它必须满足以下几个条件。

① 化学发光反应必须提供足够的激发能，激发能的主要来源是反应焓。能在可见光范围内发生化学发光的物质，大多是有机化合物，有机发色基团激发态能量 ΔE 通常在 $150\sim400kJ/mol$ 范围内。许多氧化还原反应所提供的能量与此相当，因此大多数化学发光反应为氧化还原反应。

② 要有有利的化学反应历程，使反应产生的化学能用于不断地产生激发态分子。对于有机化合物的液相化学发光来说，芳族化合物和羰基化合物更容易生成激发态的产物。

③ 激发态分子跃迁回基态时，要能释放出光子，或激发态分子能将能量转移给另一种分子，使该分子受激后发射光子。

（2）化学发光反应的分类

根据分子受激发时提供能量的反应不同，可将化学发光分析法分为以下几类。

① 普通化学发光分析法（CL）：供能反应为一般化学反应。

② 生物化学发光分析法（BCL）：供能反应为生物化学反应。

③ 电致化学发光分析法（ECL）：供能反应为电化学反应。

根据测定方法不同，化学发光分析法又可分为以下几种。

① 直接测定化学发光分析法，包含固相、气相、液相化学发光分析。

② 偶合反应化学发光分析法：通过反应的偶合，测定体系中某一组分。

③ 时间分辨化学发光分析法：利用多组分对同一化学发光反应影响的时间差实现多组分测定。

④ 酶联免疫化学发光分析法：以酶标记生物活性物质进行免疫反应，免疫反应复合物上的酶再作用于发光底物，用化学发光法测定酶的活性。

2.2.2　化学发光分析的基本原理

（1）化学发光反应

化学发光可用化学反应方程表示为：

$$A+B \longrightarrow C^*+D$$
$$C^* \longrightarrow C+h\nu$$

（2）化学发光的效率

化学发光反应的化学发光效率 φ_{CL}，又称化学发光的总量子产率。它取决于生成激发态产物分子的化学激发效率 φ_{ex} 和激发态分子的发射效率 φ_{em}，定义为：

$$\varphi_{CL}=\varphi_{ex} \times \varphi_{em}=\frac{N_{em}}{N_0}$$

式中，N_{em} 为发射光子的分子数；N_0 为参加反应的分子数。

化学反应的发光效率、光辐射的能量大小以及光谱范围，完全由参加反应物质的化学反应所决定。每一个化学发光反应都有其特殊的化学发光光谱及不同的化学发光效率。

（3）化学发光强度与化学发光分析的依据

化学发光强度 I_{CL}，用单位时间内发射的光子数表示，与化学发光反应的速率有关，而反应速率又与反应分子浓度有关。等于单位时间内起了反应的被测定反应物的浓度 c 的变化值与化学发光效率的乘积，即可用下式表示：

$$I_{CL}(t)=\varphi_{CL} \times \frac{dc_A}{dt}$$

式中，$I_{CL}(t)$ 表示 t 时刻的化学发光强度；φ_{CL} 是与分析物有关的化学发光效率；dc_A/dt 是分析物参加反应的速率。在化学发光分析中，被分析物相对于发光试剂浓度小得多，可视为一级动力学反应。因此：$dc_A/dt=Kc$（K 为反应速率常数）。

$$I_{CL}(t)=\varphi_{CL} \times \frac{dc_A}{dt}=\varphi_{CL} \cdot kc_A$$

此时，t 时刻的化学发光强度 $I_{CL}(t)$ 与该时刻的分析物浓度成正比，可以通过检测化学发光强度来定量测定分析物质。在化学发光分析中通常用峰高表示发光强度，即峰高与被分析物浓度呈线性关系。

另一种分析方法是利用总发光强度与分析物浓度的定量关系。就是在一定的时间间隔内对化学发光强度进行积分（见图 2-12），得到发光强度曲线下的面积 S，即为发光总

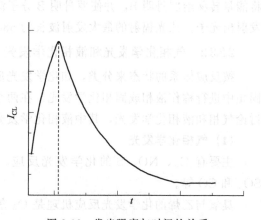

图 2-12　发光强度与时间的关系

强度。

$$S = \int_{t_1}^{t_2} I_{CL}(t)\,dt = \varphi_{CL} \int_{t_1}^{t_2} \frac{dc_A}{dt}\,dt = \varphi_{CL} c_A = k c_A$$

如果取 $t_1 = 0$，t_2 为反应结束所需的时间，则得到整个反应产生的总发光强度，它与分析物浓度存在线性关系。

可见，在一定条件下，发光总强度 S 与被测物浓度呈线性关系。这是化学发光分析的依据。

2.2.3 化学发光反应的类型

2.2.3.1 直接化学发光和间接化学发光

化学发光反应可分为直接发光和间接发光。直接发光是被测物质作为反应物直接参加化学发光反应，生成电子激发态产物分子，此初始激发态能辐射光子。表示如下：

$$A + B \longrightarrow C^* + D$$
$$C^* \longrightarrow C + h\nu$$

式中，A 或 B 是被测物质，通过反应生成电子激发态产物 C^*，当 C^* 跃迁回基态时，辐射出光子。

间接发光是被测物质 A 或 B 通过化学反应后生成初始激发态 C^*，C^* 不直接发光，而是将其能量转移给 F，使 F 处于激发态，当 F^* 跃迁回基态时，产生发光。如下式表示：

$$A + B \longrightarrow C^* + D$$
$$C^* + F \longrightarrow F^* + E$$
$$F^* \longrightarrow F + h\nu$$

式中，C^* 为能量给予体，而 F 为能量接受体。例如，用罗丹明 B-没食子酸的乙醇溶液测定大气中的 O_3，其化学发光反应就属这一类型。

$$没食子酸 + O_3 \longrightarrow A^* + O_2$$
$$A^* + 罗丹明 B \longrightarrow 罗丹明 B^* + B$$
$$罗丹明 B^* \longrightarrow 罗丹明 B + h\nu$$

没食子酸被 O_3 氧化时吸收反应所产生的化学能，形成受激中间体 A^*，而 A^* 又迅速将能量转移给罗丹明 B，并使罗丹明 B 分子激发，处于激发态的罗丹明 B 分子回到基态时，发射出光子。该光辐射的最大发射波长为 584nm。

2.2.3.2 气相化学发光和液相化学发光

按反应体系的状态来分类，如化学发光反应在气相中进行称为气相化学发光，在液相或固相中进行称作液相或固相化学发光，在两个不同相中进行则称为异相化学发光，本章主要讨论气相和液相化学发光，其中液相化学发光在痕量分析中更为重要。

（1）气相化学发光

主要有 O_3、NO、S 的化学发光反应，可用于监测空气中的 O_3、NO、NO_2、H_2S、SO_2 和 CO 等。

臭氧与乙烯的化学发光反应机理是 O_3 氧化乙烯生成羰基化合物的同时产生化学发光，发光物质是激发态的甲醛。

$$H_2C{=}CH_2 + O_3 \longrightarrow \overset{O-O}{\underset{H_2C-CH_2}{}} \longrightarrow \overset{O-O}{\underset{H_2C-CH_2}{}}$$

$$\overset{O-O}{\underset{H_2C\ \ CH_2}{}} \longrightarrow HCOOH + CH_2O^{\bullet}$$

$$CH_2O^* \longrightarrow CH_2O + h\nu$$

这个气相化学发光的最大发射波长为 435nm，发光反应对 O_3 是特效的，线性响应范围为 $1ng/mL \sim 1\mu g/mL$。

一氧化氮与臭氧的气相化学发光反应有较高的化学发光效率，其反应机理为：

$$NO + O_3 \longrightarrow NO_2{}^* + O_2$$
$$NO_2{}^* \longrightarrow NO_2 + h\nu$$

这个反应的发射光谱范围为 $600 \sim 875nm$，灵敏度可达 $1ng/cm^3$。若需要同时测定大气中的 NO_2 时，可先将 NO_2 还原为 NO，测得 NO 总量后，从总量中减去原试样中 NO 的含量，即为 NO_2 的含量。

SO_2、NO、CO 等都能与氧原子进行气相化学发光反应，它们的反应分别为

$$O + SO_2 = SO_3{}^* + h\nu$$
$$SO_3{}^* = SO_3 + h\nu$$

此反应的最大发射波长为 200nm，测定灵敏度可达 $1ng/cm^3$。

$$O + NO = NO_2{}^*$$
$$NO_2{}^* = NO_2 + h\nu$$

发射光谱范围为 $400 \sim 1400nm$，测定灵敏度可达 $1ng/cm^3$。

$$O + CO = CO_2{}^*$$
$$CO_2{}^* = CO_2 + h\nu$$

发射光谱范围为 $300 \sim 500nm$，测定灵敏度可达 $1ng/cm^3$。

这些反应的关键是要求有一个稳定的氧原子源，一般可由 O_3 在 100℃ 的石英管中分解为 O_2 和 O 而获得。

（2）液相化学发光

在大多数分析技术中，都在碱性溶液（pH 为 $9 \sim 11$）中氧化化学发光试剂，常用氧化剂为 H_2O_2、次氯酸盐或铁氰酸盐。

鲁米诺（Luminol）化学发光反应机理研究得最久，其化学发光体系已用于分析化学测量痕量的 H_2O_2 以及 Cu、Mn、Co、V、Fe、Cr、Ce、Hg 和 Th 等金属离子。鲁米诺是 3-氨基苯二甲酰肼。鲁米诺的氧化作用涉及如下所示的 3-氨基邻苯二甲酸盐的形成。这一产物已被证明为发光组分，化学发光效率为 $0.05 \sim 0.15$。鲁米诺在碱性溶液中与双氧水的反应过程：

该发光反应速率慢，某些金属离子可催化反应，利用这一现象可测定这些金属离子。

(3) 偶合反应化学发光

偶合反应化学发光中存在着两个化学反应，一个称为偶合反应，这种反应能够定量生成或定量消耗某一化学发光反应的反应物（或催化剂），另一个反应则为相应的化学发光反应。通过测量化学发光反应的化学发光强度来测定偶合反应中相关物质浓度的方法称为偶合反应化学发光分析法。偶合反应化学发光可简单表示如下。

① 偶合反应生成化学发光反应的反应物

$$A + B \longrightarrow C(偶合反应)$$
$$C + L \longrightarrow h\nu(化学发光反应)$$

② 偶合反应消耗化学发光反应的反应物

$$A + C \longrightarrow D(偶合反应)$$
$$C + L \longrightarrow h\nu(化学发光反应)$$

常见的偶合反应有无机化学反应、光化学反应、电化学反应和酶反应等。偶合反应化学发光分析的分析物可以是偶合反应的反应物，也可以是偶合反应的催化剂。

无机化学反应包括催化动力学反应、氧化还原反应和配位置换反应等。

将催化动力学反应与化学发光反应相偶合可用于测定催化剂。如将钒（Ⅴ）催化氯酸钾氧化碘离子生成单质碘的反应与碘-鲁米诺化学发光反应相偶合测定钒（Ⅴ）。

$$ClO_3^- + H^+ \xrightarrow{V(V)} I_2(催化动力学反应)$$
$$Luminol + I_2 \xrightarrow{OH^-} h\nu(化学发光反应)$$

化学发光反应与氧化还原反应相偶合，如铬（Ⅵ）在一定条件下将亚铁氰化钾氧化为铁氰化钾，生成的铁氰化钾氧化鲁米诺产生化学发光：

$$Cr(Ⅵ) + K_4Fe(CN)_6 \longrightarrow Cr(Ⅲ) + K_3Fe(CN)_6(氧化还原反应)$$
$$K_3Fe(CN)_6 + Luminol \longrightarrow h\nu(化学发光反应)$$

与配位置换反应相偶合，如铅（Ⅱ）置换铁（Ⅱ）-EDTA 配合物中的铁（Ⅱ），与铁（Ⅱ）-溶解氧-鲁米诺化学发光反应相偶合：

$$Fe(Ⅱ)-EDTA + Pb(Ⅱ) \longrightarrow Fe(Ⅱ) + Pb(Ⅱ)-EDTA(配位置换反应)$$
$$Fe(Ⅱ) + O_2 + Luminol \longrightarrow h\nu(化学发光反应)$$

光化学反应包括光氧化、光还原、光分解等，将光化学反应与化学发光反应相偶合可以扩展化学发光分析的应用范围，许多物质在发生光化学反应的同时伴随着过氧化氢的生成，反应生成的过氧化氢可采用过氧草酸酯化学发光反应或鲁米诺化学发光反应加以检测，例如，基于此原理测定维生素 K_3。

将酶促反应与化学发光反应相偶合得到一种化学发光分析方法——酶联化学发光分析。酶联化学发光分析不仅具有酶促反应的高效、专一的特性，而且具有化学发光反应高灵敏度的优点。

例如，将乳酸氧化酶催化氧乳酸氧化生成过氧化氢的反应与过氧化氢氧化鲁米诺的化学发光反应相偶合，实现血清中乳酸含量的直接测定。

$$乳酸 + O_2 + H_2O \xrightarrow{\text{乳酸氧化酶}} 丙酮酸 + H_2O_2（酶促反应）$$

$$Luminol + H_2O_2 \longrightarrow h\nu（化学发光反应）$$

此外，虫荧光素-虫荧光素酶-ATP 生物发光体系的量子产率可高达 0.97，那些生成或消耗 ATP 的反应都可以与该生物发光反应相偶合实现高灵敏测定。

常见的化学发光试剂见表 2-5。

表 2-5　常见的化学发光试剂

化学发光试剂	试剂结构式	测定物质
鲁米诺 (Luminol) 3-氨基苯二甲酰肼	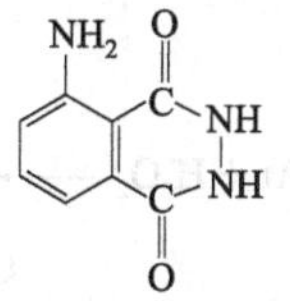	Cu^{2+}、Mn^{2+}、Co^{2+}、V^{4+}、Fe^{2+}、Fe^{3+}、Ni^{2+}、Ag^+、Au^{3+}、Hg^{2+}、Ce^{4+}、Th^{4+}、H_2O_2 等
光泽精 (Lucigenin) N,N-二甲基二吖啶硝酸盐	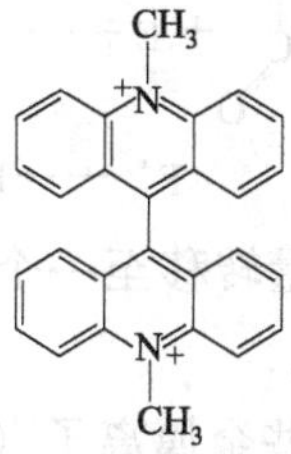	Co^{2+}、Mn^{2+}、Ag^+、Pb^{2+}、Cr^{3+}、Cu^{2+}、Fe^{2+} 等
洛粉碱(2,4,5-三苯基咪唑) (Lophine) 2,4,5-triphenyldihydroiminazole	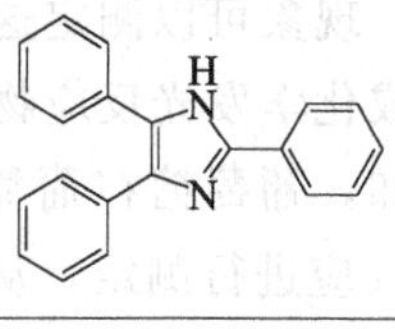	Co^{2+}、$Cr(\text{VI})$ 等
没食子酸 (Gallic acid)	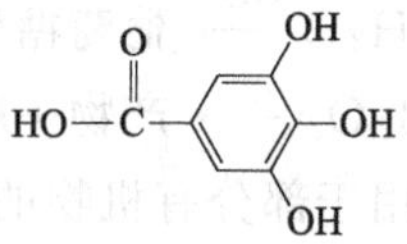	Co^{2+}、Mn^{2+}、Ag^+、Cd^{2+}、Pb^{2+}、Cr^{3+}、Cu^{2+}、Fe^{2+} 等
焦性没食子酸 (Pyrogallic acid)	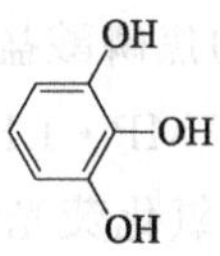	Co^{2+}、Mn^{2+}、Ag^+、Cd^{2+}、Pb^{2+}、Cr^{3+}、Cu^{2+}、Fe^{2+} 等
过氧草酰衍生物 (Peroxyoxalate)	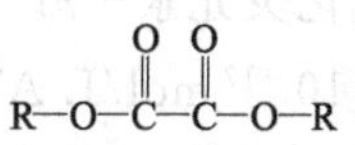	Al^{3+}、Zn^{2+}、Cd^{2+}、In^{3+} 等

对光泽精反应，化学发光反应式为：

过氧草酰（草酸二酯，能量提供体）＋高浓度双氧水＋稠环芳烃（能量接受体）＋金属离子＋溶剂组成的反应体系，可发出很强的可见光，发光效率高，使用不同的稠环芳烃，发射出不同颜色的光（冷光源）。

$$\text{ArO—O—}\overset{H}{\underset{OH}{C}}\text{—}\overset{H}{\underset{OH}{C}}\text{—O—OAr} + H_2O_2 \longrightarrow \overset{O-O}{\underset{O\quad O}{C-C}} + 2ArOH$$

$$\overset{O-O}{\underset{O\quad O}{C-C}} + F \longrightarrow F^* + 2CO_2$$

$$F^* \longrightarrow F + h\nu$$

受激发环状 C_2O_4 中间体则将它的能量转移至一个有效的荧光剂（F）上。大多数过氧草酰的化学发光都是在有机溶剂中进行的。

以上化学发光反应的速率很慢，但某些金属离子（如在本节开始所提到的金属离子）会催化这一反应，增强发光强度。利用这一现象可以测定这些金属离子。

还可以将分析物通过酶的转化，生成化学发光反应物，然后再进行化学发光反应，根据化学发光强度间接测定被分析物质。例如，葡萄糖在葡萄糖氧化酶的催化下进行氧化反应，反应产物 H_2O_2 可通过鲁米诺化学发光反应进行测定，从而间接测定葡萄糖。

$$\text{葡萄糖} + O_2 + H_2O \xrightarrow{\text{GOD}} \text{葡萄糖酸} + H_2O_2$$

$$\text{鲁米诺} + H_2O_2 \longrightarrow \text{产物} + h\nu$$

除化学发光外，生物发光分析也可用于部分有机物的测定。例如，在 pH 7～8 溶液中，在荧光素酶（Luciferase）和 Mg^{2+} 的存在下，三磷酸腺苷（ATP）与荧光素（LH_2）反应，生成荧光素化腺苷酸（$AMP \cdot LH_2$）及镁的焦磷酸盐 $Mg(PPi)$：

$$ATP + LH_2 + Mg^{2+} \longrightarrow AMP \cdot LH_2 + Mg(PPi) + 2H^+$$

荧光素化腺苷酸与氧进一步反应，生成氧化荧光素，产生化学发光：

$$AMP \cdot LH_2 + O_2 \longrightarrow [\text{氧化荧光素}]^* + AMP + CO_2 + H_2O$$

$$[\text{氧化荧光素}]^* \longrightarrow \text{氧化荧光素} + h\nu$$

最大发射波长为 562nm，可检测 2×10^{-17} mol/L ATP 含量。

烟酰胺腺嘌呤二核苷酸（NADH）在细菌中的黄素酶作用下，在氧化型黄素单核苷酸（FMA）存在下，发生发光反应：

$$NADH+FMA+H^+ \xrightarrow{NADH} NAD^+ +FMNH_2$$
$$FMNH_2+RCHO+O_2 \longrightarrow FMN+RCOOH+H_2O+h\nu$$

2.2.4　化学发光的测量装置

　　化学发光分析法的测量仪器比较简单，主要包括样品室、光检测器、放大器和信号输出装置（见图 2-13）。化学发光反应在样品室中进行，反应发出的光直接照射在检测器上。目前常用的是光电流检测器。样品和试剂混合的方式有不连续取样体系（分立取样式）和连续流动体系（流动注射式）两种。对不连续取样体系，加样是间歇的。将试剂先加到光电倍增管前面的反应池内，然后用进样器加入待分析物质。这种方式简单，但每次测定都要重新换试剂，不能同时测定几个样品。对连续流动体系，反应试剂和分析物是定时在样品池中汇合反应，且在载流推动下向前移动，被检测的光信号只是整个发光动力学曲线的一部分，而以峰高来进行定量分析（见图 2-14）。

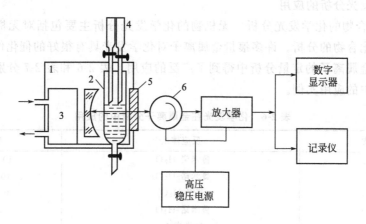

图 2-13　化学发光分析仪结构示意图

1—反应箱；2—反应池；3—恒温水浴；4—反应贮液；5—滤光片；6—光电倍增管

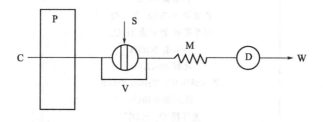

图 2-14　流动注射式化学发光分析仪结构示意图

C—试剂载流；P—蠕动泵；S—试液；V—进样阀；M—混合圈；D—化学发光检测器；W—废液

　　发光反应可采用静态或流动注射的方式进行。

　　静态方式：用注射器分别将试剂加入到反应器中混合，测最大光强度或总发光量；试样量小，重复性差。

　　流动注射方式：用蠕动泵分别将试剂连续送入混合器，定时通过测量室，连续发光，测定光强度；试样量大。

2.2.5 化学发光分析的特点及应用

(1) 化学发光分析的特点

化学发光分析具有以下几个特点。

① 灵敏度高。化学发光分析最大的特点是灵敏度高。例如：荧光素酶和磷酸三腺苷（ATP）的化学发光分析，可测定 2×10^{-17} mol/L 的 ATP，即可检测出一个细菌中的 ATP 含量。

② 仪器设备简单。化学发光分析仪没有激发光源，因而无杂散光和背景干扰；检测发光总量，因而不需要单色器。

③ 线性范围宽。一般有 5~6 个数量级。

④ 分析速度快，易实现自动化。

缺点：可供发光用的试剂少；发光反应效率低（大大低于生物体中的发光）；机理研究少。

(2) 化学发光分析的应用

① 无机化合物的化学发光分析 无机物的化学发光分析主要包括对无机阳离子、无机阴离子和无机化合物的分析。许多痕量金属离子对化学发光具有很好的催化作用，因而化学发光分析法在金属离子的定量分析中得到了广泛的应用。表 2-6 和表 2-7 分别列举了化学发光在无机分析中的应用实例。

表 2-6 化学发光在金属离子分析中的应用

待测物	反应体系	检测限
Co(Ⅱ)	鲁米诺-H_2O_2	10^{-11} mol/L
Cu(Ⅱ)	鲁米诺-H_2O_2	10^{-9} mol/L
Ni(Ⅱ)	蒽绿-H_2O_2	0.11mg/L
Cr(Ⅲ)	鲁米诺-H_2O_2	20ng/L
Fe(Ⅱ)	鲁米诺-O_2	0.12μg/L
Fe(Ⅲ)	鲁米诺-H_2O_2-8-羟基喹啉	0.04pg/L
Mn(Ⅱ)	鲁米诺-H_2O_2	10^{-8} mol/L
Hg(Ⅱ)	鲁米诺-H_2O_2	0.8μg/L
Ag(Ⅰ)	鲁米诺-$K_2S_2O_8$-乙二胺	4μg/L
	邻菲啰啉-鲁米诺-H_2O_2	1.25μg/L
Au(Ⅲ)	鲁米诺-NaOH	0.003mg/L
Os(Ⅳ)	吐温 40-H_2O_2	2.0×10^{-9} mg/L
Ru(Ⅲ)或(Ⅳ)	鲁米诺-KIO_4-Triton X-100	0.0004μg/mL
Rh(Ⅲ)	鲁米诺-$KBrO_3$	5ng/L
V(Ⅳ)	光泽精-O_2-$P_2O_7^{4-}$	0.002μg/mL
V(Ⅴ)	H_2O_2-Co 配合物	0.04μg/mL
Mo(Ⅲ)	光泽精-H_2O_2	10ng/L
Ir(Ⅳ)	吐温 40-H_2O_2-KOH	0.1pg/L
Ce(Ⅳ)	鲁米诺-H_2O_2-Cu^{2+}	0.1μg/mL
Th(Ⅳ)	鲁米诺-H_2O_2-Cu^{2+}	1.0μg/mL
Ti(Ⅳ)	曙红-H_2O_2-Cu^{2+}	0.02μg/mL
Hf(Ⅳ)	鲁米诺-H_2O_2-Cu^{2+}	0.01μg/mL
Sn(Ⅳ)	邻菲啰啉-H_2O_2	0.16μg/mL
Zn(Ⅱ)	鲁米诺-H_2O_2	700nmol/L

表 2-7　其他无机化合物的化学发光分析

待测物	化学发光体系	检测限
H_2O_2	过氧草酸盐	3.0mol/L
H_2O_2	鲁米诺-铁配合物	13nmol/L
H_2O_2	鲁米诺-MnO_4^-	1.0pmol/L
H_2O_2	鲁米诺-染料	10pmol/L
H_2O_2	荧光素-过氧化物酶	40nmol/L
I_2/I^-	鲁米诺-I_2	0.05μg/L
Br^-/I^-	鲁米诺-Br_2/I_2	3μg/L
Cl_2	淀粉-H_2O_2-Cl^-	75μg/L
Br^-	鲁米诺-BrO_3^-	62.5ng/L
SiO_3^{3-}	$LiAlH_4$,O_3	0.5μgSi
CN^-	鲁米诺-CN^-	1.2μg/L
NO_2^-	鲁米诺-$Fe(CN)_6^{4-}$	3.6μg/L

② 有机化合物的化学发光分析　有机物的化学发光分析见表 2-8。

表 2-8　化学发光在有机化合物分析中的应用

待测物	化学发光体系	检测限
草酸	草酸酶	34μmol/L
草酸	细菌荧光素酶	8×10^{-7}mol/L
胆汁酸	$Ce(IV)$	1mg/L
胆汁酸	酶	5~100pmol
抗坏血酸	罗丹明 6G-$Ce(IV)$	1.0×10^{-7}mol/L
抗坏血酸	鲁米诺-Fe^{3+}	0.021mol/L
亚胺	MnO_4^-	2×10^{-6}mol/L
胺类	TCPO-H_2O_2	180pmol
鸟嘌呤(衍生)	DMF-OH^-	4pmol
儿茶酚胺	鲁米诺-BrO_3^-	0.822pmol/L
伯胺	$Ru(bipy)_3^{3+}$	1.0pmol/L
叔胺类	罗丹明 B-Cl^-	10^{-5}mol/L
儿茶酚胺	MnO_4^--H^+鲁米诺	1pmol
肾上腺素	Mn^{2+}-表面活性剂	10mol/L
乙酰胆碱	TCPO-H_2O_2	1.0pmol
氨基酸	TCPO-H_2O_2	5fmol
L-谷氨酸	细菌荧光素酶	0.5pmol
L-色氨酸	H_2O_2-Cl^-	4.0nmol/L
氨基酸	席夫碱-Fe^{2+}-H_2O_2	1pmol
蔗糖、葡萄糖	鲁米诺-过氧化物酶	10^{-6}mol/L
葡萄糖	鲁米诺-过氧化物酶	10^{-7}mol/L
葡萄糖	鲁米诺-H_2O_2	10^{-8}mol/L
D-葡萄糖	鲁米诺-H_2O_2	10^{-4}mol/L
胆固醇	鲁米诺-过氧化物酶	10^{-8}mol/L
氢过氧化脂	异鲁米诺	10nmol/L
磷脂	鲁米诺-细胞色素 C	nmol/L 级
硫酸脱氢表雄酮	细菌荧光素酶	4pg
雌激素	细菌荧光素酶	0.1pg
类固醇	光泽精-Triton X-100	50pmol
皮质甾类	SO_3^{2-}-$Ce(IV)$	20ng/L
胆甾醇酯	异鲁米诺	pmol 级
吗啡	MnO_4^--H^+	0.1nmol/L

待测物	化学发光体系	检测限
苯异丙胺	TCPO-H_2O_2	0.001pmol
红霉素	$Ru(bipy)_3^{3-}$	4×10^{-8}mol/L
异烟肼	N-溴丁二酰亚胺	$24\mu g/L$
链霉素	N-溴丁二酰亚胺	2mg/L
丹皮酚	鲁米诺-H_2O_2	1.2mg/L
维生素 B_1	$Fe(CN)_6^{4-}$-H_2O_2	0.2mg/L
维生素 C	MnO_4^-	2×10^{-7}mol/L
三硝基甲苯	鲁米诺-H_2O_2	1×10^{-17}mol/L

③ 生物活性物质的化学发光分析　酶、抗原、抗体等生物活性物质的化学发光分析见表 2-9。

表 2-9　化学发光在生物活性物质分析中的应用

待测物	化学发光体系	检测限
HRP	鲁米诺-H_2O_2-四苯基硼酸钠	60fmol
碱性磷酸酶	光泽精，FIA	1pmol
胆固醇	固化酶，H_2O_2-鲁米诺，FIA	0.1mg/L
血红蛋白	CE，鲁米诺-H_2O_2	10^{-10}mol/L
甲胎蛋白	Luminol-H_2O_2-HRP	0.74ng/mL
癌胚抗原	Luminol-H_2O_2-HRP	0.034ng/mL
P53 蛋白	Luminol-H_2O_2-尿素	10pg/mL
前列腺特异抗原	Luminol-H_2O_2-HRP	0.11ng/mL

2.2.6　化学发光分析与新技术、新方法的联用

(1) 化学发光与毛细管电泳技术联用

毛细管电泳技术（CE）是分离复杂样品的有力手段，其特点为分离效率高、分析时间短、进样量小及试剂损耗少。化学发光分析法灵敏度高、线性范围宽、仪器设备简单，但其主要缺点是选择性差，限制了它在实际分析中的应用。将 CE 与化学发光结合起来就兼备化学发光的高灵敏度和 CE 的高分离效率的优点，可直接用于复杂样品中微量组分的分离和测定。

(2) 化学发光与高效液相色谱技术联用

高效液相色谱具有分离效率高、选择性好、分析速度快、操作自动化和应用范围广的特点。高效液相色谱法与化学发光联用（HPLC-CL），已成为一种有效的痕量及超痕量分析技术，被广泛运用于环境、医学、生命科学领域中复杂的、含量低的混合物组分的分析。

(3) 化学发光分析与免疫技术联用

将具有高灵敏度的化学发光测定技术与高特异性的免疫反应相结合，产生了一种新的测定技术——化学发光免疫分析法（chemiluminescence immunoassay，CLIA），它具有灵敏度高、特异性好、分析速度快、操作简便等优点，近年来在临床诊断、食品安全、环境监测、药物分析中得到了广泛运用，用于各种抗原、半抗原、抗体、激素、酶、脂肪酸、维生素和药物等的检测。

（4）化学发光与分子印迹技术联用

分子印迹技术（molecular imprinting technique，MIT）具有构效预定性、特异识别性和广泛实用性三大特点，将分子印迹技术与化学发光分析相结合，利用分子印迹聚合物对目标分子的选择性识别能力和捕获能力，使目标分子与样品中的共存物质分离并在分子印迹聚合物上吸附，然后进行化学发光检测，就可以消除共存物质的干扰，从而大大提高化学发光分析的选择性。

第2章 荧光和化学发光分析法 **39**

第 3 章

有机试剂在分析化学中的应用

3.1 概　述

3.1.1　有机试剂在分析化学中的应用

　　有机试剂是应用于分析化学中的各种有机化合物的通称。有机试剂的研究、开发和应用已成为分析化学的重要方向。不论是化学分析还是仪器分析，以及在分析测试的各个步骤，包括分离、富集、测定等过程中，有机试剂均起着重要作用。

　　定量分析的试样，通常都是组成复杂的物质。试样中干扰组分的存在，常会直接影响定量测定结果的准确度。因此分析前必须根据试样的具体情况，选择合适的分离方法，以消除各种干扰组分的影响。有机沉淀剂、掩蔽剂、萃取剂以及离子交换树脂等有机试剂用于分离、富集中能使方法呈现出简便、有效以及选择性好等优点。有机沉淀剂、络合剂、指示剂以及显色剂等种类繁多的有机试剂已广泛地用于重量、容量以及光度等化学分析，以及荧光、极谱等仪器分析中。仪器分析方法中。由于有机试剂的应用（见表 3-1），使方法表现出快速、准确、灵敏度高、适用范围广等优点。特别值得提出的是近几年来迅速发展的、配合现代仪器分析应用的各种特殊性能的有机试剂，使仪器分析测定的灵敏度和准确度得到有效的提高。

　　有机试剂的产生与发展具有悠久的历史，早在公元初，古罗马的普林（Pling）就曾用五味子提取液浸泡过的纸检验醋和胆矾中的铁；1680 年，著名化学家波义耳（Boyle）提出用多种动植物的提取液作酸碱指示剂；1815 年，沃格尔（Vogel）提出用姜黄提取液浸泡过的试纸试验硼，姜黄素至今仍为光度分析法测定硼的灵敏有机试剂之一。1884 年耶林斯基（Илъинский）用 α-亚硝基-β-萘酚鉴定钴；1905 年秋加也夫（Чугаев）系统地研究了 α-二肟类有机试剂与无机离子反应性能的关系，从而为有机试剂在分析化学中的应用开辟了广阔的道路。从 20 世纪 20 年代起，尤其是 50 年代以来，随着有机试剂结构、性质研究的深入以及新试剂的不断合成，有机试剂在分析化学中的应用得到了迅速的发展。迄今有机试剂不但在无机离子分析中得到广泛的应用，而且，在有机分析、生化分析中的应用也越来越普遍。

表 3-1 有机试剂在各种分析方法中的应用

分析方法	试剂应用	示例
重量分析	沉淀剂	8-羟基喹啉用于 Mo(Ⅵ)、W(Ⅵ)、V(V)、Al(Ⅲ)等离子的沉淀，丁二酮肟(DMG)用于沉淀 Co^{2+}、Ni^{2+}
容量分析	滴定剂、指示剂	乙二胺四乙酸(EDTA)、二亚乙基三胺五乙酸(DTPA)、紫脲酸铵等滴定剂；中性红、酚酞、甲基橙、百里酚酞等指示剂
光度分析	显色剂	各种光度分析体系
荧光分析	荧光试剂	槲皮素荧光法测定铝
原子发射光谱分析	螯合剂、有机溶剂	溶剂萃取分离后将有机相直接导入 ICP，如二乙基二硫代氨基甲酸酯(DDTC)/氯仿体系 ICP-AES 法测定镉
原子吸收光谱分析	螯合剂、有机溶剂	萃取后有机相直接原子化，如吡咯烷二硫代甲酸铵(APDC)/正戊醇萃取-原子吸收光谱法测定铅和镉
色谱分析	螯合剂	固定相常采用有机试剂作为负载螯合剂，用于改善分辨率
离子选择性电极	离子交换剂、有机溶剂	如钙电极膜材料中离子交换剂为二癸基磷酸根，溶剂为二辛基苯基磷酸酯
极谱分析	螯合剂	采用有机螯合剂与金属离子形成配合物产生的络合吸附波进行测定

3.1.2 有机试剂的分类

有机试剂用途广泛，其应用领域包括无机分析、有机分析、生化分析等分析化学各分支。用作有机试剂的化合物种类繁多，结构复杂。因此有机试剂的分类方法也各异。根据有机试剂在无机分析中的应用，人们常采用下面两种分类方法。

(1) 按试剂用途分

这是最常用和方便的一种分类方法。根据有机试剂在分离和分析中用途的不同，常将其分为两大类。

① 分析试剂 在分析的测定、分离中起直接作用的试剂。如沉淀剂、萃取剂、显色剂、络合(滴定)剂、螯合树脂以及各种仪器分析中的特殊试剂。

② 辅助试剂 不参与定量分析中的基本反应的试剂。包括指示剂(酸碱、氧化还原滴定)、缓冲剂、有机溶剂、掩蔽剂以及基准物质等。

(2) 按试剂的结构分

这种分类法对于研究试剂的性质、反应机理、合成新试剂比较方便，通常根据试剂的母体结构或配位原子不同来分。

① 根据试剂的母体结构分 以试剂结构为特征来分类对于研究和探讨试剂的反应机理显得非常方便。一般常根据试剂的母体结构或配位原子这两方面进行分类。

三苯甲烷类：如邻苯二酚紫、铬天青 S、溴邻苯三酚红、苯基荧光酮。

偶氮类：如吡啶偶氮萘酚、4-(2-吡啶偶氮)间苯二酚、铍试剂Ⅱ等。

α-二肟类：如丁二酮肟、环己烷二酮二肟、呋喃甲酰二肟。

β-二酮类：如乙酰丙酮、噻吩甲酰三氟丙酮、1-苯基-3-甲基-4-苯甲酰基-5-吡唑酮。

8-羟基喹啉类：如 8-羟基喹啉-5-磺酸、8-羟基喹哪啶。

大环类：如卟啉、冠醚。

离子型试剂：如结晶紫、孔雀绿、罗丹明 B、亚甲基蓝。

② 按照试剂配位原子的不同分　包括氧配位螯合剂（O,O 型）、氮配位螯合剂（N,N-型）、氧氮型配位螯合剂（O,N-型）、含硫配位螯合剂（S 型）。

部分常见试剂及结构举例如下：

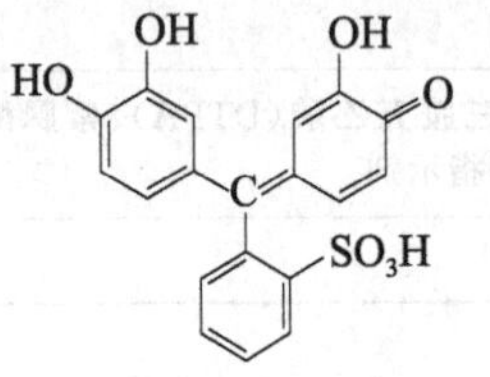

邻苯二酚紫(PV) 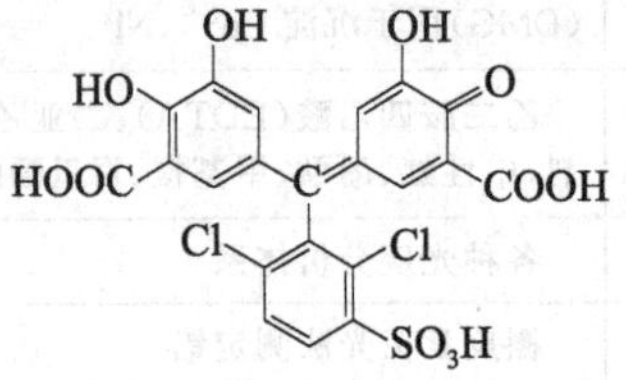　　　铬天青S(CAS) 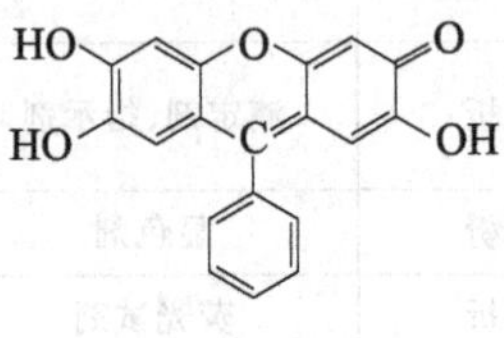　　　苯基荧光酮(PF)

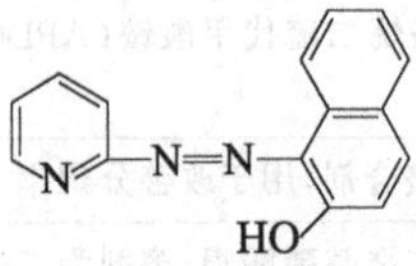

吡啶偶氮萘酚(PAN) 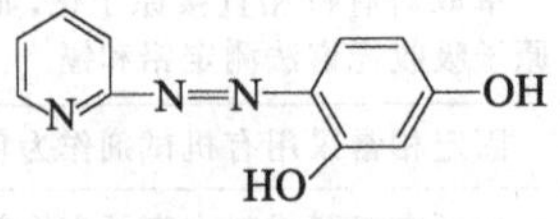　　4-(2-吡啶偶氮)间苯二酚 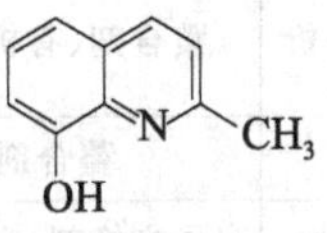　　8-羟基喹哪啶

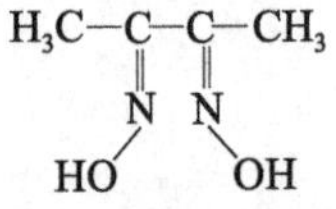

丁二酮肟(DMG) 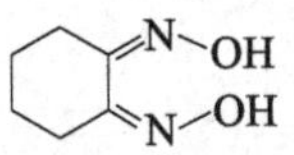　　　环己烷二酮二肟 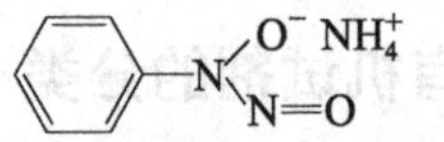　　　铜铁试剂(Cup)

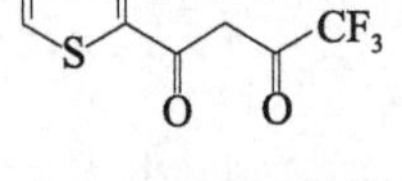

噻吩甲酰三氟丙酮(TTF) 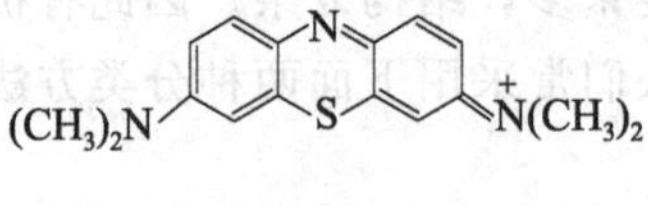　　亚甲基蓝(MB) 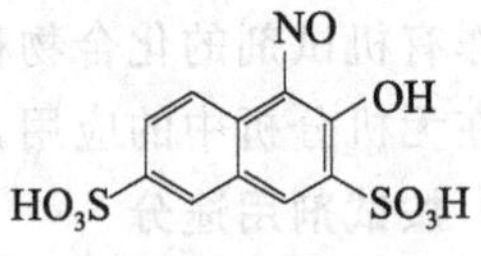　　　亚硝基R盐(NRS)

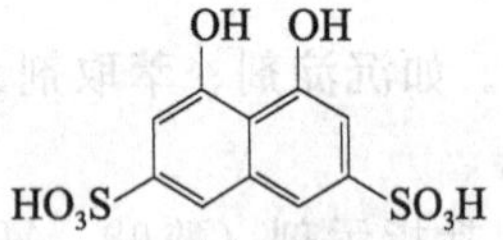

变色酸 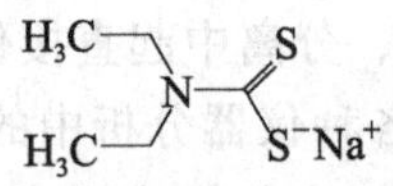　　　二乙基二硫代氨基甲酸盐 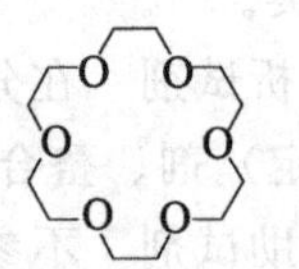　　　18-冠-6

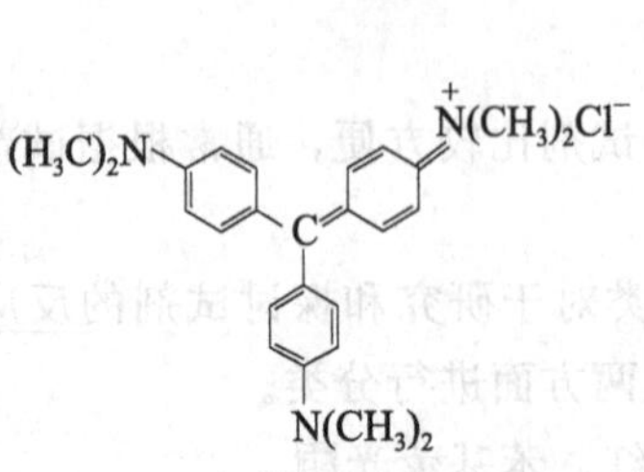

结晶紫 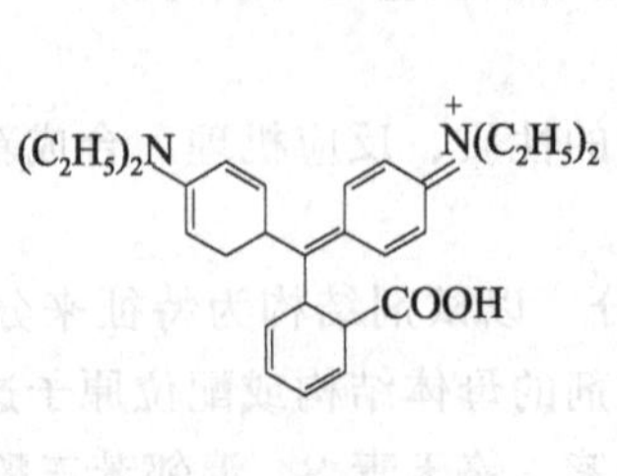　　　罗丹明B 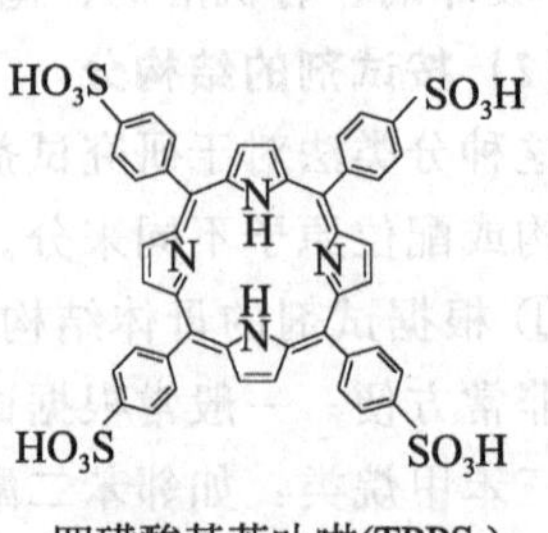　　　四磺酸基苯卟啉(TPPS₄)

随着新有机试剂的不断增多，应用日益广泛，有机试剂的分类方法也在不断地改变和完善，因此到目前还没有一个较全面的统一分类法。

3.1.3 有机试剂与无机离子反应类型

(1) 成盐反应

有机酸与阳离子、有机碱与阴离子都可生成盐，如草酸钙：

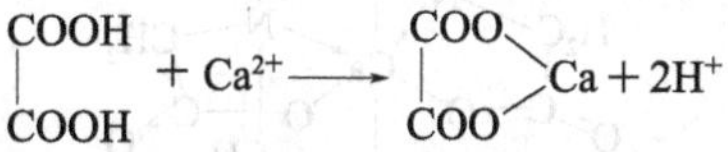

$$\begin{array}{c}COOH\\|\\COOH\end{array}+Ca^{2+}\longrightarrow \begin{array}{c}COO\\|\\COO\end{array}\!\!\!\!\!Ca+2H^+$$

一般有机试剂分子中若包含有—COOH、酸性—OH、—SO₃H、—AsO₃H 等基团时，其中的—H 可被 M^{n+} 置换生成盐。

该类反应的特征是生成了强极性共价键，如下：

(2) 螯合反应

试剂分子与金属离子之间通过共价键与配位键，形成环状螯合物，如

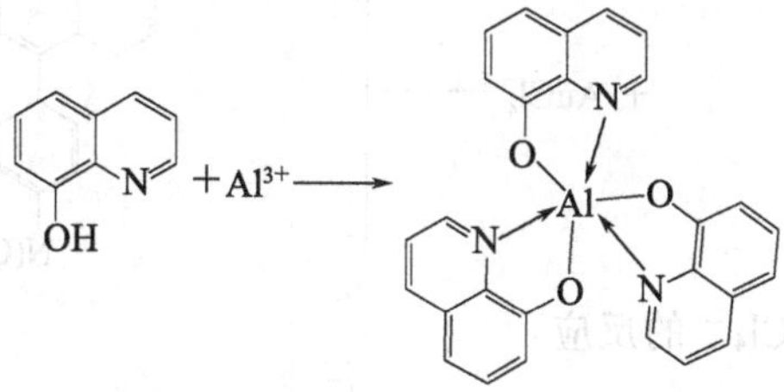

又如偶氮胂Ⅲ与 UO_2^{2+} 反应：

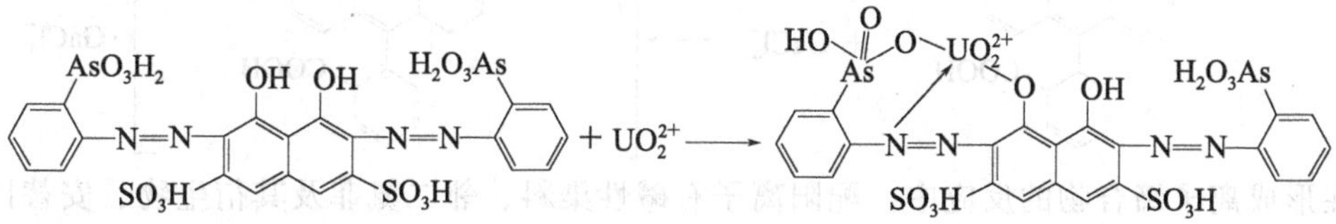

再如邻二氮菲与 Fe^{2+} 的反应：

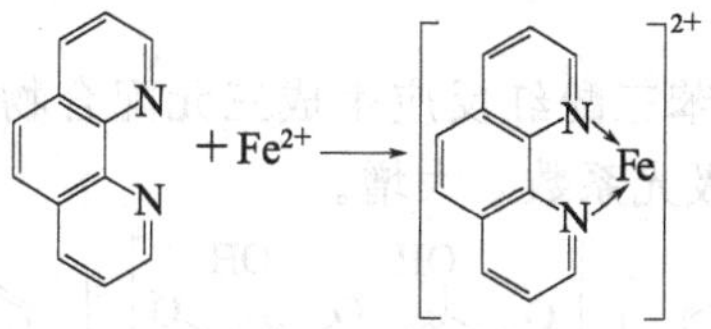

形成的螯合物一般具有如下特点。

① 多数螯合物为难溶沉淀，但溶于有机溶剂。可用于萃取法分离测定。

② 多数螯合物具有较深的特征颜色，可用于光度法分析。

③ 螯合物具有较高的稳定性。螯合环数目越多越稳定，最稳定的螯合环通常是五元环，其次是六元环，再次是三元、四元环。成环的原子数≤4 或≥7，闭合成环的概率减小。例如，下列结构中配合物 c、d 的稳定性比其他配合物要高。

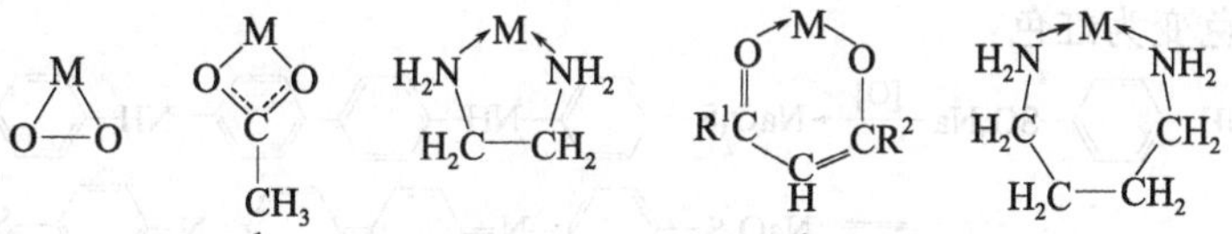

常用螯合剂 EDTA 通常与金属离子形成 1∶1 的螯合物，含有多个五元环，如钙配合物：

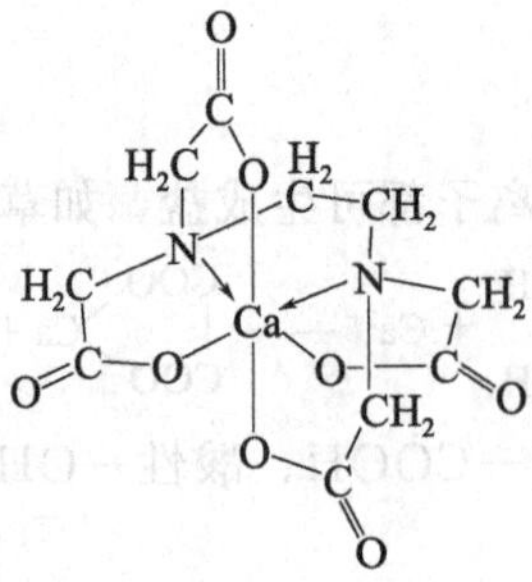

(3) 离子缔合反应

金属离子先与配位试剂生成配阴离子或配阳离子，然后再与带相反电荷的有机试剂离子靠静电引力生成离子缔合物。

如碱性染料乙基紫与氯金酸配离子的反应：

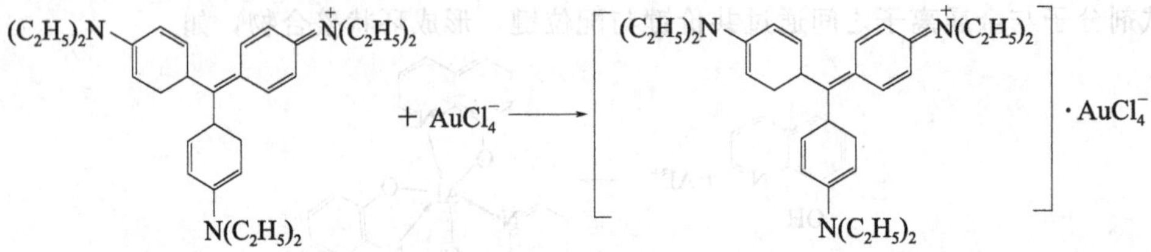

又如：罗丹明 B 与 $GaCl_4^-$ 的反应：

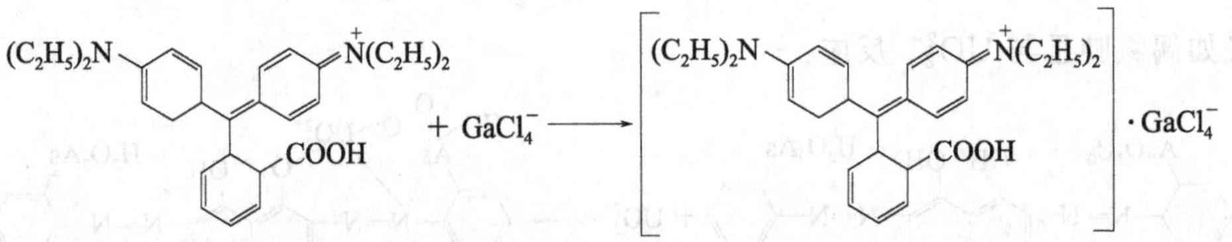

在形成离子缔合物的反应中，配阳离子有碱性染料、邻二氮菲及其衍生物、安替比林及其衍生物、氯化四苯䏦（或磷、锑等）；配阴离子有卤素离子 X^-、SCN^-、ClO_4^- 以及无机杂多酸等。

如 Ag^+ 与邻二氮菲、溴邻苯三酚红反应生成三元配合物，由于三元配合物具有大的分子体积，使光度分析中的摩尔吸光系数 ε 大增。

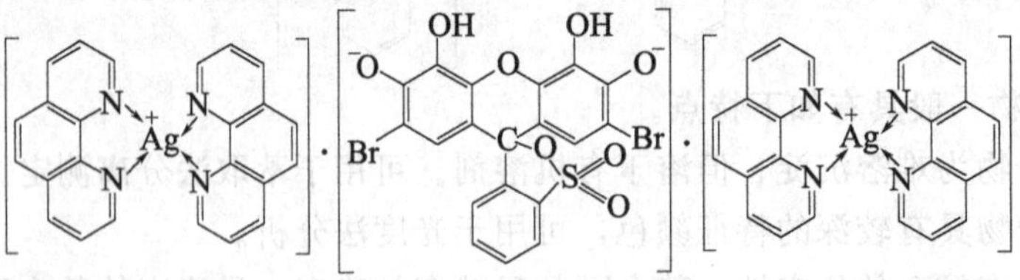

(4) 氧化还原反应

一些高价金属离子可以与有机试剂发生氧化还原反应，反应有两种类型。

① 有机试剂被氧化为有色物质。如氧化还原滴定中的指示剂二苯胺磺酸钠的氧化变色，终点时颜色由无色变为红色：

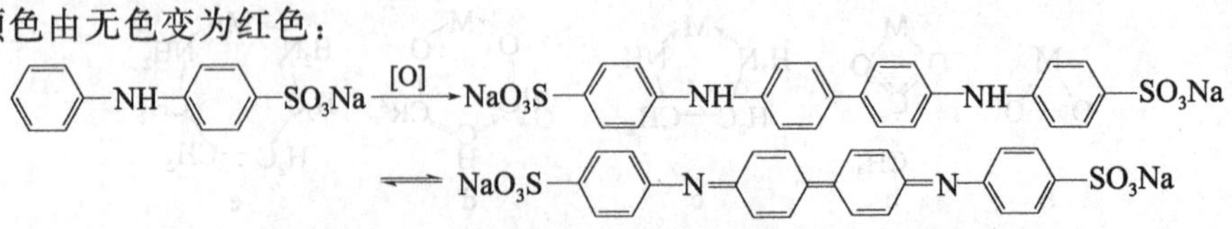

② 离子与有机试剂发生氧化还原反应时，被还原的离子与被氧化的试剂反应，如：硫代米蚩酮与金的显色反应：

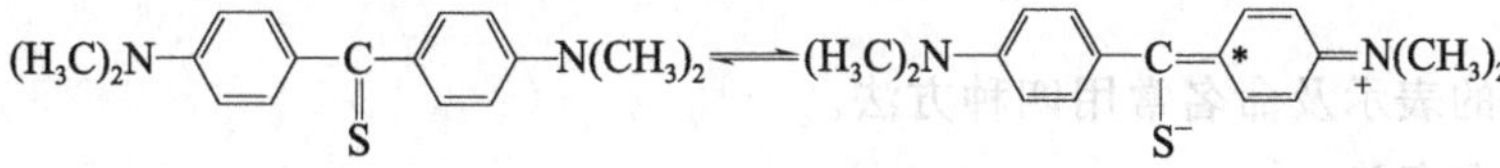

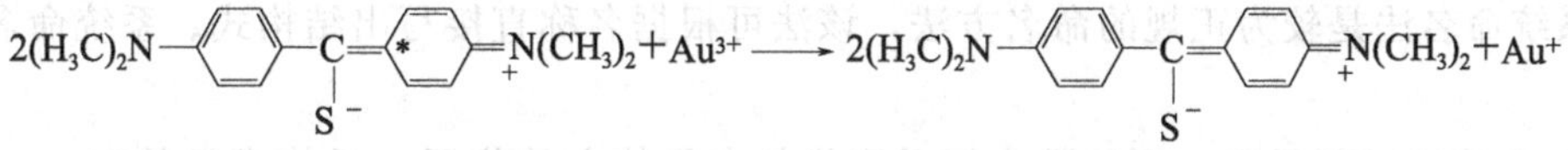

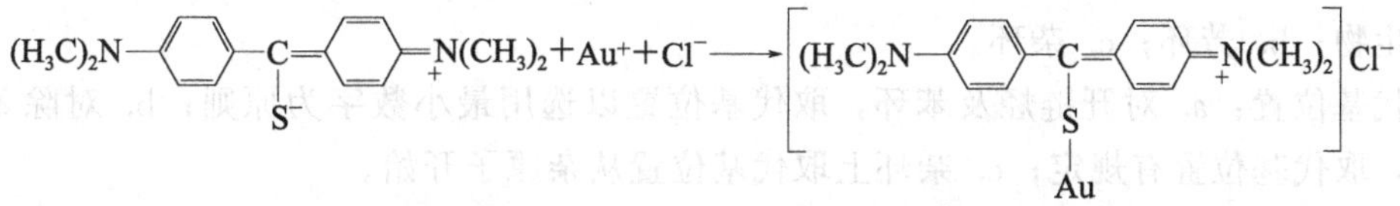

又如，在酸性介质中，Cr(Ⅵ) 与二苯基碳酰二肼发生氧化还原反应，二苯基碳酰二肼被 Cr(Ⅵ) 氧化生成二苯基偶氮碳酰肼，Cr(Ⅵ) 被还原为 Cr(Ⅲ)。Cr(Ⅲ) 又继续与二苯基偶氮碳酰肼反应生成红色螯合物，氧化还原反应和配合反应同步进行。反应式如下：

$$2CrO_4^{2+} + 3H_4L + 8H^+ \longrightarrow Cr(Ⅲ)(HL')_2 + Cr^{3+} H_2L' + 8H_2O$$

式中，H_4L 表示二苯基碳酰二肼；H_2L' 表示二苯基偶氮碳酰二肼。它们的结构式分别为：

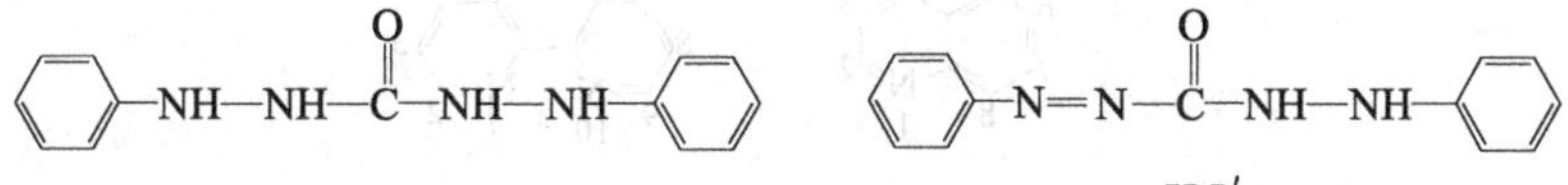

(5) 合成反应

待测物质与加入的有机试剂反应，生成一种新的试剂，根据生成物质可以间接测定待测物质，如格利思（Griess）法测定 NO_2^-：

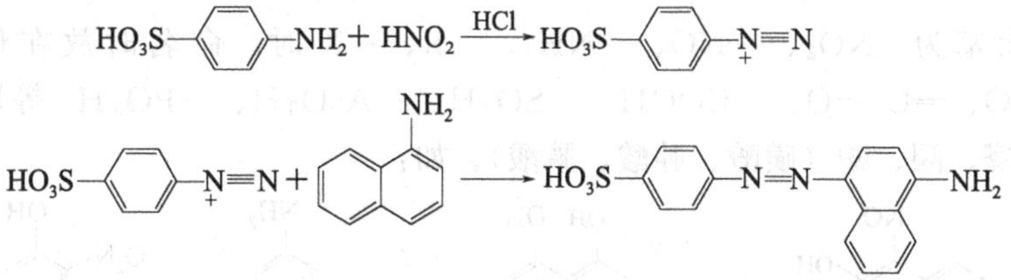

其中 α-萘胺有毒，可用 H 酸代替，同样生成红色的偶氮化合物。

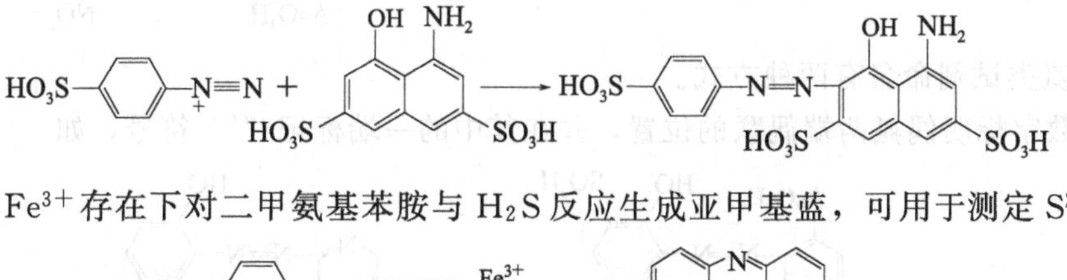

又如：Fe^{3+} 存在下对二甲氨基苯胺与 H_2S 反应生成亚甲基蓝，可用于测定 S^{2-}：

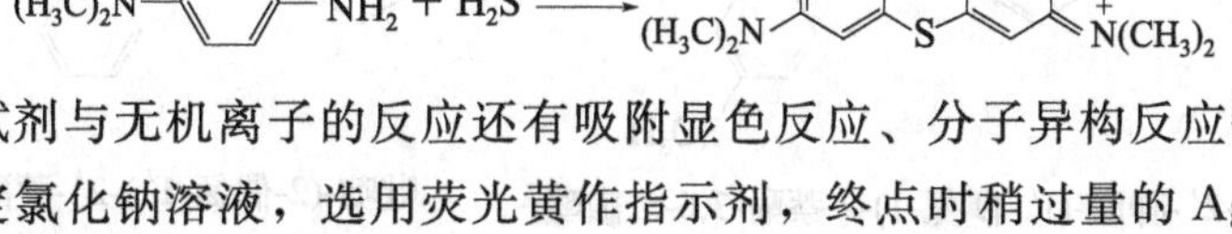

此外，有机试剂与无机离子的反应还有吸附显色反应、分子异构反应等。例如，沉淀滴定法用硝酸银滴定氯化钠溶液，选用荧光黄作指示剂，终点时稍过量的 Ag^+ 使 AgCl 沉淀带正电，吸附荧光黄阴离子变成红色。

3.1.4 有机试剂的命名

有机试剂的表示及命名常用四种方法。

(1) 系统命名法

系统命名法是较为正规的命名方法，该法可根据名称直接写出结构式。系统命名法规则如下。

① 先确定试剂母体，再以数字标示取代基在母体上的位置，母体常见的有：a. 开链烃及其衍生物；b. 芳环；c. 杂环。

取代基位置：a. 对开链烃及苯环，取代基位置以选用最小数字为原则；b. 对除苯外的芳香环，取代基位置有规定；c. 杂环上取代基位置从杂原子开始。

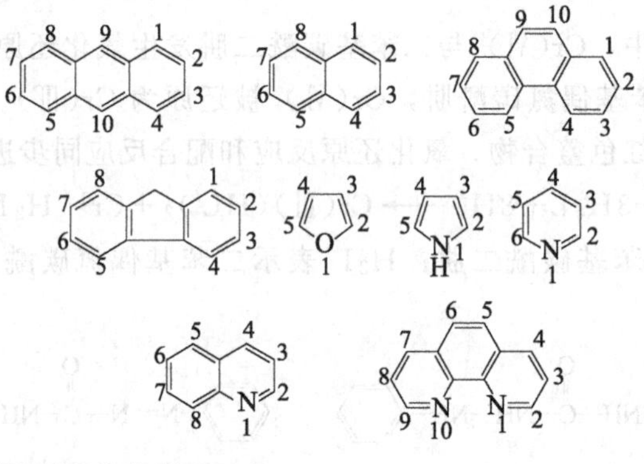

练习：按以上规则命名下列试剂：

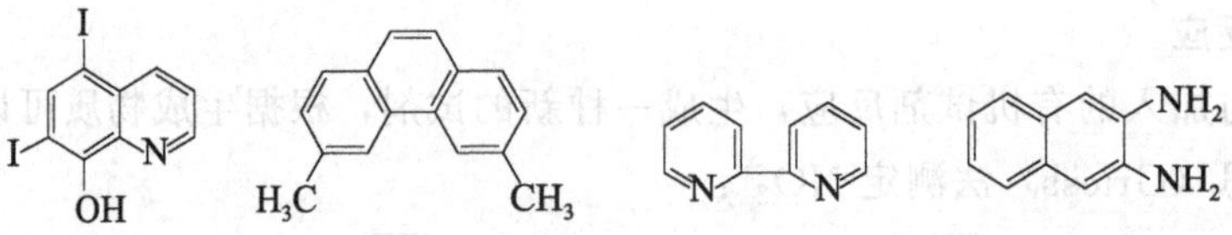

② 当取代基为—NO_2、—NO、—NH_2、—R、—X 时，命名时放在母体前面；而—OH、—CHO、=C=O、—COOH、—SO_3H、—AsO_3H、—PO_3H_2 等取代基放在后面，称作酚、醛、酮、酸（磺酸、胂酸、膦酸）。如：

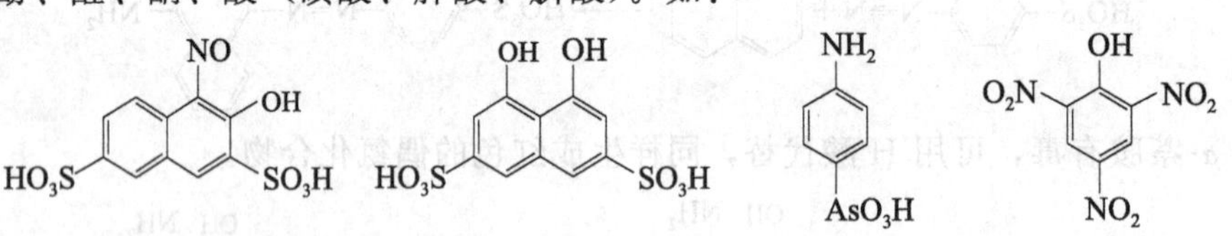

③ 偶氮类试剂命名有两种方式。

a. 以数字标明偶氮两端偶联的位置，并在其中的一端标记"′"符号，如

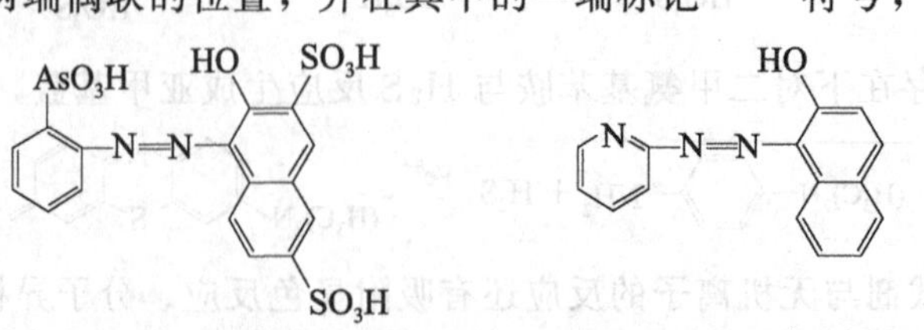

苯-2′-胂酸-(1′-偶氮-1)-2-萘酚-3,6-二磺酸　　吡啶-(2-偶氮-1′)-2′-萘酚

b. 可将偶氮为取代基放在母体前面命名，如上面两个例子可分别命名为：

2-羟基-1-（2-苯胂酸-偶氮）-3，6-萘二磺酸、1-（2-吡啶偶氮）-2-萘酚。

（2）以试剂的特性和用途命名

这种命名方法突出了试剂的分析特性、用途及其专属性。如：

铍试剂Ⅱ（BeryllonⅡ）：4,5-二羟基-3-((8-羟基-3,6-二磺酸-1-萘基)偶氮)-2,7-萘二磺酸

钛铁试剂（Tiron）：邻苯二酚-3,5-二磺酸钠

钍试剂（Thorin）：2-羟基-1-(2-苯胂酸偶氮)-3,6-萘二磺酸

铜铁试剂（Cupfferon）：N-亚硝基苯胲胺

新铜试剂：2,9-二甲基-1,10-二氮菲

镉试剂（Cadion）：4-硝基苯重氮氨基偶氮苯

荧光镓试剂（Lumogallion）：3-(2,4-二羟基苯基偶氮)-2-羟基-5-氯苯磺酸

铝试剂（Aluminon）：玫瑰红三羧酸铵

锌试剂（Zincon）：邻[2-(2-羟基-5-磺基苯偶氮)亚苄基]肼基苯甲酸

镁试剂Ⅰ（MagnesonⅠ）：4-(4-硝基苯偶氮)间苯二酚

（3）商品名称和习惯名称

有些有机试剂在作为分析试剂前，已经有了习惯称法，作为分析试剂后，仍然使用旧名称，如茜素、甘油、水杨酸、甲基橙（红）等。

（4）英文名称缩写表示法

系统名称往往很长，使用及书写上都很不方便，于是人们常常取其系统名的英文名称各部分第一个字母合起来表示，如：

EDTA（ethylenediaminetetraacetic acid）：乙二胺四乙酸

PAR[4-(2-pyridylazo)-resorcinol]：4-(2-吡啶偶氮)间苯二酚

TEA（triethanolamine）：三乙醇胺

MIBK（methyl-isobutyl-ketone）：甲基异丁酮

DDTC（diethyldithiocarbamate）：二乙基二硫代氨基甲酸盐

PMBP（1-phenyl-3-methyl-4-benzoyl-5-pyrazolone）：1-苯基-3-甲基-4-苯甲酰基-5-吡唑酮

这种表示方法在生产实践中已广泛采用。但是由于英文字母代表名称较多，容易混淆。

3.2 有机试剂的分子组成与分析性能

3.2.1 有机试剂的分子组成及反应性能

有机试剂与无机离子反应的特性受分子中各原子的性质、原子的排列、化学键以及分子的结构等因素影响，分子中具有相似结构的基团使分子具有相似的反应性能。

例如，在 3mol/L HCl 溶液中，苯胂酸可与 Zr^{4+} 反应生成沉淀：

和苯胂酸相似的一些衍生物也可与 Zr^{4+} 反应生成沉淀，如：

H_2N-⟨苯环⟩$-AsO_3H_2$　　$OH-$⟨苯环⟩$-AsO_3H_2$　　$Cl-$⟨苯环⟩$-AsO_3H_2$

⟨苯环，带 O_2N⟩$-AsO_3H_2$　　⟨萘环⟩$-AsO_3H_2$　　$CH_3-AsO_3H_2$

这些试剂都含有能与 Zr^{4+} 反应的胂酸基团：

$$-As{\overset{OH}{\underset{OH}{=\!O}}}$$

又如，以下含有 8-羟基喹啉结构的试剂也有相近的反应性能，例如都可与 Cu^{2+} 形成螯合物。

⟨8-羟基喹啉结构式，四个：分别为 8-羟基喹啉（OH）、2-甲基-8-羟基喹啉（OH, $N-CH_3$）、7-碘-8-羟基喹啉（I, OH）、5,7-二溴-8-羟基喹啉（Br, Br, OH）⟩

分析功能团：决定着试剂与金属离子起选择性作用的特性基团。例如以上试剂中

$-As{\overset{OH}{\underset{OH}{=\!O}}}$ 为 Zr^{4+} 的分析功能团，$\underset{OH}{\overset{}{C}}{=}N-$ 为 Cu^{2+} 的分析功能团。

在试剂分子中除分析功能团外，通常还存在着另外一些基团，它们不直接与金属离子反应，但在一定程度上可以改变试剂的性质，称为助分析团。如上例中$-NH_2$、$-OH$、$-Cl$、$-NO_2$ 以及 $-SO_3H$、$-COOH$、$-R$、$-X$ 等。

分析功能团和助分析团再与各种脂肪族碳链、芳香环或杂环化合物（称为分子母体）连接，成为一个整体。因此，有机试剂的结构包含如下部分：

| 分析功能团 |——| 母体 |——| 助分析团 |

要注意的是，有时候构成分子的三部分是难以区分的，如：

⟨邻二氮菲结构式⟩　　　$H_2N-\overset{S}{\overset{\|}{C}}-NH_2$

分析功能团是试剂分子中参与及影响与金属离子作用的原子组合的整体，这些原子分为：①功能原子，直接与金属离子结合，形成盐或形成配合物，形成与 M^{n+} 作用的原子；②辅助原子，不与金属离子相连，是构成螯合环单元的原子。例如：

⟨偶氮类化合物结构式，原子编号 1~8，左侧标 M^{n+}，右侧为螯合物结构⟩

分析功能团是原子 1~8 组成的整体，功能原子是 1、4、7，辅助原子为 2、3、5、6，形成了两个五元环。

分析功能团的反应性能与下列因素有关。

(1) 功能原子的性质

功能原子的性质对分析功能团与金属离子反应的选择性起着决定性作用，常见的功能原

子有 O、N、S，它们的电负性依次下降，硬度也依次下降，所以含这些功能原子的试剂在与 M^{n+} 反应时有如下规律。

① 以 O 为功能原子的有机试剂多和硬酸离子，如 Al^{3+}、Ca^{2+}、Mg^{2+}、Fe^{3+}、$Ti(Ⅳ)$、$Mo(Ⅵ)$、RE 等离子形成螯合物，这些离子为易水解元素。

② 以 S 为功能原子的有机试剂多和软酸离子，如 Cd^{2+}、Hg^{2+}、Pb^{2+}、Pd^{2+}、Ag^+ 等离子形成螯合物，这些离子为亲硫元素。

③ 以 N 为功能原子的有机试剂多和交界酸离子，如 Fe^{2+}、Co^{2+}、Ni^{2+}、Cu^{2+}、Zn^{2+} 等离子形成螯合物，这些离子为亲氨元素（NH_3），见表 3-2。

表 3-2　金属离子的软硬酸分类

硬酸	交界酸	软酸
H^+,Li^+,Na^+,K^+,Cs^+, Be^{2+},Mg^{2+},Ca^{2+},Sr^{2+},Ba^{2+},Mn^{2+}, Al^{3+},Ga^{3+},In^{3+},Sc^{3+},RE^{3+},Cr^{3+}, Co^{3+},Fe^{3+},As^{3+},Sb^{3+},Si^{4+},Ti^{4+}, Sn^{4+},Th^{4+},Pu^{4+},Zr^{4+},Hf^{4+},U^{4+}, Ce^{4+},VO^{2+},$UO_2{}^{2+}$,$Nb(V)$,$Ta(V)$, $Mo(V)$,$W(Ⅵ)$	Fe^{2+},Co^{2+},Ni^{2+}, Cu^{2+},Zn^{2+},Pb^{2+}, Sn^{2+},Sb^{3+},Bi^{3+}, Rh^{3+},Ir^{3+},Ru^{3+}, Os^{2+},Cr^{2+}	Cu^{2+},Ag^+,Au^+,Tl^+, $Hg_2{}^{2+}$,Hg^{2+},Pd^{2+}, Cd^{2+},Pt^{2+},Tl^{3+},Pt^{4+}

目前，含单独一个或一种功能原子的有机试剂较少，大多是在试剂分子中存在多个或多种功能原子，形成不同组合，例如：有 O—O、N—N、S—S 型螯合剂，理论上还有 O—N、O—S、S—N、O—S—N 型等各种组合，从而使分析功能团多样化。但实际上不同功能原子组合的类型一般为 O—N、S—N 型。试剂中功能原子的种类增多，试剂的性质各不相同。如：

(2) 辅助原子的影响

通常为 C 原子，有时也有未与金属成键的 O、S、N 等，除作为螯合环的组成部分外，还影响性能。例如：碳原子有脂肪烃和芳香烃之别，性质不同，如，邻苯二酮肟和环己烷二酮二肟，前者分子具有芳香性，而后者溶解度更小。

注意：

① 一种离子不仅仅只和具有一种功能团的试剂螯合，而且往往可和具有多种结构和不同功能原子的分析功能团试剂反应，只是反应性能不同。

② 离子的价态、形态不同时，分析功能团不同。

3.2.2　有机试剂的酸碱性及影响

有机试剂的酸碱性决定试剂在什么 pH 条件下与离子反应。有机试剂的酸碱性受试剂分子中酸、碱性基团的影响，同时受分子中吸电子基或推电子基的影响，另外还受试剂母体结构的影响。

① 在试剂分子中含有酸性基团时，将使试剂酸性增强：—COOH、—SO₃H、—AsO₃H₂、—PO₃H₂、—OH。

① 在试剂分子中含有酸性基团时，将使试剂酸性增强：$—COOH$、$—SO_3H$、$—AsO_3H_2$、$—PO_3H_2$、$—OH$。

在试剂分子中引入碱性基团时，将使试剂碱性增强：$—NH_2$、$—NHR$、$—NR_2$、$—NR_3^+$、吡啶基、喹啉基等。

② 在酸性有机试剂分子上引入吸电子基团时，酸性增强。

原因：电子向吸电子基转移，酸根上电子云密度减小，H^+ 易失去；反之，若引入推电子基时，酸性减弱。如：

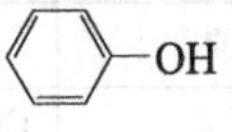

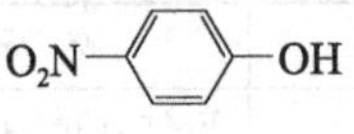

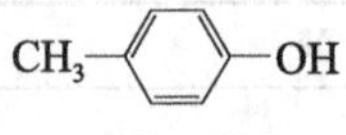

$pK_a =9.9$ $\qquad$ $pK_a =7.2$ $\qquad$ $pK_a =10.2$

在碱性有机试剂分子上引入吸电子基团时，碱性减弱。

原因：电子向吸电子基转移，氨基氮原子上电子云密度减小，不易接受 H^+；反之，若引入推电子基时，则碱性增强。如：

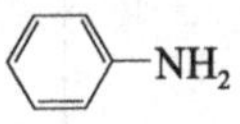

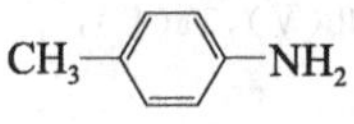

$pK_b =9.4$ $\qquad$ $pK_b =13.0$ $\qquad$ $pK_b =6.5$

3.2.3 有机试剂的溶解度

有机试剂在水中的溶解度与其金属螯合物的溶解度在多数情况下是相似的。溶解度是试剂的重要参数，有机试剂的溶解度受试剂分子结构的影响。

(1) 疏水基团的影响

有机试剂在水中的溶解度随分子内疏水基团的增大增多而降低，通常，如果试剂分子中脂肪链、芳香环增大和增多，由于非极性基团的增大和增多，将使试剂和其金属螯合物在水中的溶解度减小。例如：

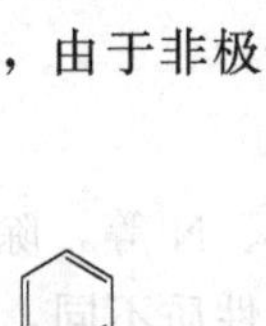

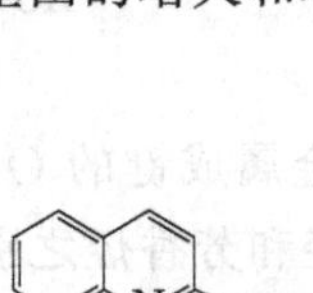

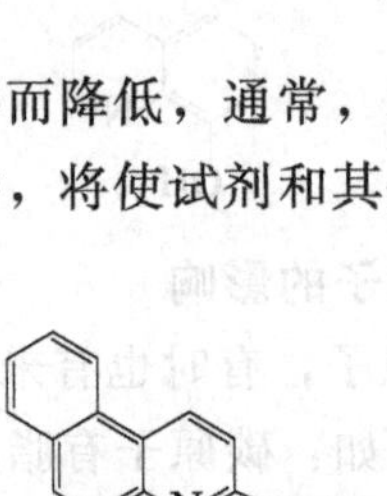

分子量： $\quad$ 93 $\qquad\qquad$ 143 $\qquad\qquad$ 193
溶解度： $\quad$ 330μg/L $\qquad\quad$ 13μg/L $\qquad\qquad$ 2μg/L

又如，铜铁试剂及其金属离子螯合物的溶解度大于新铜铁试剂及其金属离子螯合物：

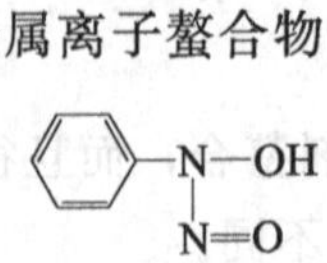

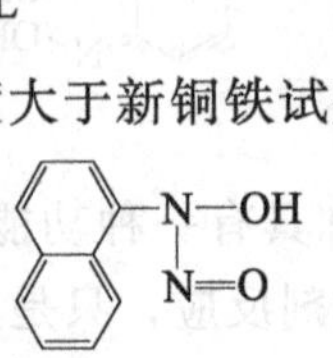

再如 8-羟基喹啉的溶解度大于 8-羟基喹哪啶：

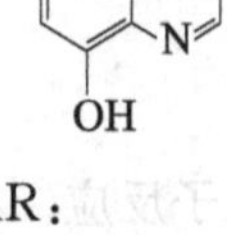

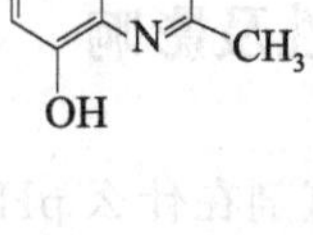

PAN 的溶解度小于 PAR：

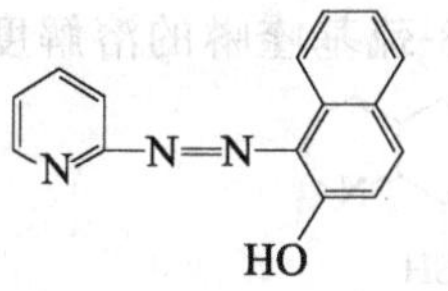

PAN 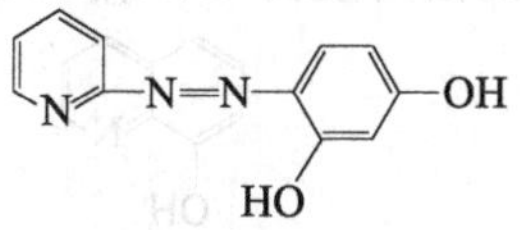   PAR

（2）亲水基团的影响

在试剂分子中引入亲水基团，可增大试剂的亲水性，增大试剂及其螯合物在水中的溶解度。亲水基团有：—SO$_3$H、—COOH、—OH 等强电子基团。例如：α-亚硝基-β-萘酚与亚硝基 R 盐：

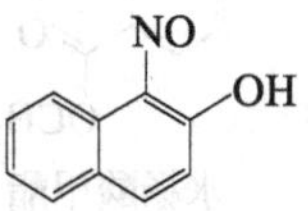

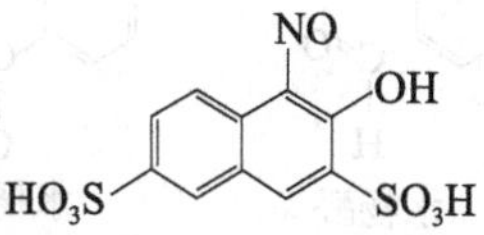

又如 7-碘-8-羟基喹啉与 7-碘-8-羟基喹啉-5-磺酸：

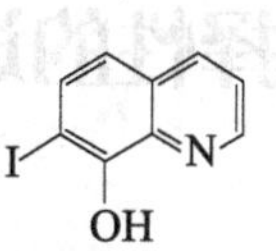

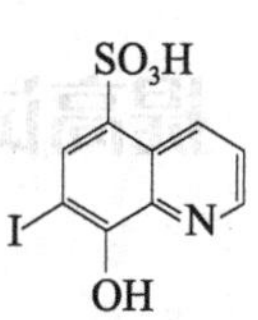

以及 PAN 与 PAN-S：

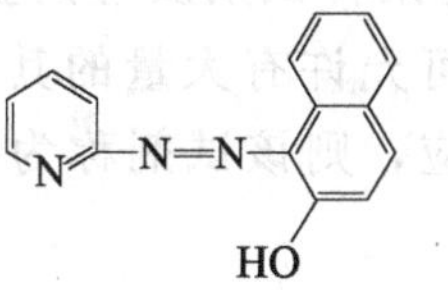

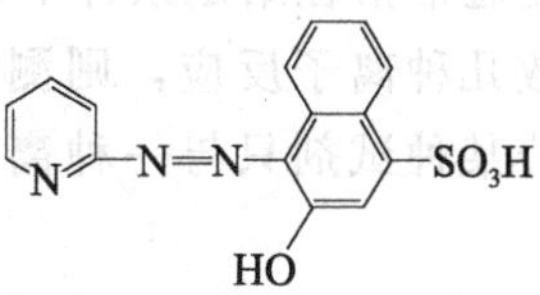

水杨酸与磺基水杨酸

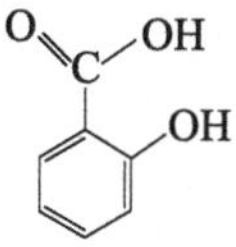

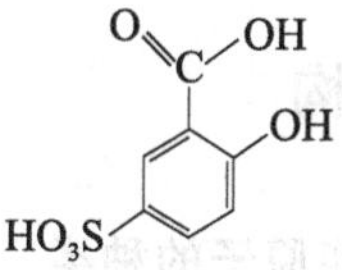

（3）离子化的影响

试剂分子离子化使溶解度增大，如 8-羟基喹啉是两性物质，其溶解度随 pH 不同而不同：

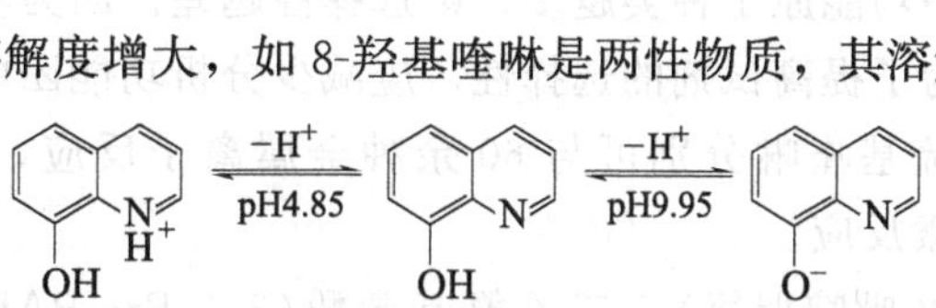

易溶   微溶   易溶

在配制试剂溶液时，可加入酸或碱促使试剂溶解。

（4）溶剂化与分子内氢键作用

能与水发生溶剂化作用的试剂较易溶于水（溶剂化指由于溶剂分子与试剂分子之间亲和力大，两者之间形成溶剂化物），溶剂化原因在于二者之间形成了氢键。由于与水形成氢键能力为 O＞N＞S，故在相似结构的试剂分子中，若以 S 原子代替 O 时，溶解度减小，如尿素的溶解度为 104.7g/100mL，硫脲的溶解度为 9.1g/100mL。

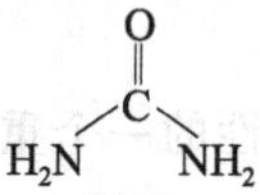

尿素 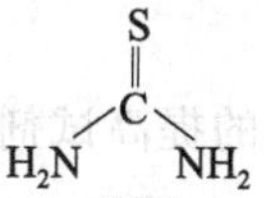   硫脲

又如：8-羟基喹啉的溶解度为 0.55g/100mL，8-巯基喹啉的溶解度为 0.055g/100mL。

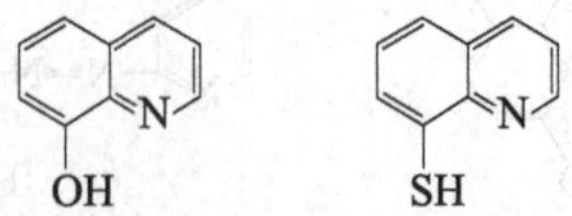

8-羟基喹啉   8-巯基喹啉

能形成分子内氢键的试剂，在极性（水）溶剂中溶解度减小，如水杨醛、水杨酸和水杨酸甲酯的溶解度都较小。这是由于形成分子内氢键后不再与溶剂分子形成氢键。例如水杨醛、水杨酸和水杨酸甲酯的溶解度仅分别为 4.9g/L、1.8g/L 和 0.7g/L。

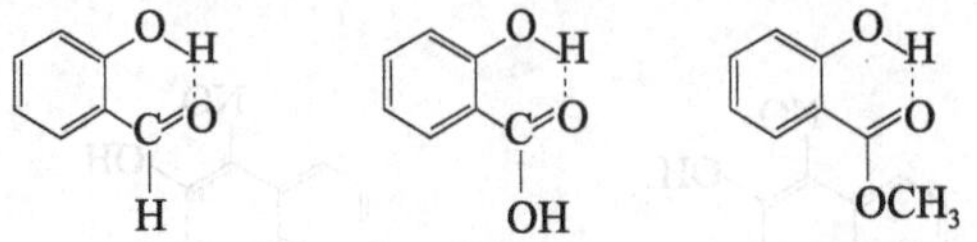

水杨醛   水杨酸   水杨酸甲酯

3.3 提高试剂选择性的途径

有机试剂的选择性通常指在给定条件下，能与某种试剂反应的金属离子种类的多少。若试剂只与一种或少数几种离子反应，则测定中可允许有大量的其他离子存在，表明试剂的选择性高。其中若某种试剂只与一种离子反应，则该试剂称为这种离子的特效试剂（或专属试剂）。

试剂的选择性与其结构、性质有密切的关系，反应条件也有影响。

3.3.1 改造试剂分子的结构

（1）改变分析功能团中功能原子的种类

试剂的分析功能团中功能原子种类越多，则选择性越差。因为功能原子的种类决定着反应的金属离子的种类，为了提高试剂的选择性，应减少分析功能团中功能原子的种类。

如 8-羟基喹啉和 8-巯基喹啉分别可与 60 余种金属离子反应，而 8-氨基喹啉只与 Cu、Co、Hg、Ag、Zn 等元素反应。

又如：2-(3,5-二溴-2-吡啶偶氮)-5-二乙氨基苯酚(3,5-Br$_2$-PADAP) 可与 30 余种金属离子反应；而 2-(3,5-二溴-2-吡啶偶氮)-5-二乙氨基苯胺(3,5-Br$_2$-PADAT) 主要与 Co^{2+}、Ni^{2+}、Cu^{2+}、Ag$^+$ 和 Fe^{2+} 5 种金属离子反应。

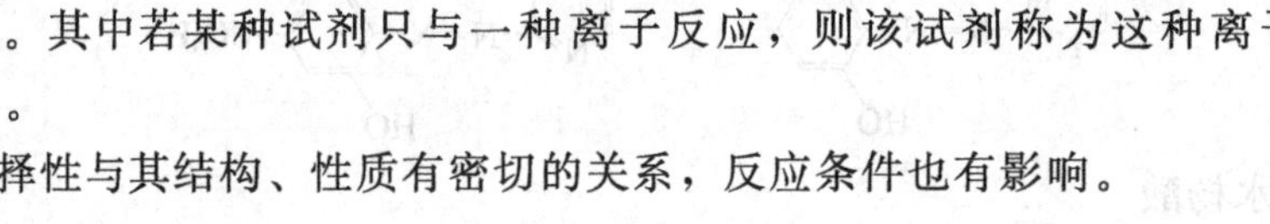

3,5-Br$_2$-PADAP   3,5-Br$_2$-PADAT

（2）引入助分析团

引入助分析团是人们常采用的提高试剂选择性的一个重要途径。主要的做法是增加试剂的酸性和增大空间位阻效应。

① 增强试剂的酸性 试剂分子中引入吸电子基，使电子云向吸电子基方向移动，导致试剂分子中酸性基团解离度增加，螯合显色反应可在较弱酸性介质中进行，从而提高了反应的选择性。如在 pH3～5，用变色酸作显色反应测定 Ti(IV) 时，Cr(VI)、V(V)、Mo(VI)、Fe(III) 等都干扰，且 Ti(IV) 易水解，测定结果不稳定。换成 2,7-二氯变色酸，可在 pH 1 与 Ti(IV) 反应，避免了 Ti(IV) 的水解，而其他离子的干扰可用维生素 C 和磷酸消除，2,7-二氯变色酸成为测定 Ti 的优良试剂。

又如试剂偶氮磺Ⅲ：

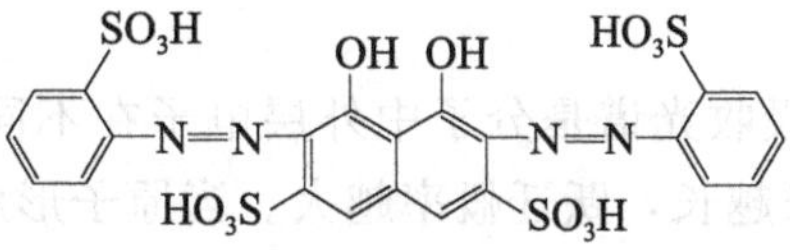

与 Ba^{2+} 在 pH 2.2 可反应，但此时 $H_2PO_4^-$、CrO_4^{2-}、$H_2AsO_4^-$ 也可与 Ba^{2+} 反应生成沉淀，若分别在两个偶氮的对位引入—NO_2，则可在 pH 1.7 时与 Ba^{2+} 反应，上述离子不再与 Ba^{2+} 反应。

② 增大试剂空间位阻效应 试剂空间位阻效应的存在，常使试剂表现出较高的选择性，尤其是当配体体积大，并且配位数≥2 时，空间位阻效应更显著。如 8-羟基喹啉可与许多金属离子反应，选择性差，而 8-羟基喹哪啶的选择性就得到提高，如不与 Al^{3+} 反应；又如邻二氮菲可与多种亲氨试剂反应，像 Fe^{2+}、Cu^+ 等，而 2,9-二甲基-1,10-二氮菲不与 Fe^{2+} 反应，只与 Cu^+ 反应，成为测 Cu^+ 的特效试剂，因此称为亚铜试剂。

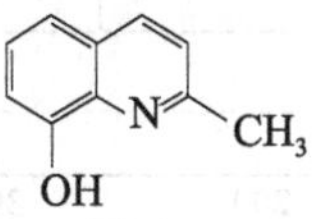

8-羟基喹哪啶 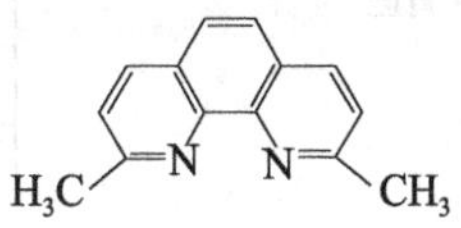　　　　　亚铜试剂

3.3.2　改变反应条件

改变反应条件常常能有效地提高有机试剂的选择性。最常用的是控制溶液酸度，加入适当的掩蔽剂，有时还用氧化还原反应变更金属离子的价态。另外，还可进行萃取分离等，这些内容将在其他课程中介绍。

3.4　有机试剂及金属螯合物的生色机理

分析化学中的各种常用试剂，有些是无色的，如乙醇、丙酮、EDTA、柠檬酸，也有许多试剂是有色的，如 PAN、偶氮胂Ⅲ、铬天青 S、茜素红等，这些化合物随着化学条件的改变，如介质条件、与金属离子反应等，其颜色也随之改变。有机试剂及其螯合物在颜色（或吸收波长）上的特征，在分析化学尤其是光度分析中是十分重要的。通常情况下，金属螯合物的吸收波长位于紫外-可见区，波长越长，摩尔吸光系数越大，测定灵敏度越高。

物质颜色（透过光）与吸收光颜色的互补关系见表 3-3。

表 3-3　物质颜色与吸收光颜色的互补关系

物质颜色	黄绿	黄	橙	红	紫红	紫	蓝	绿蓝	蓝绿
吸收光颜色	紫	蓝	绿蓝	蓝绿	绿	黄绿	黄	橙	红
吸收光波长/nm	380~435	435~480	480~490	490~500	500~560	560~580	580~610	610~650	650~780

这种互补关系也可以用图 3-1 表示。

3.4.1　有机试剂的电子吸收光谱及影响

有机化合物的紫外-可见吸收光谱是分子中外层电子在不同能级间跃迁产生的。电子跃迁能级越小，则吸收光的波长越长，跃迁概率越大。当原子形成分子时，原子中参与成键的电子组成新的分子轨道：σ^*、π^*、σ、π，同时还有未成键的 n 轨道。当分子吸收了一定频率的光子后，电子的能级可以发生四种形式的跃迁：$\sigma \rightarrow \sigma^*$、$\pi \rightarrow \pi^*$、$n \rightarrow \sigma^*$、$n \rightarrow \pi^*$（见图 3-2 和表 3-4）。

图 3-1　物质颜色与吸收光
颜色的互补关系简图

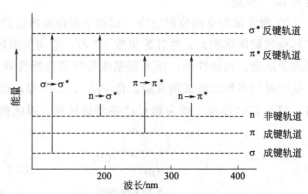

图 3-2　电子能级及电子跃迁示意图

表 3-4　有机化合物的紫外、可见光谱跃迁类型

有机化合物类型	键的类型或基团	可能产生的跃迁类型
饱和烃及其取代衍生物	σ 键	$\sigma \rightarrow \sigma^*$
不饱和烃及共轭烯烃	σ 键；π 键	$\sigma \rightarrow \sigma^*$；$\pi \rightarrow \pi^*$
羟基化合物	$\diagdown C = O$	$n \rightarrow \sigma^*$；$n \rightarrow \pi^*$；$\pi \rightarrow \pi^*$
苯及其衍生物	封闭的 $\pi \rightarrow \pi$ 共轭体系	$\pi \rightarrow \pi^*$
稠环芳烃及杂环化合物	稠环、杂环等	$\pi \rightarrow \pi^*$

这四种跃迁中，以 $n \rightarrow \pi^*$ 和 $\pi \rightarrow \pi^*$ 跃迁所需能量最小，产生的吸收峰波长较长，位于紫外及可见光谱区，而就跃迁概率来说，$\pi \rightarrow \pi^*$ 跃迁概率最大，产生的吸光强度最大。

(1)　生色团

① 生色团是指具有 $\pi \rightarrow \pi^*$ 跃迁的不饱和基团，试剂分子中具有这类基团时，产生的最大吸收位于 UV 区，摩尔吸光系数较大 [$\varepsilon \geqslant 5000 \mathrm{L}/(\mathrm{mol} \cdot \mathrm{cm})$]，常见的生色团有：

$$\diagup C = C \diagdown 、\diagdown C = O、-N = N-、-C \equiv N-、-C \equiv C-$$

② π-π 共轭作用　一般只含有一个双键的化合物，即孤立生色团，是没有颜色的，它们仅在远紫外区产生吸收带。当相间的 π 键与 π 键相互作用而生成离域大 π 键共轭体系时，电

子的流动性显著增强，电子基态能级增大，电子容易激发，$\pi \to \pi^*$ 跃迁能级差减小，导致分子最大吸收波长红移，摩尔吸光系数 ε 增大。

增大 π-π 共轭作用的途径：①增加共轭双键数目；②对芳香环化合物，增大共轭体系（见表 3-5）。

表 3-5 π-π 共轭作用对化合物吸收波长的影响

烯烃	λ_m / nm	芳香环化合物	λ_m / nm
$H_2C = CH_2$	193		255
$CH_2 = CH - CH = CH_2$	217		275
$H_2C = CH - CH = CH - CH = CH_2$	250		370
			460

π-π 共轭作用对有机试剂及其金属螯合物的生色有着重要的影响，许多试剂，尤其是显色剂的分析功能团与试剂母体之间产生 π-π 共轭，从而使试剂显色。

(2) 助色团

与试剂分子共轭体系相连，能使试剂的吸收峰向长波方向移动（红移）的基团。助色团分为给电子助色团和吸电子助色团。

① 给电子助色团　如—$\overset{..}{O}H$、—$\overset{..}{N}H_2$ 等，由于在杂原子上含有未成键 p 电子，当引入试剂分子共轭体系后，发生 p-π 共轭，形成多电子大 π 键。由于取代基有推电子作用，使大 π 键电子云偏移，产生极化，使基态能级升高，从而缩小了基态 π 与激发态 π^* 之间的能级差，试剂分子最大吸收波长红移，吸光度增大，给电子助色团助色作用的强度顺序大致为：—F < —CH_3 < —Cl < —Br < —OH < —OCH_3 < —NH_2 < —$NHCH_3$ < —$N(CH_3)_2$ < —$NH(C_6H_5)$ < —O^-。

② 吸电子助色团　为一些吸电子取代基。当引入共轭体系后，由于诱导作用将 π 键电子云吸向自身方向，即以拉的方式使大 π 键电子云发生偏移，产生极化，同样也缩小了 $\pi \to \pi^*$ 跃迁的能级差，导致试剂分子最大吸收波长红移。

吸电子基助色团助色作用的强度顺序大致为：—NH_3^+ < —SO_2NH_2 < —COO^- < —CN < —$COOH$ < —$COOCH_3$ < —$COCH_3$ < —CHO < —NO_2。

③ 两类助色团的协同作用　如果在试剂共轭双键的两端或芳香环的对位同时引入上述两种助色团，则由于它们分别对共轭体系 π 键电子云产生推、拉的协同作用，使大 π 键电子云产生更大偏移、极化，使得 $\pi \to \pi^*$ 跃迁的能级差更小，导致试剂最大吸收波长发生更大红移，吸光度有更大的增加。如：

λ_m=268nm　　　284nm　　　381nm

ε_m=7.8×10³　　8.6×10³　　1.5×10⁴

又如：

$\lambda_m = 370\text{nm}$ 　　　　　$\lambda_m = 448\text{nm}$

$\lambda_m = 410\text{nm}$ 　　　　　$\lambda_m = 469\text{nm}$

(3) 试剂分子离子化对其颜色的影响

含有吸电子助色团和推电子助色团的有机试剂分子易于离子化，而离子化的结果导致吸电子基的吸电子能力或推电子基的推电子能力改变（增强），共轭体系 π 电子云更偏移、极化，$\pi \rightarrow \pi^*$ 跃迁的能级差更小，吸收峰红移，吸收增强。

① 含有 $>C=O$、$>C=NH$ 等吸电子基的试剂，其中 O 或 N 原子含未成键的 p 电子，在酸性溶液中易与质子结合，转变为阳离子：

$$>C=\ddot{O}: + H^+ \longrightarrow\ >C=\ddot{O}H^+$$

$$>C=\ddot{N}H + H^+ \longrightarrow\ >C=NH_2^+$$

离子化的结果使取代基上出现了正电荷，取代基的吸电子能力增强，增强了对共轭体系 π 电子云的吸引能力，结果吸收红移。

② 含有 —OH 等推电子助色团的试剂分子，在碱性溶液中可发生阴离子化：

$$-\ddot{O}H - H^+ \longrightarrow\ -\ddot{O}:^-$$

结果，在取代基的氧原子上出现了有效负电荷，增强了基团的推电子能力。电子云偏移加剧，吸收峰红移，颜色加深。

有机化合物分子的离子化作用，可以解释许多试剂（如显色剂和酸碱指示剂）随溶液酸碱性变化而改变颜色的现象。例如：对硝基酚在碱性介质中由无色变为黄色，就是由于 —OH 的离子化：

$\lambda_m = 317\text{nm}$ 　　　　　　　　$\lambda_m = 400\text{nm}$

又如，在酸性溶液中酚红由黄色变为红色的反应：

黄色 　　　　　　　　　　　　　　红色

若溶液中含多个可离子化的助色团时，试剂分子在不同酸度溶液中会呈现出多种不同的颜色变化。

(4) 溶剂的性质

有机溶剂对试剂分子的吸收光谱有很大的影响，这种影响随溶剂性质的不同而不同，如对二乙氨基偶氮对硝基苯在环己烷中为黄色，在乙醇中为红色。溶剂效应主要与溶剂的极性有关，因为溶剂常与试剂分子之间形成氢键，或溶剂的偶极使试剂分子的极性增大，结果使试剂分子的基态（或激发态）的能级发生改变，吸收曲线 λ_m 移动。

（5）空间位阻效应

共轭原子中各原子都处于同一平面内，才能满足 p 电子云的最大重叠，形成共轭体系。若分子的平面结构被破坏，或共轭体系被分割，使共轭体系中 π 电子的流动性受阻，就会使吸收峰蓝移，吸光度下降。

如：

$\lambda_m=267nm$ $\lambda_m=251nm$ $\lambda_m=220nm$

又如：

$\lambda_m=470nm$ $\lambda_m=440nm$

此外，发生分子内异构化反应也导致吸收光谱的改变，如酚酞由在酸性和中性溶液中的内酯型转化为碱性溶液中的醌型结构，颜色发生明显变化：

内酯型（无色）   醌型（红色）

3.4.2 金属配合物的电子吸收光谱

金属离子与试剂分子生成配合物的颜色一般不同于金属离子和配体本身的颜色。从生色机理上看，其生色机理可分成三种类型。

3.4.2.1 配体微扰的金属离子 d-d（或 f-f）电子跃迁

大多数 d 轨道或 f 轨道未充满的金属离子与不含共轭体系的无色配位体（如 H_2O、NH_3、EDTA、酒石酸）形成的配合物都属于这种类型。如：Ti^{3+}、V^{3+}、Cu^{2+}、Cr^{3+} 等的 d 轨道部分充满（$d^{1\sim9}$），与 H_2O、EDTA 形成的配合物有色。而 K^+、Ca^{2+}、Sc^{3+}、Ti^{4+} 等没有 d 电子（d^0），Cu^+、Zn^{2+}、Ga^{3+} 等的 d 轨道全充满（d^{10}），它们与上述配体形成配合物无色。

原因：据配位场理论，具有 $d^{1\sim9}$ 电子组态的过渡金属离子形成配合物后，在配位体微扰，即配位体场作用下，d 轨道能级分裂，生成新的能级 e_g 和 t_{2g}。二者之间的能级差称为分裂能 Δ，该分裂能很小，相当于 UV 区辐射，故 d 电子吸收可见、紫外线可产生 d-d 跃迁，产生吸收光谱（见图3-3）。

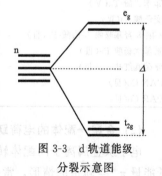

图3-3 d 轨道能级分裂示意图

配体性质差异影响分裂能 Δ，也就影响吸收曲线（其特征常用最大吸收波长 λ_m 及对应的吸光度 A 描述），配位体可按照它们使金属 d 电子产生 Δ 的大小不同排列成光谱化学系列：$I^- < S^{2-} < Br^- < SCN^- \approx Cl^- < F^- < OH^- < C_2O_4^{2-} \approx H_2O < EDTA < NH_3 < 乙二$
胺$< \alpha, \alpha$-联吡啶$< NO_2^- < CN^-$。

例，Cr(Ⅲ) 的几种配合物吸收波长为：

配合物	$[Cr(C_2O_4)_3]^{3-}$	Cr-EDTA	$[Cr(en)_2]^{3+}$	$[Cr(CN)_6]^{3-}$
λ_m	571nm	538nm	470nm	375nm

可见，CN^- 是最强配体，分裂能 Δ 最大，d-d 跃迁能量大，配合物吸收峰位于紫外区，故 CN^- 在光度分析中常用作掩蔽剂。

3.4.2.2 电荷转移吸收光谱

又称为荷移吸收光谱（charge-transfer band），是指金属配合物分子吸收辐射后，电子从配合物的一个组分转移到另一个组分所产生的吸收光谱，该光谱一般位于 UV 区，在光度分析中该类吸收光谱有许多例子。金属配合物荷移吸收光谱有配体→金属的电荷跃迁（LMCT），金属→配体的电荷跃迁（MLCT），配体内的电子跃迁（ILCT）、配体→配体的电子跃迁（LLCT）以及金属中心之间的 d-d 跃迁。下面以常见的 LMCT、MLCT、金属中心之间的 d-d 跃迁三种为例。

(1) 配体→金属的电荷跃迁（LMCT）

在配体有能量较高的孤对电子或者金属有能量较低的空轨道时发生。电荷迁移光谱出现在可见光区，从而使配合物产生明显颜色。

电子由配位体 π 分子轨道移向 M 离子的 d 轨道，这一过程相对于金属离子还原。金属离子通常处于高氧化态，含有连接—OH、—SH 等酸性基团共轭 π 电子体系的有机试剂，在脱去质子后，非键 p 电子向 π 电子体系的反键轨道转移，当配合物形成后，这些电子可吸收光子向金属未充满的高能级 d 轨道跃迁，产生荷移吸收。

如 Fe(Ⅲ) 与 8-羟基喹啉、磺基水杨酸，或 Co(Ⅲ) 与 NRS（及 PAN）等形成的配合物。具有这种性质的金属离子另有：Ti^{4+}、V(Ⅴ)、Nb(Ⅴ)、Ta(Ⅴ)、Mo(Ⅵ)、W(Ⅵ) 等，ε 通常在 10^3 以上（见表 3-6）。

表 3-6 某些 L→M 荷移跃迁的配合物吸收光谱性质

有机显色剂-金属离子配合物	pH	λ_m/nm	$\varepsilon \times 10^3 / [L/(mol \cdot cm)]$
苯基荧光酮-Nb(Ⅴ)	0.8% H_3PO_4	520	37
钛铁试剂-Ti(Ⅳ)	4.7	410	14.5
邻苯二酚-Ta(Ⅴ)	2.0~2.7	400	4.0
变色酸-Ti(Ⅳ)	1.0	470	16
7-碘-8-羟基喹啉-5-磺酸-Fe(Ⅲ)	2.7	610	4.0
磺基水杨酸-Fe(Ⅲ)	2.0	495	2.6
亚硝基红盐-Co(Ⅲ)	6~7	410	35
PAN-Co(Ⅲ)	3~6	640	25
PAR-Co(Ⅲ)	5.8~10	525	60

(2) 金属→配体的电荷跃迁（MLCT）

电子从金属离子向配体转移产生的跃迁，它一般发生于金属离子易于氧化，且配体具有低能量 π^* 空轨道的情形，常见于芳香性配体，该类跃迁在 UV 上的特征是在可见或近紫外区有着明显吸收。摩尔吸光系数在 $10^3 \sim 10^4$ 范围内，由 MLCT 产生的发射有时很强，在低温下尤其明显。

d 电子由金属离子的 d 轨道跃迁至配体 π 分子轨道，相当于配位体被还原。发生这种跃迁时金属离子必须处于低氧化态，而配位体必须具有接收电子的空轨道（反键轨道），可接收从金属离子中转移出来的电子。如吡啶、2,2'-联吡啶、联喹啉、1,10-二氮菲等，这类试剂易与可氧化的阳离子（如 Fe^{2+}、Ti^{3+}、Cu^+）生成有色配合物，反应时，电子从金属离子 d 轨道转移到配位体 N 原子的 π 轨道，产生荷移吸收光谱，且配合物最大吸收波长一般大于 400nm，如：

Fe(Ⅱ)-(2,2'-联吡啶)$_3$ $\lambda_m=523nm$，$\varepsilon=8.6\times10^3L/(mol \cdot cm)$

Cu(Ⅰ)-(2,2'-联吡啶)$_2$ $\lambda_m=435nm$，$\varepsilon=4.5\times10^3L/(mol \cdot cm)$

Ru(Ⅱ)-(2,2'-联吡啶)$_2$ $\lambda_m=418nm$，$\varepsilon=1.43\times10^4L/(mol \cdot cm)$

Fe(Ⅱ)-(phen)$_3$ $\lambda_m=510nm$，$\varepsilon=11.2\times10^3L/(mol \cdot cm)$

Cu(Ⅰ)-(phen)$_2$ $\lambda_m=435nm$，$\varepsilon=7.0\times10^3L/(mol \cdot cm)$

(3) 以金属离子为中心的电荷转移即金属中心之间的 d-d 跃迁

在杂多酸等混配络合物中，有时还存在着金属→金属（M→M）间的荷移，即电子在同一化合物中的两种不同氧化态金属间转移，产生较深的颜色。如普鲁士蓝 $KFe^{III}[Fe^{II}(CN)_6]$ 发生 Fe^{II} 的 d 电子向 Fe^{III} 的空轨道跃迁、硅钼蓝 $H_8[Si(Mo_2^{III}O_5)(Mo_2^{VI}O_7)_5]$ 发生 Mo^{III} 的 d 电子向 Mo^{VI} 的空轨道跃迁等。

荷移吸收光谱除在金属离子与有机试剂反应中应用之外，在有机物分析中也有较多的应用。

【例1】 在 pH 9.0 硼砂缓冲溶液中，诺氟沙星（Norfloxacin）与四氯对苯醌形成有色的 n-π 配合物，可用于诺氟沙星的测定。$\lambda_m=375.2nm$，$\varepsilon=1.68\times10^4L/(mol \cdot cm)$，线性范围为 $1.0\sim17.0\mu g/mL$。

诺氟沙星中哌嗪基为电子给予体，四氯对苯醌是电子接受体。二者形成 n-π 配合物后，哌嗪基的孤对电子向四氯对苯醌的共轭体系分子轨道跃迁，产生吸收光谱：

【例2】 荷移反应-分光光度法测定盐酸环丙沙星（Ciporfloxacin）

在水溶液中盐酸环丙沙星与荧光桃红反应生成 n-π 荷移化合物，为棕红色沉淀。

离心分离后，将络合物溶于乙醇溶液中进行光度测定，荷移配合物的 $\lambda_m=546nm$。利用离心光度法可以测定 $(0.5\sim6.0)\times10^{-5}mol/L$ 盐酸环丙沙星。

此外，直链淀粉遇碘呈蓝色，支链淀粉遇碘呈紫红色，糊精遇碘呈蓝紫、紫、橙等颜色。这些显色反应的灵敏度很高，可以用作鉴别淀粉的定量和定性的方法，也可以用于测定碘的含量。碘和淀粉的显色除吸附原因外，主要是由于生成包合物。直链淀粉是由 α-葡萄糖分子缩合而成的长的螺旋体，每个葡萄糖单元都有羟基，碘分子跟这些羟基作用，使碘分子嵌入淀粉螺旋体的轴心部位。糖的羟基成为电子供体，碘分子成为电子受体，这样产生了荷移吸收光谱。

3.4.2.3　金属离子微扰的配位体电子跃迁

这是一种较为常见的金属-有机配位剂形成螯合物而导致的吸收光谱的变化，这种变化是由于螯合物中试剂分子的离子化差异而使试剂的颜色发生改变。

【例3】　邻苯二酚紫与金属离子生成螯合物时的颜色变化

邻苯二酚紫（pyrocatechol violet，简称 PV）有多个可解离的羟基，在不同酸碱性介质中，各羟基将逐步解离，而呈现不同颜色：

H_4R　　　　　　　H_3R^-　　　　　　　H_2R^{2-}　　　　　　　R^{4-}

>0.7mol/L HCl　　0.7mol/L HCl～pH 7.0　　pH 7.4～10　　　 > pH 10

$\lambda_m=550\text{nm}$ 紫色　$\lambda_m=450\text{nm}$ 黄色　$\lambda_m=630\text{nm}$ 绿色　$\lambda_m=710\text{nm}$ 蓝色

可见试剂分子离子化后，尤其是阴离子化后，吸收光谱发生红移。

在 pH 3，Bi^{3+} 与 PV 形成螯合物：$\text{Bi}^{3+}+\text{H}_3\text{R}^- \longrightarrow \text{Bi(HR)}+2\text{H}^+$

形成的螯合物为蓝绿色，$\lambda_m=610\text{nm}$，吸收光谱 λ_m 与 H_2R^{2-} 相近：

原因：Bi 与 O 形成两个极性稍有差异的化学键，由于 Bi(Ⅲ) 的电负性（1.8）比 H^+ 的电负性（2.1）小，因此 Bi—O 键的极性要比 O—H 键的极性大得多，趋向于离子键，或者说 O—Bi 键的极性处于 O—H 和 O^- 之间，且接近于 O^-，出现了一定程度的阴离子化，所以 Bi(HR) 的颜色介于 H_3R^{2-} 与 HR^{3-} 之间，这种由于金属离子的微扰作用，改变了原有基团的吸电子性质或给电子性质，使形成的金属螯合物的电子吸收光谱红移，颜色加深的现象称为螯合生色效应。

表 3-7 给出了几种离子与 PV（H_3R^-）反应形成螯合物的吸收光谱性质。

表 3-7　M-PV 螯合物的吸收光光谱性质

M	反应酸度	螯合物 λ_m/nm	$\Delta\lambda_m$/nm(对比 H_3R^-)	$\Delta\lambda_m$/nm(对比 R^{4-})
Al(Ⅲ)	pH 6.0	580	135	−80
Mo(Ⅳ)	pH 2～6	530	85	−130
Nb(Ⅲ)	pH 2.2～2.3	575	130	−85
Sn(Ⅳ)	pH 2.5～3.5	555	110	−105
Zr(Ⅳ)	pH 3.5～5.5	650	205	−10

可见，形成螯合物后，相较于游离的配体，螯合物吸收都有不同程度的红移。红移的程度取决于如下几方面。

① 螯合成键的性质：键的离子性质强，螯合物的最大吸收红移显著；若键的共价性质强，则不红移，甚至蓝移。

② 螯合作用发生在试剂共轭双键体系的两端时，红移现象更加显著。

【例4】 PAR 与金属离子形成的螯合物

在酸性介质中，当 PAR 与 M^{n+} 形成螯合物时，结构为：

其中 $M\cdots O$ 键的极性强，趋向于离子键，近似于—OH 阴离子化，形成—O^-，导致推电子能力增强；另一端叔氨基发生阳离子化：$\equiv N \longrightarrow M^+$，增加了吸电子能力，这样"推"与"拉"的协同作用大大增加了共轭 π 键体系的极化状态，导致螯合物 λ_m 发生较大红移，结果许多 PAR 的金属螯合物的 λ_m 均大于 PAR 分子的碱色 λ_m。表 3-8 给出了不同反应介质中离子与 PAR 及形成螯合物的吸收光性质。

表 3-8　M-PAR 螯合物吸收光谱的性质

M	反应 pH 值	λ_m/nm
Al^{3+}	1.5～5.1	510
Bi^{3+}	0～3.5	515
Fe^{3+}	4	517
V(Ⅴ)	4.5	550
Cu^{2+}	2	517

以上例子均为 M^{n+} 与 R 在酸性溶液中形成螯合物。若在碱性条件下形成螯合物，则螯合物颜色变化与上面的描述相反，螯合物的最大吸收波长紫移。

【例5】 在碱性溶液中，铬黑 T 与 Ca^{2+}、Mg^{2+} 形成螯合物的反应：

在 pH 9 的溶液中，EBT 以 HR^{2-} 形式存在，—O^- 有较强的推电子作用（能力），最大吸收波长较大，而形成 MR 螯合物后，螯合物的吸收光谱介于试剂解离状态与不解离状态的吸收光谱之间，因此，形成螯合物后 λ_m 反而减小。

总之，对于不同类型的配体与金属离子形成配合物的颜色的产生机理可以分别用上述三种理论进行解释。

3.5 表面活性剂及分析性能

表面活性剂是一类能降低液体表面张力的有机化合物，它的分子由亲水基团和疏水基团组成，结构不对称，表示为：——○（○表示亲水端，——表示疏水端）；表面活性剂应用广泛，在分析化学中也有应用。

3.5.1 表面活性剂的分类

通常可以分为离子型和非离子型表面活性剂。

(1) 离子型表面活性剂

离子型表面活性剂溶于水，在水溶液中解离为离子。又可分为阳离子型表面活性剂、阴离子型表面活性剂及两性离子型表面活性剂。

① 阳离子型表面活性剂　在水溶液中以阳离子状态存在，多为有机胺类衍生物，季铵盐就是常见的一种，通式为：

$$\left[\begin{array}{c} R^2 \\ | \\ R^1\!-\!N^+\!\!-\!R^3 \\ | \\ R^4 \end{array} \right] \cdot X^-$$

其中，R^1、R^2、R^3、R^4 为烷基、苄基或吡啶基。

如：溴化十六烷基三甲基铵（CTMAB）

$$\left[\begin{array}{c} CH_3 \\ | \\ CH_3(CH_2)_{15}\!-\!N^+\!\!-\!CH_3 \\ | \\ CH_3 \end{array} \right] \cdot Br^-$$

氯化十四烷基二甲基苄基铵（Zeph）

$$\left[\begin{array}{c} CH_3 \\ | \\ CH_3(CH_2)_{13}\!-\!N^+\!\!-\!CH_2\!-\!\bigcirc \\ | \\ CH_3 \end{array} \right] \cdot Cl^-$$

溴化十六烷基吡啶（CPB）

$$\left[CH_3(CH_2)_{15}\!-\!N^+\!\!\bigcirc \right] \cdot Br^-$$

② 阴离子型表面活性剂　在水溶液中以阴离子状态存在，一般是有机酸的盐类。

如：十二烷基硫酸钠（SLS）

$$CH_3(CH_2)_{11}SO_3Na$$

十二烷基苯磺酸钠（SDBS）

$$CH_3(CH_2)_{11}\!-\!\bigcirc\!-\!SO_3Na$$

③ 两性离子型表面活性剂　分子结构与氨基酸类似，在分子中同时存在碱性基团和酸性基团，碱性基团有胺及季铵盐，酸性基团常为羧基、磺酸基等。

如：十二烷基二甲基氨基乙酸（DDMAA）

$$CH_3(CH_2)_{11}-\overset{\overset{\displaystyle CH_3}{|}}{\underset{\underset{\displaystyle CH_3}{|}}{N^+}}-CH_2COOH$$

（2）非离子型表面活性剂

非离子型表面活性剂在水中以分子形式存在。其中亲水基团是含有醚基、羟基的含氧基团。如：曲通 X-100（Triton X-100）

$$C_8H_{17}-\text{⬡}-O(CH_2CH_2-O)_{\overline{n}}H$$

乳化剂 OP

$$R^1-\text{⬡}(R^2)-O(CH_2CH_2-O)_{\overline{n}}CH_2CH_2OH$$

其中 $n=10\sim12$，R^1 为 9～10 个 C 的烷基，$R^2=R^1$ 或 H。

3.5.2 表面活性剂的胶束及临界胶束浓度

（1）胶束的形成

每个表面活性剂分子都含有疏水基团及亲水基团，在水溶液中，亲水基团与水之间有亲和力，而疏水基团有与水不相溶（逃逸）的性质，因此，当表面活性剂的浓度增大时，表面活性剂在水中的变化情况如图 3-4 所示，即表面活性剂的浓度达到一定值时，含形成由几十至几百个表面活性剂分子组成的胶束，胶束的内部是与水不相溶的疏水基团，外部是亲水基团，故能稳定地存在于水溶液中。

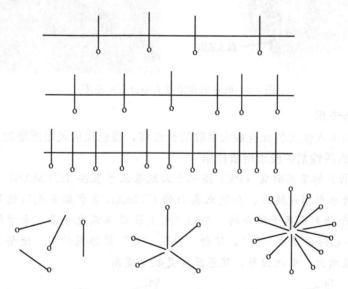

图 3-4　胶束形成过程

（2）临界胶束浓度（CMC）

表面活性剂形成胶束时的最低浓度。形成胶束后，真溶液变成了胶束溶液，溶液的许多性质都会发生变化，如溶液表面张力、电导率等。在光度分析中，胶束的形成使分析性能发生变化，如溶解度、灵敏度等。

3.5.3 表面活性剂在光度分析中的应用

表面活性剂在光度分析中应用最多，研究也最多。

（1）胶束增溶作用

许多有机试剂与金属离子形成的有色螯合物不溶于水或微溶于水，往往要利用有机溶剂萃取后在有机相中进行测定，非常不便。若采用表面活性剂，则可使不溶于、微溶于水的有色螯合物溶于水，并可在水相中直接测定。

如 M-PAN 螯合物（M＝Cd^{2+}、Cu^{2+}、Ni^{2+}、Zn^{2+}、Pd^{2+}）难溶于水，必须被萃取到氯仿并在有机相中进行测定。若溶液中加入 Triton X-100，使之形成胶束，螯合物分散在胶束表面（或进入胶束中），成为透明胶体溶液，这样就可以在水相中直接测定。

如：Cu-PAN，在氯仿中 $\lambda_m=560nm$，$\varepsilon_m=3.60\times10^4$；在含 Triton X-100 的水溶液中，$\lambda_m=550nm$，$\varepsilon_m=3.64\times10^4$。

Zn-PAN 在氯仿中 $\lambda_m=550nm$，$\varepsilon_m=7.8\times10^4$；在含 Triton X-100 的水溶液中，$\lambda_m=550nm$，$\varepsilon_m=6.7\times10^4$。

形成胶束后能使螯合物溶解度增大的现象称为胶束增溶，比萃取法简便。

胶束的外表面是亲水基团，可稳定存在于水溶液中。胶束的内心是疏水的（见图 3-5），疏水螯合物可以进入，因此，胶束增溶近似于水相到胶束相的"拟萃取"。

亲水基团

疏水基团

100nm

图 3-5　胶束的构型及大小分布示意图

（2）胶束增敏作用

表面活性剂的加入使显色反应最大吸收波长红移，显色反应灵敏度增加。

① 阳离子表面活性剂的胶束增敏作用

【例6】　Sn(IV)-邻苯三酚紫（PV）-溴化十六烷基三甲基铵（CTMAB）反应体系

阳离子表面活性剂形成胶束，在胶束表面的 CTMAB 亲水端首先通过苯环上的磺酸基与 Sn(IV)-PV 配合物形成离子缔合物，$^+N(CH_3)_3R$ 是强吸电子基，由于缔合物的形成促使另一苯环上的—OH 解离成—O^-，这种"推"、"拉"的协同作用，使螯合物 π 电子进一步极化，基态能级增大，吸收红移，显色反应灵敏度提高。

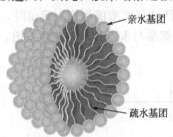 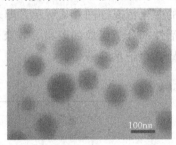

不同的金属配合物受阳离子表面活性剂增敏机理不同，如 Sn(Ⅳ)-PF-CTMAB 的增敏可看作简单"拟萃取"的结果。

【例7】 铝-8-羟基喹啉-5-磺酸-CTMAB 荧光光度法体系

由于 CTMAB 的加入，体系的最大吸收波长 λ_{max} 红移，荧光效率 φ 值增大，荧光测定铝离子的灵敏度显著提高。原因在于胶束给配合物分子提供了一种微环境，使其激发单重态粒子避免与其它物质碰撞发生非辐射跃迁，提高了荧光量子效率 φ。

② 阴离子表面活性剂的胶束增敏作用　阴离子表面活性剂只对三苯甲烷类和吡啶偶氮类试剂的金属离子螯合物显色反应灵敏，增敏机理至今不清，下面举例说明。

如：Ni(Ⅱ)-3,5-Cl$_2$-PADAT 体系：pH 4.7，$\lambda_m=550nm$，$\varepsilon_m=2.9\times10^4$；

Ni(Ⅱ)-3,5-Cl$_2$-PADAT-SDS 体系：pH 4.7，$\lambda_m=570nm$，$\varepsilon_m=1.3\times10^5$。

(3) 非离子表面活性剂的胶束增敏

非离子表面活性剂的共同特点是分子中含有多个羟基或醚基（—O—），它们都易与水形成氢键，从而扩大了非离子表面活性剂在水中的溶解度，同时分子体积增大，从而产生增敏。

在水中非离子表面活性剂的分子构型可发生如下变化：

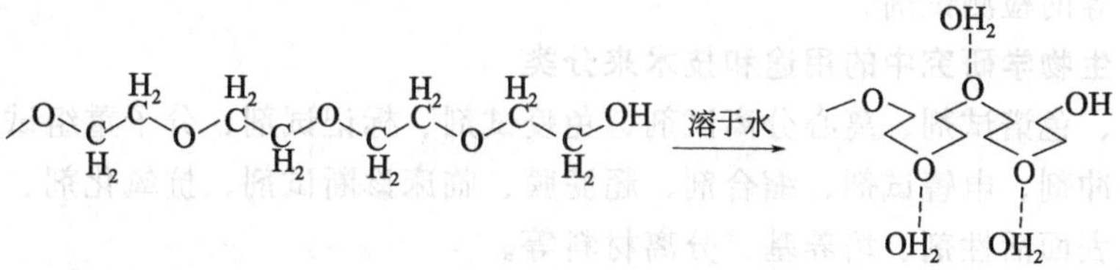

当溶于水后，亲水性的氧原子位于外侧，疏水性的—CH$_2$—处于键内，这种结构使它可以和试剂分子上的酚羟基和—NH$_2$ 形成氢键。

如三元络合物 Al 铬天青 S(CAS)OP：

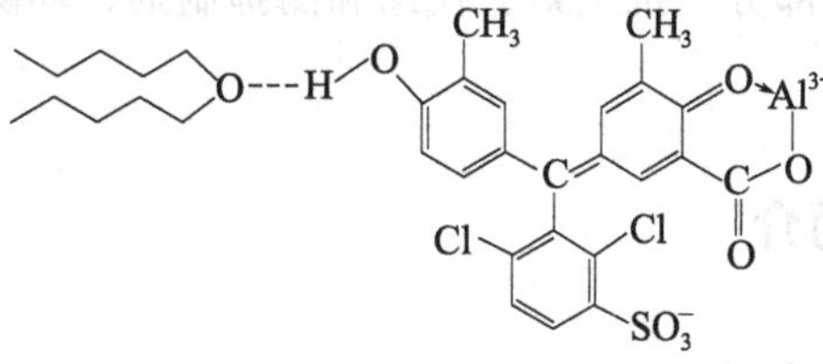

三元络合物 M-3,5-Cl$_2$-PADAT-Triton X-100：

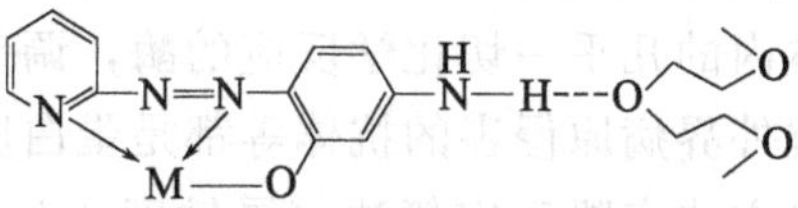

3.6　生物分析试剂简介

3.6.1　生命化学分析与生化试剂概述

当前分析化学已由最初的无机物分析，经历有机物分析而进入与生命科学有关的生物分析新阶段。生物大分子、生物药物、生物活性物质的分析，以及生理元素在生物组织层、单细胞甚至细胞膜和人体蛋白质碎片内的微分布及其结合形式的分析。这些都得依靠生化分析试剂与仪器的相互结合来进行。

生物分析试剂是有关生命科学研究的生物材料或有机化合物，以及临床诊断、医学研究用的试剂。

生物分析试剂研究涉及有机化学、配位化学、超分子化学、生物化学、免疫学、仿生学、医学和药学等多学科领域，伴随着生命分析化学研究的不断深入，生物分析试剂的开发应用也越来越广泛。

3.6.2　生化试剂分类

（1）按生物体中所含有的或代谢中所产生的物质来分类

分别用于蛋白质、多肽、氨基酸及其衍生物的检测试剂；核酸、核苷酸及其衍生物检测试剂；酶、辅酶检测试剂；甾类和激素检测试剂；糖类、脂类及其衍生物、生物碱、维生素以及生理元素等的检测试剂。

（2）按在生物学研究中的用途和技术来分类

电泳试剂、色谱试剂、离心分离试剂、免疫试剂、标记试剂、分子重组试剂、诱变剂和致癌物质、缓冲剂、电镜试剂、缩合剂、超滤膜、临床诊断试剂、抗氧化剂、染色剂、防霉剂、去垢剂和表面活性剂、培养基、分离材料等。

生物学中比较活跃或新颖的技术方法所使用的试剂还有：亲和色谱材料、发色基团酶底物、固定化酶、组蛋白等。

（3）按生物体的物质特性作为研究生物体的工具来分类

外源凝集素、血液分级部分、抗生素、代谢和酶抑制剂、环磷酸化合物、免疫试剂、组织培养试剂等。

3.6.3　主要生化试剂简介

3.6.3.1　蛋白质的检测试剂

蛋白质是各种 α-氨基酸借酰胺键连接起来形成的一类高分子量的多肽，是生物体内最重要的物质之一。催化生物体内的几乎一切化学反应的酶，调节物质代谢的许多激素，以及人和动物体内防御疾病、抵抗外界病原侵害的抗体等都是蛋白质或多肽。

蛋白质的测定常用的经典方法有凯氏定氮法（灵敏度 0.5mg）、紫外吸收法（5μg）、双缩脲法（Biuret 法，1～2mg）和 Folin-酚试剂法（Lowry 法，50～100μg）。蛋白质的色氨酸（Trp）、酪氨酸（Tyr）于 280nm 处有特征吸收峰，可作蛋白质定量测定。双缩脲法利用双缩脲反应测定蛋白质，即蛋白质和多肽分子中肽键在稀碱溶液中与硫酸铜共热，肽键与铜结合生成复合物呈现紫色或红色，用比色法测定。Folin-酚试剂法的显色原理与双缩脲方法相同，只是加入了第二种试剂，即 Folin-酚试剂，以增加显色量，从而提高了检测蛋白质的灵敏度。显色反应产生较深颜色的原因是：Folin-酚试剂中的磷钼酸盐-磷钨酸盐被蛋白质中的酪氨酸和苯丙氨酸残基还原，产生深蓝色（钼蓝和钨蓝的混合物）。在一定条件下，蓝色深度与蛋白的量成正比。

由于蛋白质是生物大分子，它能在溶液中与某些染料静电吸引或氢键结合，可用紫外-可见光度法或荧光法测定。另外，蛋白质含有氨基（—NH₂ 或 —NH—）、巯基（—SH）、羧基（—COOH）和羰基（ $\diagdown C=O$ ），可用于以上基团发生反应的荧光衍生试剂对蛋白质标记，进而用色谱及电泳分离紫外-可见或荧光法进行检测。

（1）分光光度法测定溶液中蛋白质的染料和金属离子配合物

利用比色法测定蛋白质的早期染料有考马斯亮蓝（Bradford 法）及其同系物，如溴酚蓝、溴甲酚绿、亮蓝 R 等，这些染料颜色较深且多带有磺酸基，水溶性好，它们以氢键或静电吸引与蛋白质结合，灵敏度不高，结合物稳定性也稍差，须借助分散剂或稳定剂，如表面活性剂使体系稳定，进而比色测定蛋白质。考马斯亮蓝和溴甲酚绿应用较为成熟。近几年也有应用一些无机离子的显色剂测定蛋白质，如四磺酸基苯卟啉 TPPS₄、偶氮胂Ⅲ、曙红、氯磺酚 S、酸性铬蓝 K 和铬天青 S 等，以及利用金属离子与螯合剂形成的配合物作为探针对蛋白质进行检测，如 Sn(Ⅳ)-邻苯二酚紫、Zn(Ⅱ)-溴苯三酚红、Mo(Ⅵ)-对氯苯基荧光酮和 Mo(Ⅵ)-邻苯三酚红等配合物。这些显色剂或配合物与蛋白质结合后吸收光谱性质发生变化，如考马斯亮蓝在酸性溶液中呈红色，与蛋白质结合后变为蓝色，最大吸收波长由 465nm 移至 595nm。反应产生颜色的改变与形成电荷转移（荷移）配合物有关。

考马斯亮蓝

（2）测定蛋白质的荧光试剂

蛋白质的荧光，主要是构成它的色氨酸、酪氨酸和苯丙氨酸具有的荧光，通过蛋白质的天然荧光用荧光法检测比紫外吸收法直接测定更灵敏，但利用天然荧光测定蛋白质的选择性较差。

荧光试剂（或称为荧光探针）是一类比蛋白质荧光发射较强荧光的染料，它吸附或共价结合到蛋白质上，荧光特性会发生变化，从而可用于研究蛋白质的结构和测定蛋白质。

例如，荧光胺、邻苯二甲醛以及苯二甲醛是溶液中测定蛋白质的主要荧光试剂。因为蛋白质中含有氨基，荧光胺等本身无荧光，其与氨基反应后生成具有荧光的产物，荧光强度与一定范围的蛋白质浓度呈线性关系。如荧光胺的反应：

伯胺、仲胺、醇、水等都能与荧光胺起反应，但只有伯胺形成荧光衍生物。因此，该试剂是一个选择性试剂。

邻苯二甲醛（OPA）在 α-巯基乙醇或乙硫醇存在下可以与伯胺、多胺反应形成荧光衍生物，快速而简便地测定溶液中的蛋白质，测定浓度范围为 $0.2\mu g/mL \sim 25mg/mL$，OPA

不但在水溶液中溶解性和稳定性方面优于荧光胺，检测的灵敏度也高 5～10 倍。

此外，金属离子螯合物也可作为荧光探针对蛋白质进行测定，如四磺酸基酞菁-Al（Ⅲ）配合物可直接测定血清中的蛋白质，采用的方法是荧光猝灭法。其他荧光试剂用于蛋白质荧光测定见表 3-9。

表 3-9　某些荧光探针测定蛋白质的相关性能

荧光探针	条　件	λ_{ex}/nm	λ_{em}/nm	测定范围/(μg/mL)
吖啶橙	pH 7.4,SDS,反应 2min,荧光增强	496	521	0.66～39.8(HAS)
曙红 Y	pH 2.53,荧光猝灭	308	540	0～2.5(BSA)
罗丹明 6G	pH=7.20,Tirs-HCl 缓冲溶液,SDS,荧光猝灭	450	556	1.0～31(BSA) 1.0～30(HSA)
5-(4-羧基苯偶氮)-8-水杨醛缩氨基喹啉	pH 7.0 NaH$_2$PO$_4$-Na$_2$HPO$_4$,荧光增强	240	358	0.1～4.5(HSA) 0.1～4.0(γ-球蛋白)
四磺酸酞菁-Al(Ⅲ)	pH 3.0,荧光猝灭	358	685	0.10～4.0(HSA)
桑色素	酸性,荧光增强	470	470	0.48～7.15(BSA) 0.40～11.0(HSA)

(3) 免疫生化试剂

免疫生化试剂是进行免疫测定所用的试剂，多数为用不同动物之间的各种蛋白质进行免疫制得的试剂。如兔抗人 IgG 为将含有人抗体 IgG-FC 的血清注入活兔体内，由兔的免疫系统产生的抗体。

免疫生化试剂主要包括：酶联免疫试剂、化学发光免疫试剂、荧光免疫试剂、电化学免疫试剂、标记物免疫试剂、血清及补体等。

免疫反应中利用抗原、抗体特异性的结合反应，诸如沉淀、凝集等，以及标记法，根据荧光、放射性、酶底物的显示等进行测定。

3.6.3.2　氨基酸类生化试剂

氨基酸是分子结构中含有氨基和羧基的有机化合物。氨基酸的测定都是基于各种试剂与氨基酸所带的氨基或羧基反应，生成有色或荧光产物。如氨基酸测定的经典方法——茚三酮反应法如下：

微酸性条件下，氨基酸与茚三酮反应生成紫色化合物。反应通式为：

此外，其他许多试剂也可与氨基酸反应生成有色或有荧光的物质，如 2,4-二硝基氟苯（也叫做 Sanger 试剂）在弱碱性溶液中与氨基酸发生取代反应，生成黄色化合物二硝基苯基氨基酸。

3.6.3.3　核酸检测试剂

根据核酸所含的磷及戊糖的化学性质，可用定磷法、二苯胺法和地衣酚法等进行检测。

定磷法是将核酸消化后进行磷的测定，DNA 中磷的含量约为 9.5%；RNA 中约为 9.2%。

二苯胺法 DNA 中的 α-脱氧核糖在酸性环境中加热降解，产生 2-脱氧核糖并形成 ω-羟基-γ-酮基戊酸，与二苯胺反应产生蓝色物质，在 595nm 处有最大吸收，用于 40～400μg/mL 浓度范围的 DNA 检测。

地衣酚法则是根据核糖核酸在浓盐酸和三氯化铁的存在下，与 3,5-二羟甲苯（地衣酚）反应，生成绿色物质而进行分光光度法测定。

由于核酸中含有具共轭体系的嘌呤、嘧啶等碱基，在紫外区有吸收，可检测单链和双链 DNA 和 RNA；但由于摩尔吸光系数仅为 10^3 数量级，灵敏度不高，不适于微量或痕量 DNA 片段的检出和 DNA 序列分析的要求。

采用具有大共轭体系的吸光染料、荧光染料等有机分子作为核酸探针，能大大提高核酸测定的灵敏度。目前作为核酸探针的有机分子染料有几十种，按探针分子结构分为：菲啶和吖啶类染料、吲哚和咪唑类染料、碳菁阳离子染料、苯并呋喃酮（香豆素）类等。

溴乙锭是最为常用的菲啶和吖啶类荧光探针，菲啶环和吖啶环是这些染料的生色团或荧光团，它们作为嵌入试剂与 DNA 结合，溴乙锭与核酸基本上属无择序键合，DNA 的每 4～5 个碱基对同一个染料分子化学计量结合，结合常数分别为 1.5×10^5（mol/L）和 2×10^8（mol/L）。激发溴乙锭-DNA 结合物，可使染料单链断裂。这个荧光探针同样能与 RNA 键合，不过需要用核酸酶处理以区别 DNA 和 RNA，一旦它们键合到核酸上，荧光增强 20～30 倍，激发波长红移 30～40nm，而发射波长蓝移约 15nm。

溴乙锭

含吲哚和咪唑环类荧光探针中较为常用的有苯酚基双(苯并咪唑)（Hoechst 33258）和苯乙氧基双(苯并咪唑)(Hoechst 33342) 等。这两种双苯并咪唑类染料水溶性较好（可配制到 2%水溶液），相对无毒性；作为荧光探针，可渗透细胞、通过小沟槽键合到 DNA 染色，发射蓝色荧光。该类染料还表现出与 DNA 序列选择性亲和的宽光谱带行为，能取代其他一些 DNA 嵌入剂。染料探针-DNA 的荧光发射光谱特征还同染料分子与碱基对的比例有关。

Hoechst 33258

Hoechst 33342

碳菁染料是目前 DNA 分子荧光探针和染色研究中较新的一类，具有以下特点：在可见光区有高的摩尔吸光系数，超过 5×10^4L/(mol·cm)；很低的自身荧光，不与核酸结合时，量子产率小于 0.01；与核酸键合后，荧光强度大大增加（常超过 1000 倍），量子产率高达 0.93；对核酸有很高的亲和作用，而与其他的生物大分子几乎不染色；大多数染料分子带有电荷，有一定的水溶性。另外，这一类染料的荧光激发和发射波长跨越可见至近红外光区，适于不同的光源激发。碳菁类染料已有几十种之多，如吲哚菁染料：

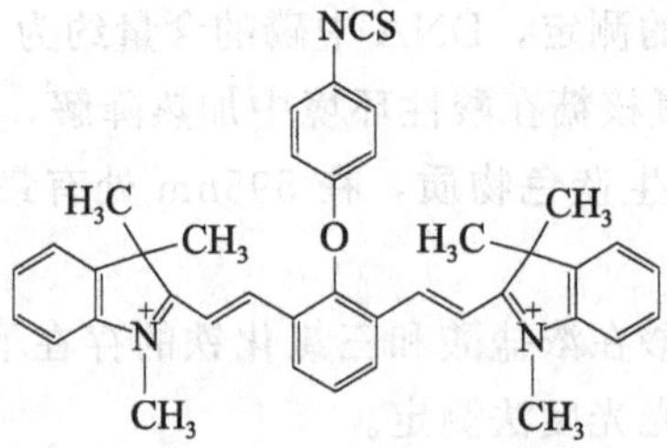

这类染料作为 DNA 分子荧光探针，其与 DNA 的作用方式有嵌入型、缔合型和共价键型几类。

此外，电泳分离荧光法检测 DNA 序列分析中，通常分四组（A、C、G、T 体系）进行，如果用四种不同的荧光染料为探针，标记一个共同的引物，分别用在 A、C、G、T 四个反应体系中，等于用不同的探针专一地标记了不同的碱基，利用各荧光探针的荧光光谱的差别便可把不同碱基区分开。这些染料应具有以下特点：①吸收和发射光谱应在可见光区，以降低散射和荧光背景；②各染料的荧光发射波长应该有明显不同，以便区分不同染料；③应有很强的荧光强度，以获得高灵敏度；④不严重干扰引物的杂交作用，使其不影响测序反应效率；⑤染料的存在不严重改变电泳谱图。研究表明，荧光素-5-异硫氰酸酯等系列荧光试剂满足这些要求。

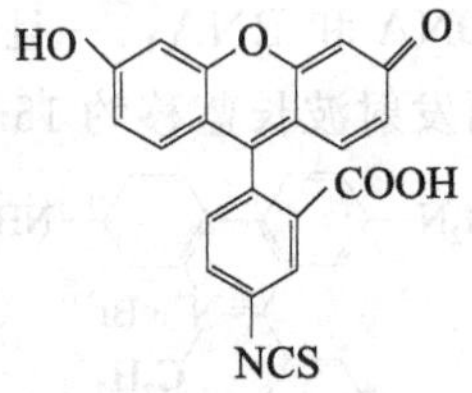

荧光素-5-异硫氰酸酯

3.6.3.4 生理元素检测研究用试剂

该类试剂用于检测或研究生理元素的微分布及其结合形式。

生物体由氨基酸、核苷酸、脂肪酸、单糖和维生素等小生物有机分子和一些无机离子以及由这些小分子构成的大量生物功能大分子所组成，表达生命所具有的信息与特征。多种酶和某些蛋白质就是含有金属离子的生物功能大分子，如磷酸酯酶含 Mg、Cu 和 Zn，钙调蛋白含 Ca，铜蓝蛋白含 Cu，羧肽酶含 Zn 等。越来越多证据表明，这些金属离子在蛋白质活性中的作用和结构功能关系方面十分重要，可能所有生物功能都直接或间接地与金属离子有关。

用于生理元素检测的试剂也是生物分析试剂的重要方面。对于生物体内无机离子的检测，要求检测方法的灵敏度高、响应快速、选择性好。大环化合物超分子分析试剂可对生理元素、有机化合物进行识别分析。大环化合物包括冠醚、杯芳烃、大环多胺、大环多硫、环多肽、环糊精等。

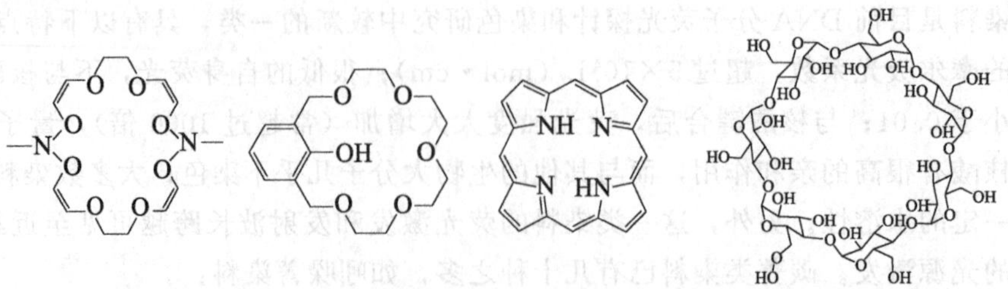

主体对客体的识别能力取决于客体分子尺寸和手性是否匹配。当主体对客体有选择性识别作用时，表现为主体（客体）的电化学性质或光化学性质发生改变。通过这一变化，可以检测主客体分子的作用或其含量。

除无机离子常规光学检测试剂外，针对生物体内离子的现场检测还需要合成新的特色试剂。如荧光钙探针，通常细胞中游离钙离子的浓度只有 $10^{-7}\,mol/L$ 左右，而 K^+、Na^+、Mg^{2+}、Cl^- 的浓度又高达 $10^{-3}\,mol/L$，且细胞外的钙离子浓度高达 $10^{-2}\,mol/L$，所以测定细胞内的钙需采用高灵敏、高选择性、抗干扰的试剂。用于钙离子分析的螯合试剂较多，但多数难以满足在体（in situ）生化分析的需要，当合成了含有 1,2-二苯乙烯类的八配位四羧酸试剂，如 Fura-2 AM 和 Fluo 3，这个问题基本得以解决。以 Fura-2 为例，该试剂是一种可以穿透细胞膜的荧光染料，其荧光比较弱，空白值较小，结合钙离子后在 330～350nm 激发光下可以产生较强的荧光，这样就可以使用 340nm 和 380nm 这两个荧光的比值来检测细胞内的钙离子浓度，消除不同细胞样品间荧光探针装载效率的差异、荧光探针的渗漏以及细胞厚度差异等一些误差因素。同时，与钙离子的结合能力较弱，这样可以检测到细胞内更高浓度的钙离子水平。此外，对于细胞内钙离子的即时变化监测更加准确，减小了因为和钙离子解离速度慢而导致的荧光变化滞后。

Fluo 3

由于生物体内所含的常见金属离子如 Ca^{2+}、La^{3+}、Mg^{2+} 和 Zn^{2+} 等，没有适宜的光电信号可被用来研究它们所在的生物体分子内的成键性质或结构变化。如果将这些金属离子用具有光、电、磁等信号的不饱和电子层结构的过渡族金属代替，让不饱和电子层结构的过渡金属离子成为阐明生物分子工作机理，如酶促机理最佳探针，即离子探针技术，就能对溶液状态中生物大分子的构象和行为进行研究。

三价镧系稀土离子如 Mn(Ⅱ)、Eu(Ⅲ)、Tb(Ⅲ) 是生物分子的较理想的离子探针。

对于金属离子探针的可行性，必须满足生物学的要求，即探针离子置换原金属离子后，生物分子的基本性质不产生变化。如 Mn(Ⅱ) 取代苹果酸酶中的 Mg(Ⅱ) 后，该酶同样具有催化 L-苹果酸脱羧反应的活性；乳酸脱氢酶中含有 Zn(Ⅱ)，用 Co(Ⅱ) 代替 Zn(Ⅱ)，酶活性亦不发生改变。伴刀豆球蛋白 A 含有 Ca(Ⅱ)，用稀土离子 Eu(Ⅲ) 置换后，该蛋白仍然保持有结合糖的活性。也就是说，置换生物分子中原金属离子后，还能保持生物大分子的基本活性的金属离子，又具有特征信号，这样才能成为生物分子的离子探针。因此，探针离子具有与原生物分子中的金属离子相同或相似的物理化学行为：如半径、化学配位性质、立体化学行为等。

离子探针按其形式可以是裸离子（水合离子）或络离子，按其表达信息的特征可分为紫外可见吸收光谱探针、磁共振探针、荧光光谱探针、圆二色谱探针和穆斯堡尔（Mössbäuer）谱探针。

3.6.3.5 工具试剂

工具试剂主要包括色谱试剂、电泳试剂、离心分离用试剂、电镜试剂、表面活性剂和培养基等。

　　色谱试剂：凝胶色谱试剂、亲和色谱试剂、离子交换色谱试剂。

　　电泳试剂：主要有琼脂糖、淀粉和丙烯酰胺；交联剂有 N,N'-亚甲基双丙烯酰胺、N,N'-双丙烯酰胺等。

　　催化剂有过硫酸铵等，加速剂有二甲氨基丙腈、四甲基乙二胺等。

　　离心分离用试剂：蔗糖溶液、聚蔗糖、密度离心介质（即聚乙烯吡咯烷酮和二氧化硅的胶体溶液）等。

第4章

动力学分析

4.1 概　述

4.1.1 动力学分析法概念

动力学分析法（kinetic analytical method）是通过测量反应速率，根据反应速率与反应物（或催化剂）浓度之间的定量关系，配用多种检测手段来确定待测物浓度的分析方法。

由于化学反应速率与反应物（或催化剂）的浓度有关，因此测量反应速率与浓度的关系可用来作为一种分析方法，故动力学分析法又称为反应速率法。

动力学分析的发展大致从20世纪50年代开始，70年代以来国际上研究日趋活跃。从80年代开始动力学分析在我国也日趋受到重视。

与热力学平衡法相比，动力学分析法的测量有自身的特点。

在研究化学反应时，仅从化学平衡的角度来判断反应进行的程度有时是不全面的。例如，在氧化还原反应中，可以根据反应的类型，利用两个电对的标准电极电位或条件电极电位来判断反应是否进行，这是以热力学为依据的。但是，经常遇到从热力学角度判断反应能完全进行，由于反应的速率非常慢，慢到在通常情况下观察不到有明显的产物生成。在普通的分析法（如容量分析法）中，这样的反应也就失去了使用意义，如果要使这样的反应按预期的方向进行，就必须用动力学的方法进行研究。动力学方法主要探讨化学反应的现实性，即反应的反应的速率、历程和条件。

在容量分析、电化学分析、光度分析和荧光分析等方法中，需要待测体系达到平衡后测量，所利用的化学反应均为快反应，这类分析法称为平衡法。和平衡法对应，动力学分析法一般是利用慢反应，它的定量测定是在反应进行中体系达到平衡前进行的，是非平衡测定法。因此，可推出：热力学平衡法在反应完全，达到平衡后测量，着重点在于反应结果；动力学分析法在反应进行过程中测量，着重点在于反应过程。

4.1.2　动力学分析法分类

根据反应的类型，动力学分析法可分为催化法（含常规催化动力学分析法、诱导反应动力学法和酶催化法）、非催化法和速差法三种方法。

（1）催化法

催化法是以催化反应为基础而建立起来的一类痕量分析技术，如下列催化反应：

$$A + B \xrightarrow{\ Z\ } P$$

通过生成物 P 的量随时间的延长而增多或反应物随时间的延长而减少的速率来确定催化剂 Z 的浓度或质量。

催化剂通过降低反应的活化能或生成活性的中间产物而加速反应的进行，并在反应过程中得到再生。这样，痕量的催化剂就可以不断循环地起作用，只要维持足够长的反应时间，就能积聚相当多的反应产物 P 或消耗相当量的反应物 A（或 B），以满足速率监测的需要。因此，催化动力学分析法通常具有很高的灵敏度。

除正常的催化反应动力学法外，还有一种比较特殊的催化动力学法，即诱导反应动力学法。如果 A 与 B 物质之间的反应在给定条件下完全不能发生或进行很慢，当存在能与 A 反应的物质 C 时，由于 A+C 反应而促使 A+B 反应的正常进行，这种现象称为诱导作用。其中，A+C 反应称为主反应，A+B 反应称为诱导反应，其作用机理是通过 A+C 反应生成一种或几种中间产物与 B 起反应。此时，A 称为作用体；C 称为诱导体；B 称为受诱体。

诱导反应与常规的催化反应不同，在诱导反应中，诱导体 C 参加了主反应，并且发生了永久性的变化。在催化反应中，催化剂是反复循环并且不改变原来的存在状态。诱导反应与副反应也不同，副反应的速率不受主反应的影响，而诱导反应是受主反应影响的。

以诱导反应为基础的动力学分析法称为诱导分析法，根据诱导期的长短，该法与诱导体在一定的低浓度范围内呈简单的线性关系，可用于诱导体的定量测定，其灵敏度通常都很高。

酶是生物化学反应中具有专一性催化功能的催化剂，生物体中各种各样的酶，催化着各种各样的反应，产生着形形色色、丰富多彩的活性物质，组成了绚丽多彩、变化万千的活体世界。动物体内某些酶失去活性，则意味着疾病的产生或者发生。因此，酶活性的测定在临床和生命科学中有着特别重要的意义。

催化动力学分析法常用于测定催化剂、活化剂、拟制剂；而酶催化法常用于测定底物、活化剂及抑制剂。

（2）非催化法

测量非催化反应的反应速率，利用其数值来确定反应混合物中某一组分或多种组分含量的方法称为非催化法。该法的灵敏度、准确度均低于催化法，所以当有平衡法可利用时一般不使用这种分析法。但是，对于一些速率较慢的反应，或有副反应发生时，平衡法就无能为力，此时用非催化法较好。例如，许多反应速率较慢的有机反应常能较好地用本法进行测定。

非催化法多用于测定反应物的浓度。

(3) 速差法

基于各种相似组分与同一试剂反应（或生成相似的反应产物）的速率差异测定混合物中两种或多种组分。

速差动力学法用于测定反应物、催化剂、活化剂、拟制剂等。

此外，还可根据所用检测方法的不同来将动力学分析法分类，如：动力学光度法、动力学荧光法、动力学极谱法、动力学电位法、动力学量热法等。

4.1.3 动力学分析法的特点

和热力学平衡法相比较，动力学分析法具有下列显著优点。

(1) 动力学分析法的选择性好

可用于分析密切相关化合物（closely related compound）的混合物。密切相关化合物虽然反应性质相同或相似，但反应速率不同，借此可以进行速率分辨分析。对于混合物中性质相似的组分的测定，动力学法选择性较好。如有机化合物中的同系物及同分异构体，虽然这些化合物能进行同样类型的反应，最终生成相似产物，但由于各反应的活化能、速率常数不同，从而在反应速率方面有较大差异。如氯代烷烃与 I^- 的置换反应：

$$RCl + I^- \longrightarrow RI + Cl^-$$

当取代基 R 不同时，反应速率的差异分别为：

R	乙基	丙基	异丙基
反应速率	1	0.53	0.0071

又如葡萄糖氧化酶催化 α-葡萄糖的氧化速率仅为催化 β-葡萄糖的 1%，再如在较弱酸性下，硅钼黄生成硅钼蓝的反应速率仅为磷钼蓝生成速率的 10%。可见，根据检测反应速率不同进行测定组分的动力学法选择性好。特别是酶催化反应，通常具有专一性，这类方法选择性非常高。

(2) 催化动力学法的灵敏度高

催化反应的反应速率常常与催化剂的浓度呈正比，因而可用来测定催化剂的浓度，并且灵敏度都很高，例如常规光度法为 $10^{-8} \sim 10^{-7} \, mol/L$，催化动力学法一般为 $10^{-11} \sim 10^{-10}$ $mol/L(10^{-5} \sim 10^{-6} \mu g/mL)$，理论上可达 $10^{-16} \, mol/L$。因此，催化动力学法是痕量与超痕量分析的重要方法之一。

(3) 扩大了可利用的化学反应范围

许多反应速率很慢，达到平衡时间很长，或者平衡常数太小（仅有反应趋势），或者伴随反应的深入有副反应发生，而不能用热力学平衡法，但可用动力学分析法，因为它不要求反应完全，只需要测定反应起始阶段数据即可。

(4) 部分反应的动力学分析法分析速度快

由于动力学分析法是在反应达到平衡前的任意合适点进行的，所以，与某些分析方法相比，分析速度快且易实现自动化。例如氯代醌亚胺与酚类作用生成靛酚的反应很慢，需要 30min 才能达到平衡，但利用同一反应，动力学分析法却可以在 2~3min 内测定酚，不需要等到平衡后再进行检测。

(5) 动力学分析法设备简单

动力学分析法中，用于测定的方法都是常用的普通方法，如分光光度法、荧光法、化学发光法、生物发光法、电位分析法，甚至是滴定法，只是在测定过程中加进了"时间"这一因素。大多数情况下，被监测物质并非催化剂本身，而是"化学放大"了的物质。

动力学分析法也有一定的应用范围，它要求待测体系的反应速率必须与所用仪器或设备的应答时间相适应，所选用的测定方法要求简单。由于温度影响反应速率，所以动力学分析法对温度的变化极为敏感。为了获得足够的准确度，所用的仪器通常都装备有恒温装置。

上述诸多优点使动力学分析法成为现代具有强烈吸引力的分析技术之一。目前，该法的研究及其进展异常迅速，已在高纯物质、生物样品、环境和矿物分析、农林生化分析等方面得到了广泛应用。

4.2 动力学分析法的一些概念

4.2.1 指示反应和指示物

(1) 指示反应

在一定实验条件下，某化学反应的反应速率与待测物质的浓度间有一定关系，并可用来测定该待测物质。这个化学反应称为待测物的指示反应（indicative reaction）。待测物可以是催化剂，也可以是反应物。

如硫酸介质中抗坏血酸还原钼酸盐生成钼蓝，反应速率慢，加入少量 Bi(Ⅲ)，反应速率加快，且反应速率与 Bi 的浓度成正比，因此抗坏血酸还原钼酸盐生成钼蓝的反应为 Bi 的指示反应。

又如 Ni^{2+} 与二甲酚橙（XO）在表面活性剂溴化十六烷基三甲基铵（CTMAB）存在下生成红色配合物：

$$Ni^{2+} + XO + CTMAB \longrightarrow Ni\text{-}XO\text{-}CTMAB$$

其反应速率与 Ni^{2+} 浓度呈正比，可用于 Ni^{2+} 的测定。该反应为动力学光度法测定镍的指示反应。

为了测量反应速率，必须在指示反应中选择一种指示物。

(2) 指示物

指示物（indicator）是指示反应中被用来检测反应速率大小的物质。其浓度改变的速率实际上就是指示反应的速率。

指示物可以是产物，也可以是反应物，如上例中的钼蓝及红色配合物（Ni-XO-CTMAB），以及下例中的溴邻苯三酚红（BPR）。

$$BPR + KBrO_3 \xrightarrow{NO_2^-} 褪色$$

显然，测量反应速率时既可以测量产物的生成速率，也可以测量反应物的减少速率。

为了利于反应速率的监测，动力学分析中对指示反应和指示物有如下要求。

① 化学反应速率不快不慢。反应太快，则来不及测量指示物浓度变化；反应太慢，则较费时，且灵敏度低。通常要求反应时间为几分钟～几十分钟。若有响应速率匹配的快速测量仪器，或与流动注射法（FIA）联用，可允许反应时间为几秒～十几秒，甚至快至毫秒。

② 指示物应有可以被测量的特征信号，并有足够的灵敏度和准确度。光度分析中反应物和产物要有不同的吸收曲线，且最大吸收波长（λ_m）不同；伏安（极谱）分析中反应物或产物至少有一个是电活性的，能产生极谱波。

③ 在测量反应速率时，指示物的信号应不变化或变化很小（≤5%）。故在测量时通常要求中止反应，终止指示反应的方法如下：

a. 迅速冷却，中止反应，仅在反应温度较高时使用；

b. 有的反应仅在某一 pH 范围内才能进行，可快速地加入酸或碱，改变反应体系的酸度不在反应的 pH 区域内；

c. 加入某种物质迅速地与体系中的反应物或催化剂定量反应，或者加入抑制催化作用的物质，从而中止指示反应。

若有快速响应并取值的测量仪器，或与 FIA 联用，则可在反应达到设定的固定时间时直接测定，不必中止指示反应。

4.2.2 催化反应和催化剂

催化反应是动力学分析中应用最多、最广的一类指示反应，动力学分析中以催化反应作为指示反应则称为催化动力学分析。

催化剂（catalyst）是能促使反应速率发生变化，并在反应前后其组成、形态不发生变化的物质。催化剂的催化作用是通过降低反应的活化能，或生成活性较强的中间产物而加速化学反应的进行，并在反应中再生。

催化反应的历程用位能曲线可以形象地表示出位能变化的情况，对下列反应：

$$A + B \longrightarrow P$$

其反应历程为：

$$A + B \longrightarrow A\cdots B \longrightarrow P$$

位能曲线如图 4-1 中曲线 a-b-d 所示。

$$A + B \longrightarrow P$$

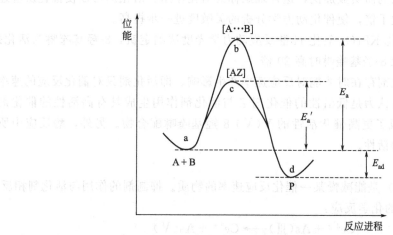

图 4-1　位能曲线

a—反应的起始状态；b—非催化反应的活化状态；

c—催化反应的活化状态；d—反应的终态；

E_a—非催化反应的活化能；E_{ad}—逆向反应的活化能；E_a'—催化反应的活化能

依据过渡状态理论，当两个分子（A 与 B）互相接近时，其反应的位能就增大，从图中的 a 点出发，在活化状态 b 处位能达到最大值，此时形成活化配合物 A⋯B，反应所需的能量 E_a 即是活化能。反应中形成的活性中间体或活化配合物（A⋯B）极不稳定，一方面它能分解成原来的反应物分子；另一方面也可能分解为产物（P）。反应后有产物生成使体系处于一个新的状态——终态（d 点）。

若催化剂 Z 对该反应有催化作用，则

$$A+Z \longrightarrow AZ$$
$$AZ+B \longrightarrow AB+Z$$

其中，AZ 为活性较强的活性中间体，位能曲线如图 4-1 中曲线 a-c-d 所示。

由于形成了活性较强的活性中间体 AZ，使反应所需的活化能从 E_a 降低到 E_a'，中间状态 c 的位能越低，催化剂就越有效。催化剂使活性中间体具有较低的能量，或者为反应提供另一条能量较低的途径而使 A 与 B 的反应变得更容易进行。

如 Cu^{2+} 催化 Fe^{3+} 与 V^{3+} 的反应：$Fe^{3+}+V^{3+} \longrightarrow Fe^{2+}+V(\text{IV})$

催化反应过程可表述为：

$$Cu^{2+}+V^{3+} \longrightarrow V(\text{IV})+Cu^+$$
$$Cu^++Fe^{3+} \longrightarrow Fe^{2+}+Cu^{2+}$$

催化反应速率与催化剂浓度之间存在定量关系，浓度越大，催化反应速率越高。因此，催化反应动力学法常用来测定催化剂。

在催化动力学分析法中，希望非催化反应的活化能与催化反应的活化能之间有较大的差别，即 $\Delta E = E_a - E_a'$ 的值尽可能大些，这样，催化剂的测定将有较高的灵敏度。

4.2.3 活化剂与抑制剂

（1）活化剂

活化剂（activator）是用来加快催化反应速率的物质。催化反应速率常常可以通过加入极少量活化剂或助催化剂而明显加快，这种现象称为活化作用。活化剂可以使催化反应速率明显增大，甚至高达数千倍，使催化动力学分析的灵敏度进一步提高。

如利用 V（V）催化 $KBrO_3$ 氧化 H 酸反应动力学光度法测定钒，8-羟基喹啉为活化剂，有活化剂时灵敏度比无 8-羟基喹啉时高 20 倍。

活化剂只有在催化剂存在时才能对反应速率产生影响。即活化剂只对催化反应的速率起催化作用，其机理可以认为是低活性的催化剂 Z 与活化剂作用生成具有高活性的催化剂中间体 Z'。如上例中生成了更高催化活性的 V（V）-8-羟基喹啉配合物。另外，酶反应中所用的酶催化剂可激活酶的活性。

（2）抑制剂

抑制剂（inhibitor）是能减慢某一催化反应速率的物质。抑制剂的作用与活化剂相反。

如 I^- 可催化如下的化学反应：

$$Ce^{4+}+As(\text{III}) \longrightarrow Ce^{3+}+As(\text{V})$$

而加入 Ag^+ 可抑制该催化反应。

抑制剂的抑制作用是由于其与催化剂反应，生成了非催化活性或低活性的化合物，使催化剂失去催化活性或催化活性降低。动力学分析中可根据反应速率的减小测定抑制剂的量，这称为反催化动力学分析法或阻抑反应动力学分析法。

如在 0.2mol/L 硫酸中 Fe^{3+} 可催化下面的反应：

$$H_2O_2 + 对氨基酚 \longrightarrow 红色产物$$

EDTA、酒石酸、F^- 等对该催化反应有抑制作用。

此外，在非催化反应中，抑制剂也可与某种反应物发生副反应，降低这种反应物的浓度而使反应速率降低。

用动力学法可以测定活化剂、抑制剂。

4.3 动力学分析的基本原理

4.3.1 化学反应速率及其方程式

化学反应速率表示单位时间内，反应物或反应产物浓度的变化。通常用微分的方法表示一个化学反应的瞬时速率。例如下列反应：

$$A + B \longrightarrow F + G$$

反应中 A、B 下降，F、G 升高。根据化学反应式直接写出动力学方程。瞬时速率数值用不同物质的浓度变化率表示时，有下列关系式：

$$-\frac{dc_A}{dt} = -\frac{dc_B}{dt} = \frac{dc_F}{dt} = \frac{dc_G}{dt} = Kc_Ac_B = Kc_Fc_G$$

速率方程式中，各个反应物浓度项的指数之和称为反应级数，用 N 表示。如果 N 等于 1、2 或 3，则反应分别称为一级、二级或三级反应。反应级数和反应分子数都是由实验确定的。

（1）零级反应

反应速率与反应物浓度的零次方呈正比关系，速率方程为：

$$\frac{dc_F}{dt} = K_0 \quad 或 \quad -\frac{dc_A}{dt} = K_0$$

以 c_F 为例，积分形式为

$$\int_{c_0}^{c_t} dc_F = K_0 \int_0^t dt$$

积分后得

$$c_0 - c_t = K_0 t \tag{4-1}$$

即

$$\Delta c = K_0 t$$

式中，c_0 为反应物 A 的起始浓度；c_t 是反应经 t 时间后溶液中反应物 A 的浓度。式(4-1) 表明：反应物 A 浓度的降低量（$c_0 - c_t$）与反应时间呈线性关系。当反应物浓度降低一半时，即 $c_t = c_0/2$ 时，反应所需的时间称为该反应的半衰期，用 $t_{1/2}$ 表示。由式(4-1) 得

$$c_0 - c_0/2 = K_0 t_{1/2}$$

故

$$t_{1/2} = c_0/2K_0 \tag{4-2}$$

零级反应的特征：①反应物的消耗量或产物的生成量与反应时间 t 呈线性关系，直线的斜率为 K_0；②速率常数 K_0 的单位通常为 $mol/(L \cdot min)$；③半衰期与反应物的初始浓度 c_0 呈正比，与 K_0 呈反比。

（2）一级反应

反应速率与一种反应物浓度的一次方呈正比关系：

$$-\frac{dc_A}{dt} = K_1 c_A \quad \text{或} \quad \frac{dc_F}{dt} = K_1 c_F$$

以 c_A 为例，积分形式为

$$\int_{c_0}^{c_t} -\frac{dc_A}{c_A} = K_1 \int_0^t dt$$

积分后得

$$\ln \frac{c_0}{c_t} = 2.303 \lg \frac{c_0}{c_t} = K_1 t \tag{4-3}$$

当反应物 A 的浓度降低一半时，$c_t = c_0/2$，$t = t_{1/2}$，代入式（4-3）

$$K_1 = \frac{2.303}{t_{1/2}} \lg \frac{c_0}{c_0/2} = \frac{2.303}{t_{1/2}} \lg 2 = \frac{0.693}{t_{1/2}}$$

所以

$$t_{1/2} = \frac{0.693}{K_1} \tag{4-4}$$

由式（4-4）可见，在温度一定时，一级反应的半衰期与反应物的起始浓度无关，与反应速率常数 K_1 成反比，且等于 $0.693/K_1$，这是一级反应的特点。式（4-4）中，K_1 的单位通常为 min^{-1}。

（3）二级反应

反应速率与一种反应物浓度的二次方或两种反应物浓度的一次方乘积成正比。

$$\frac{dc_F}{dt} = K_2 c_A c_B$$

或

$$-\frac{dc_A}{dt} = K_2 c_A c_B \tag{4-5}$$

为了简便起见，设 $c_A = c_B$，则式（4-5）为

$$-\frac{dc_A}{dt} = K_2 c_A^2$$

积分形式为

$$\int_{c_0}^{c_t} -\frac{dc}{c^2} = K_2 \int_0^t dt$$

积分后得

$$\frac{1}{c_t} - \frac{1}{c_0} = K_2 t$$

当 $c_t = c_0/2$ 时，很明显，其半衰期为

$$t_{1/2} = \frac{1}{K_2 c_0} \tag{4-6}$$

式中，二级反应速率常数 K_2 的单位通常为 $L/(mol \cdot min)$。其半衰期与反应物的起始浓度 c_0 成反比，由于在不同的实验中反应物的起始浓度往往不同，所以从二级反应的半衰期大小并不能直接看出反应的快慢。

反应过程中任一时间 t 的反应物浓度 c_t 可用分析方法测知，用作图法观察 c_t-t 的关系。如果 c_t-t 图呈直线关系，则该反应是零级反应；若 $\ln c_t$（或 $\lg c_t$）-t 图呈直线关系，则为一级反应；若 $1/c_t$-t 图呈直线关系，就是二级反应。各级相应的反应速率常数 K 的数值可以从直线的斜率求得，而初始浓度 c_0 是已知的，所以各级反应的半衰期可以从有关公式计算出。用类似的方法可以推出三级反应的公式。现将各级反应的公式列于表 4-1。

表 4-1　不同级数反应的有关计算公式简表

反应级数	反应动力学方程式		半衰期 $t_{1/2}$
	微分式	积分式	
0	$-\dfrac{dc_F}{dt}=K_0$	$c_0-c=K_0 t$ （c_t 与 t 呈直线关系）	$t_{1/2}=\dfrac{c_0}{2K_0}$
1	$-\dfrac{dc_A}{dt}=K_1 c_A$	$\ln\dfrac{c_0}{c_t}=K_1 t$ （$\ln c_t$-t 呈直线关系）	$t_{1/2}=\dfrac{0.693}{K_1}$
2	$-\dfrac{dc_A}{dt}=K_2 c^2$ （反应物浓度均为 c 时）	$\left(\dfrac{1}{c_t}-\dfrac{1}{c_0}\right)=K_2 t$ （$\dfrac{1}{c_t}$ 与 t 呈直线关系）	$t_{1/2}=\dfrac{1}{K_2 c_0}$

在上述反应中，由于一级反应的速率与反应物的一次方成正比，所以在动力学分析中有较大的实用价值。

(4) 假一级反应

对于二级反应：$-\dfrac{dc_A}{dt}=K_2 c_A c_B$，如果在操作上大大提高反应物之一 B 的浓度（过量 50 倍即可），使 A 与 B 完全作用后，B 的浓度基本上维持不变，因而可以看成是恒定值而并入 K_2 项中，这样，二级反应即变成假一级反应（pseudo-first-order reaction），则

$$-\frac{dc_A}{dt}=K_1' c_A$$

其积分式为

$$\ln\frac{c_0}{c_t}=K_1' t \tag{4-7}$$

式中

$$K_1'=K_2 c_B$$

动力学方程式在形式上与一级反应表达式类似。在许多实际工作中，都是通过控制反应条件，使二级、三级反应转为假一级反应，使反应速率仅与待测物质的浓度成正比，以达到测定的目的。

4.3.2　催化反应速率方程式

设催化反应为：

$$A+B \xrightarrow{Z} F+G$$

其中，Z 为催化剂。

(1) 检测反应产物的催化反应速率方程式

如催化显色光度法，指示物为有色的反应产物。

假设产物 F 可产生被检测的信号，选择 F 作为指示物，考虑到反应的摩尔比及反应的

级数（一般情况），则有

$$\frac{dc_F}{dt} = K_1 c_A^m c_B^n c_Z$$

若反应物 A、B 的浓度很大，反应中 A、B 浓度的改变可忽略不计，则 c_A^m、c_B^n 可视为常数，反应速率方程为：

$$\frac{dc_F}{dt} = K_t c_Z$$

催化剂浓度在反应中保持不变，则上式的积分式为：

$$c_F = K c_Z t$$

（2）检测反应物浓度改变的催化速率方程式

如催化褪色反应动力学光度法，可选择一种色泽较深的反应物 X 作指示物

$$\frac{dX}{dt} = K_1 (a - x) c_Z \pi_c$$

式中，a、$(a-x)$ 分别为某反应物的初始浓度和反应时间 t 时刻的浓度；π_c 为其他反应物的浓度积，整理后得

$$\frac{dX}{a-x} = K_2 c_Z dt \xrightarrow{\text{积分}} \lg \frac{a}{a-x} = K c_Z t$$

4.3.3 影响反应速率的主要因素

通常情况下，与常规热力学分析法相比，动力学分析法的重现性较差，原因在于动力学分析中影响反应速率的因素较多，实验条件难以控制。

（1）反应物浓度的影响

除零级反应外，反应速率均与反应物浓度有关。在一级反应中，反应速率与一种反应物的浓度成正比关系，而与其他反应物的浓度无关。在二级反应中，反应速率与两种反应物的浓度有关，或与一种反应物浓度的平方成正比关系。实际工作中，常将二级反应、三级反应转为假一级反应进行测定，此时，只需监测反应速率，便可求得待测物质的浓度。实验中的具体做法是通常将待测物质之外的反应物大大过量，使反应速率只受一种反应物浓度控制。

（2）催化剂、活化剂、抑制剂浓度的影响

这些物质在动力学分析中通常是待测成分，但对于某一指示反应，当这些物质不是一种时，则有干扰。

（3）反应温度的影响

化学反应的速率通常随反应温度升高而加快。通常，温度升高 10℃，反应速率一般增加约 2 倍，反应速率常数与 T 的关系可用 Arrhennius 公式表达：

$$\frac{d\ln K}{dT} = \frac{E_a}{RT^2}$$

式中，K 为速率常数；E_a 为活化能。

积分上式，得

$$\ln K = -\frac{E_a}{RT} + \ln A$$

实验时，测定不同温度下的反应速率常数 K（在各种条件都固定时，可用 dc/dt 代替

K），作 $\lg K - \dfrac{1}{T}$，根据直线的截距可求得活化能 E_a。

（4）溶剂性质、共存离子及离子强度的影响

体系中溶剂、共存物质等其他元素的离子或化合物存在时也会影响反应速率。外来盐存在于反应体系中，可能与反应物结合，如静电吸引、络合、形成沉淀以及影响解离平衡等各种盐效应都会降低反应物的有效浓度，例如，Ag^+ 和 As^{3+} 的反应会因 Cl^-、NH_3 或 CN^- 的共存而受影响。所以要严格控制介质的种类和离子强度。

在离子参加的反应中，反应速率的大小，将受溶剂介电常数的影响。若反应物是电荷相同的离子，或都是分子，则反应速率随介电常数增大而增大；若反应物是电荷相反的离子，反应速率随介电常数增大而减小；若反应中一个是分子，另一个是离子，则反应速率变化不大。

（5）溶液 pH 值的影响

溶液 pH 值的变化，常使反应物的酸碱平衡发生改变，使得反应物存在状态发生改变，从而使反应速率变化，甚至反应受到抑制。

（6）其他影响因素

动力学分析中的催化法灵敏度很高，试剂和用水的纯度及环境污染都会引起测定误差，造成本底值较高。造成本底变动的因素主要有：①体系中存在的杂质，甚至引入极微量的尘埃、滤纸屑、纤维等；②试液与标准溶液的组成、离子强度、pH、试剂与蒸馏水的情况不完全相同；③反应容器的表面积不同和容器表面的吸附物质影响；④加热温度不均匀或者反应器皿的厚薄差异可能引起的温度差异。这些因素都会影响本底值，工作时必须对这些实验变量进行严格的控制，才能保证分析结果的可靠性。

4.3.4　反应速率的测量

通过检测指示物浓度的变化来进行。

为了检测反应速率，必须测量反应物、产物当中之一的浓度随时间的变化，而检测的办法分为化学法和仪器法两大类。

（1）化学法

用滴定法、比色法、重量法检测反应速率，分为在线检测和中止反应后检测。如 V（V）催化溴酸钾氧化碘离子的指示反应：

$$BrO_3^- + I^- \longrightarrow I_2$$

可采取下列办法测量反应速率：①周期性地从反应体系中取部分溶液，加入淀粉，测定颜色，确定生成碘的量；②取一定量溶液，用 $Na_2S_2O_3$ 滴定，确定生成碘的量。化学法通常比较麻烦，且准确性稍差。由于原始反应体系的体积不断减少，有时还需要进行体积校正，因此极少使用。

（2）仪器法

仪器方法检测反应速率方便、准确。方法有光度法、荧光法、发光法、伏安法、电位法等，许多反应中，若反应物和产物都无可测量的信号，则需利用辅助反应（又称为偶合反应）。如：

S^{2-} 催化反应 $H_2O_2 + I^- \longrightarrow IO^- + H_2O$，光度法检测时加入二苯胺磺酸钠，反应产物

为红色。

又如 Se(Ⅳ) 可催化 $KClO_3$ 与苯肼生成偶氮离子的反应，加入 HCl 酸，产物成为红色，可用光度法检测：

也可以借助其他仪器手段进行检测而无需辅助反应。

如利用下列酶催化反应进行血液中葡萄糖的测定：

$$\text{葡萄糖} + O_2 \xrightarrow{\text{GOD}} \text{葡糖酸} + H_2O_2$$

光度法测量时，加入茴香胺，与 H_2O_2 反应的产物为红色，可用光度法检测；

若使用氧电极，可采用安培法检测 O_2 的消耗速率，或检测 H_2O_2 生成速率：

$$H_2O_2 + 2H^+ + 2e^- \Longrightarrow 2H_2O$$

用仪器法监测反应速率，不一定要中止反应就可进行测量，具有快速、简便、连续跟踪测定、便于实现自动化等优点。目前，用得最多的仪器法是分光光度法（包括催化显色法和催化褪色法），也有用发光分析法（包括荧光法和化学发光法）、电位法、伏安法和电导法的，这些仪器法的相应信号的变化能准确反映指示物浓度的变化，且多数呈良好的线性关系。

在实际应用的动力学分析法中，绝大多数为一级反应或假一级反应，有时还可以简化为假零级反应，这对测量及计算都是有利的。

4.4 定量分析

4.4.1 定量分析关系式

(1) 对于常规化学反应（非催化法）

$$A + B \longrightarrow F + G$$

若指示物为产物 F，A 为待测物，反应物 B 相较于 A 大大过量，则反应速率方程为：

$$\frac{dc_F}{dt} = Kc_A$$

在反应初期测量指示物浓度 c_F 时，A 的浓度变化可以忽略，该反应可当作零级反应，则得到上式的积分式：

$$c_F = Kc_A t \tag{4-8}$$

可见，反应速率与反应物 A 的浓度成正比。另外，反应产物的浓度与反应时间 t 成直线关系。

（2）对于催化反应

$$A+B \xrightarrow{\quad Z \quad} F+G$$

Z 为待测物，催化反应的速率方程分别如下。

① 催化显色法　假设指示物为产物 F，按照式(4-8)类似的处理办法，反应速率方程为：

$$微分式：\frac{dc_F}{dt}=Kc_Z；\quad 积分式：c_F=Kc_Zt \tag{4-9}$$

② 催化褪色法　指示物为反应物 A，反应速率方程为：

$$微分式：\frac{dc_A}{dt}=Kc_Z；\quad 积分式：\lg\frac{a}{a-x}=Kc_Zt \tag{4-10}$$

可见，反应速率与催化剂 Z 的浓度成正比，而反应物浓度的负对数与反应时间呈线性关系，为一级反应。

式(4-8)～式(4-10)是动力学定量分析中常用的计算公式，根据这些公式可求出被测物质的浓度。实验过程中，根据所用监测反应速率的方法，选用与浓度有线性关系的物理量来代替浓度。例如，在分光光度分析法中用吸光度 A、分子发光分析法中用发光强度 I、极谱（伏安）法中用电流 I 等来代替浓度。

如用光度计检测时，测量信号为吸光度 A，则上述反应速率方程以吸光度 A 表示分别为 $A=Kc_Zt$ 和 $\lg\frac{A_0}{A}=Kc_Zt$，与待测物浓度呈正比关系，且均与 t 有关。

测量反应速率时常采用起始反应速率法，即在反应初期测量反应速率。起始反应速率法有以下三个显著优点：

a. 反应起始阶段生成的产物浓度低，逆向反应速率小，对总指示反应速率的影响可忽略；

b. 在反应起始阶段，副反应所引起的干扰少；

c. 反应起始阶段各种反应物的浓度无明显变化，便于按照假一级反应动力学处理。如：

$$A+B \longrightarrow F+G$$

若 B 过量，则 $\frac{dc_x}{dt}=Kc_A$，测量起始反应阶段 $\frac{dc}{dt}$ 可以求出 c_A。

起始反应速率的测量包括起始斜率法、固定时间法、固定浓度法。此外，还有标准加入法，以及根据诱导期长短来测定诱导体浓度的方法和速差法等。

4.4.2　定量分析方法

（1）起始斜率法

起始斜率法又叫正切法。它是根据线性曲线的斜率来测定未知物浓度。所利用的动力学方程为：

$$X=Kc_Xt$$

做法：配制不同浓度的反应物或催化剂的标准系列，每隔一定时间分别测定与指示物浓度有线性关系的特征信号（如相对发光强度、吸光度），以信号对时间作图（X-t 图），得到一组直线，然后用外推法将时间外推至 0，求出各直线的起始斜率 $\tan\alpha$。再将斜率 $\tan\alpha$ 与对应浓度 c_i 作图得起始斜率法校正曲线（见图 4-2）。

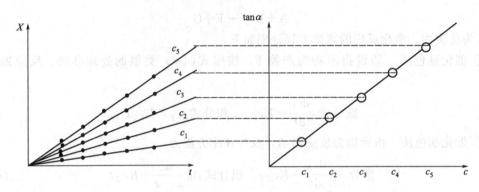

图 4-2　起始斜率法做校正曲线

在与标准溶液相同的条件下测定并计算试液的起始斜率 $\tan\alpha$，从校正曲线 $\tan\alpha$-c 上查出试液浓度 c_x。

起始斜率法利用了一系列的实验数据，准确度较高。但此法标准系列中至少应含三个点，而产物浓度测量也至少应含三个点，因此，实际的溶液测量至少在 9 次以上，故比较繁琐和费时。

（2）固定时间法

让指示反应进行到预定的反应时间 t_0 后，测量与产物或反应物浓度有线性关系的特征信号值。测量信号时可以按以下方法进行：①到达 t_0 时，直接测量溶液产生的仪器特征信号值；②到达 t_0 时，先中止指示反应，再测量溶液产生的仪器信号。中止指示反应的方式可以改变反应温度、反应介质的 pH 值或加入中止剂等。

若指示物为反应物，待测物为催化剂，经 t 时间后反应物浓度由 a 变为 $a-x$，则动力学方程为：

$$\lg \frac{a}{a-x} = K c_Z t$$

在光度法中，用吸光度 A 代替浓度，则 $\lg \dfrac{A_0}{A_t} = K c_Z t$

式中，A_0 为反应起始吸光度值（通常用试剂空白的测量值代替）；A_t 为 t 时刻瞬时吸光度值。在与标准系列相同的条件下测定试液产生的 A_0、A_t，由工作曲线求得 c_Z。

可利用校正曲线法，将被测物质的浓度对物理化学参数作图，要求选择合适的反应时间，以便有好的线性关系曲线。固定时间法校正曲线如图 4-3。图中两条直线分别对应不同的反应时间。

其他仪器监测方法还有荧光法、化学发光法和极谱法等，如催化动力学极谱法中的校正曲线方程为

$$\lg \frac{I}{I_0} = K c_Z t$$

固定时间法比斜率法简单，但准确度不如起始斜率法，对有明显诱导期的指示反应难以得到较可靠的结果。对零级反应、一级反应、假一级反应，以及酶反应中底物的测定，固定时间法是优越的。

（3）固定浓度法

也称变时法或计时法，它是测量指示反应中某反应物或产物的浓度达到某规定数值时所需的时间。

通常，测定的浓度与使物质的浓度达到某一规定值所需时间（或使反应进行到某规定程度所需的时间）的倒数之间存在着线性关系，如图 4-4 所示。

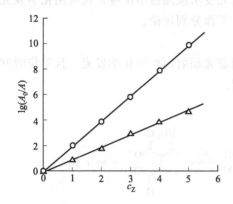

图 4-3　固定时间法的校正曲线　　　　　图 4-4　固定浓度法的校正曲线

同样，物质的任何性质如吸光度、荧光强度、发光强度或电位值等，只要能指示浓度，都能用来测量。例如，当吸光度 A 固定为恒定值 A_t 时，动力学方程为：

$$A_t = K c_Z t$$

$$c_Z = \frac{A_t}{K} \times \frac{1}{t} = K' \times \frac{1}{t}$$

可见，对零级反应，c_Z 与指示反应到达吸光度恒定值时的时间 t 的倒数 $\frac{1}{t}$ 成直线关系。在实际分析中，当反应混合物的组成达到固定不变时，准确测定反应时间，即可根据校正曲线来确定待测物 Z。以催化剂测定为例，具体做法是：配制一个不同催化剂浓度的标准系列，在反应准确地进行到 A_t 时，分别测量所需的时间 t，以 c_Z 对 $\frac{1}{t}$ 作图，得可变时间法工作曲线。在相同的条件下处理和测定试液，由工作曲线求得试液中催化剂的浓度 c_Z。

固定浓度法在测量时，所测量的时间 t 应控制在 2～10min。时间太短，测量误差大；时间太长，灵敏度不够高。

固定浓度法的优点与固定时间法大致相同，但更适应酶活性、催化剂和一些非线性响应场合的测定。

4.5　催化动力学光度法

分光光度法是仪器分析方法中应用最广泛的一种方法，同时也是动力学分析中最常用的浓度检测方法。而动力学法中催化法具有高的灵敏度，故下面着重介绍催化动力学分光光度法。

4.5.1 直接法和间接法

4.5.1.1 直接法

主要应用于催化剂的直接测定，大多应用分光光度法检测指示反应，也可用化学发光法和荧光法进行检测，其中化学发光法灵敏度最高。下面分别讨论。

(1) 化学发光法及荧光法

有一些指示反应受催化作用时，其慢反应伴随着光辐射而产生化学发光，且单位时间的光辐射量与催化剂浓度成正比，故可用于定量测定。

如鲁米诺被 H_2O_2 的氧化历程：

生成的 $h\nu$ 可用光谱仪或相板检出。

有十几种金属离子能催化这一反应，如 $Cr(\mathrm{III})$ 催化 H_2O_2-鲁米诺的化学发光反应，在碱性介质下，可测定 $1.5 \times 10^{-12}\,g/mL\ Cr(\mathrm{III})$，$\lambda = 425\,nm$。可用于催化该反应的金属离子还有 Cu、Co、Ni、Fe、Mn 等。

常见的发光体系有鲁米诺、邻苯三酚、光泽精等。

化学发光法具有设备简单、灵敏、快速、线性范围宽等特点。

另外，还有催化荧光反应及荧光猝灭法。

(2) 分光光度法检测

反应速率的测量最常用的仍然是光度法，目前光度法中常见的催化反应有以下几种。

① Sandell-Kolthoff 反应　即 I^- 催化 Ce^{4+} 氧化 $As(\mathrm{III})$ 的反应，这是最古老的灵敏催化反应。I^- 不断再生，反复地起作用，所以方法灵敏度很高，即 $10^{-3}\,\mu g/mL$。

另外一些物质如 Hg^{2+} 和 Ag^+（可形成 I^- 络离子）等能抑制这一反应，因而又发展了基于抑制作用的间接测定法。

② 催化配位反应　如卟啉类试剂的金属催化反应。金属离子与卟啉类化合物的配合反应能被许多金属离子催化加速，如 $Mn(\mathrm{II})$ 与四苯基卟吩磺酸盐（TPPS）的配合反应，可被 $Cd(\mathrm{II})$、$Zn(\mathrm{II})$、$Pb(\mathrm{II})$、$Hg(\mathrm{II})$ 等离子催化，其中 $Hg(\mathrm{II})$ 的效果最好，可测定 $10^{-8}\,mol/L\ Hg$。

③ 氧化还原催化反应　这是使用最多、最灵敏的一类催化反应，可测定金属离子浓度为 $10^{-9} \sim 10^{-7}\,g/mL$。

氧化还原反应是与反应物氧化态的改变有关（这种改变可以通过电子的交换，或者通过原子的转移来实现，而在水溶液中原子和原子团的转移比电子的转移占优势），通常利用参加反应的氧化还原电对的标准电位来估计反应发生的可能性，如 H^+ 的得失。

当 $E^{\ominus}_{\mathrm{Ox_1/Red_1}} > E^{\ominus}_{\mathrm{Ox_2/Red_2}}$ 时，则可能发生 $\mathrm{Ox_1} + \mathrm{Red_2} \Longrightarrow \mathrm{Red_1} + \mathrm{Ox_2}$

一个氧化还原反应，只有当它在动力学上是受抑制的，才能作为指示反应。

金属离子对于指示反应的氧化还原作用与催化剂的价态变化有关：

$$Red_1 + Z^{(n+1)+} \longrightarrow Ox_1 + Z^{n+}$$
$$Ox_2 + Z^{n+} \longrightarrow Red_2 + Z^{(n+1)+}$$

可见，催化剂 Z 的氧化还原电位应该处于反应物两电对电位的中间：

$$E_{Ox_1/Red_1} > E_{Z^{(n+1)+}/Z^{n+}} > E_{Ox_2/Red_2}$$

4.5.1.2 间接法

该方法利用改变催化反应速率来进行测定，用于测定活化剂、抑制剂。

(1) 抑制剂的测定

即负催化剂，让催化剂失去活性的物质。这种方法能降低检出限和改善方法的选择性。

如 $Mo(Ⅵ)$、$W(Ⅵ)$ 都能催化 H_2O_2 氧化 I^- 为 I_2，但在 pH=1.7 介质中，加入柠檬酸，$W(Ⅵ)$ 的催化效应被抑制，$Mo(Ⅵ)$ 反而增强，故可在 Mo、W 共存时测定 Mo。

Fe^{3+} 催化 $H_2O_2 + N,N$-二乙基对苯二胺，PO_4^{3-} 阻抑；

I^- 催化 $Ce^{4+} \longrightarrow As(Ⅲ)$，$F^-$、$Ag^+$、$Hg^{2+}$ 抑制。

(2) 活化剂的测定

活化剂是能增大催化活性的物质，其机理一般认为是活化剂可与催化剂作用生成催化活性更高的中间化合物，如 $Mn(Ⅱ)$ 对 IO_4^- 氧化孔雀绿的反应有催化作用，而氨三乙酸 (NTA) 能活化 Mn 的催化作用，可测 NTA。

Mn^{2+} 催化下面的反应：

$$S_2O_6^{2-} + 对乙氧基苯胺 \xrightarrow{Mn^{2+}} 红色产物$$

Ag^+ 则对该催化反应有活化作用，可用于测定痕量 Ag^+。

4.5.2 催化动力学分光光度法的灵敏度和选择性

4.5.2.1 灵敏度及其影响因素

催化动力学分析法与平衡光度法相比，最重要的特征是具有低的检出限和高的灵敏度。其灵敏度大多在 $\mu g/mL \sim ng/mL$，有的达 $ng/mL \sim pg/mL$。催化动力学分光光度法的检出能力，采用最低检出限表示。

(1) 最低检出限

最低检出限是由 Kaiser 和 Specker 引入的，是一种在忽略外界干扰因素的情况下，对分析方法检出能力的估计值。

对于催化反应：$A + B \xrightarrow{Z} X + Y$

以 X 作为指示物，并忽略非催化反应的起始速度，则 t 时刻催化反应的速率常数为：

$$\nu_t = \frac{dc_X}{dt} = \frac{\Delta c_X}{\Delta t} = Kc_Z c_A c_B$$

或

$$c_Z = \frac{\Delta c_X}{\Delta t K c_A c_B}$$

根据朗伯-比耳定律，当被监测物质 X 以吸光度作为测量信号时，有：

$$\Delta A = \varepsilon b \Delta c_X$$

则

$$c_Z = \frac{\Delta A}{\varepsilon b \Delta t K c_A c_B}$$

分光光度法中，假设 $\varepsilon = 10^5 \text{L}/(\text{mol} \cdot \text{cm})$，$b = 2\text{cm}$，当 $\Delta A_{\min} = 0.05$，$\Delta t_{\max} = 10\text{min}$，速率常数 $K = 1 \times 10^8/\text{min}$，反应物起始浓度 c_A 及 c_B 均为 1mol/L 时，代入上式可推估出催化剂可测定的最小浓度为

$$c_Z = \frac{0.05}{1 \times 10^5 \times 2 \times 10 \times 1 \times 10^8 \times 1 \times 1} = 2.5 \times 10^{-16}$$

因此，从理论上估计，催化动力学光度法检出限为 $2.5 \times 10^{-16}\text{mol/L}$，但这一极限值迄今尚未达到。主要原因是因为几乎所有应用的体系测定时都受到背景即溶液"本底"的干扰，使实际测定的最小浓度比理论推算的高 3～5 个数量级。

(2) 影响灵敏度的因素

① 本底的影响　在有明显本底干扰的情况下，总反应速率等于

$$\frac{\mathrm{d}c_X}{\mathrm{d}t} = K_1 c_A c_B c_Z + K_2 c_A c_B$$

其中后一项为溶液本底对总反应速率的影响，其值与 c_Z 无关。测量中需要扣除本底速率：

$$A_t = \Delta A = A_{\text{Tol}} - A_0 = K c_Z t$$

本底小且稳定的体系有利于提高方法的灵敏度和准确度，故测量中应尽可能使本底的速率减小为零。

② 速率常数 K 的影响　A_t 与指示反应的 K 呈线性关系，因此指示反应的速率常数对检出限的降低起决定作用。

③ 温度的影响　通常催化反应速率随温度升高而升高，而 $v_{\text{本底}}$ 随温度升高变化很小，故可通过提高温度增加反应的灵敏度。

④ 活化剂的影响　加入活化剂可提高催化反应的速率，增大 K 值，从而提高灵敏度。

4.5.2.2　选择性及提高选择性的途径

催化动力学分析法有极高的灵敏度，但是，一种物质在均相反应中产生催化作用的能力是以它的化学性质为基础的，化学性质相类似的物质会表现出相似的催化作用，即多数指示反应能同时被几种甚至十几种离子所催化，因此化学上相关的一些元素共存时，要进行选择性的测定是困难的。所以催化动力学分析法的选择性通常不十分理想，这就使得该分析方法在实际应用中受到一定限制，如何提高催化动力学分析的选择性？首先要了解影响选择性的主要因素。

(1) 指示反应的选择性

催化动力学分析法的选择性、特效性的决定因素是指示反应的选择性。

一种物质在均相反应中产生催化作用的能力是以其化学性质为基础的，化学性质相类似的物质，其催化作用也相似，因此，它们一起共存时，要作选择性的催化测定很困难。如指示反应：

$$H_2O_2 + 2I^- + 2H^+ \Longrightarrow I_2 + 2H_2O$$

对该反应起催化作用的金属离子有 Ti(Ⅳ)、Zr(Ⅳ)、Hf(Ⅳ)、Fe(Ⅲ)、V(Ⅴ)、Mo(Ⅵ)、W(Ⅵ)、Cr(Ⅵ) 等，它们都能与 H_2O_2 生成络合物，故都起着催化作用。

在配位体交换反应中，离子的催化作用也是非特效的。如 H_2O 取代 $[Fe(CN)_6]^{4-}$ 中 CN^- 的反应可被 Hg、Ag、Au、Pt 等多种离子催化。

虽然催化动力学分析法的指示反应多数为非特效反应。但在指示物分子中引入适当取代基，就可能使这种试剂只对某种特定离子有效，从而提高催化反应的选择性。如多元酚被

H_2O_2 催化氧化的反应中，当多元酚上两个羟基处于不同位置时，$Cu(II)$、$Co(II)$ 的催化活性不相同。如羟基在对位（对苯二酚），$Cu(II)$ 对该反应的催化活性强（0.005），如在邻位（邻苯二酚），则 $Co(II)$ 的催化活性强（0.0002）。

(2) 反应条件的影响

改变催化反应的 pH 值、温度，使用合适的络合剂及氧化还原剂，都能提高指示反应的选择性。

① pH 值的影响　Zr、Hf 都对上述 H_2O_2 氧化 I^- 的反应有催化作用，但反应条件与 pH 值有关。Hf 在 pH1.1 时催化活性最高，而 Zr 在 pH2.0 时催化活性最高〔因为 $Zr(OH)_3{}^+$ 才有催化活性〕。因此，通过改变 pH 可以在同一体系中连续测定这两种元素。

② 温度的影响　由于催化剂对同一指示反应作用需要的活化能不同，催化反应速率与反应温度密切相关，因此不同的催化剂对同一指示反应发生催化作用需要的温度不同。通过改变反应温度，扩大这些催化反应之间的反应速率差异，可以提高催化反应的选择性。

③ 时间的影响　如前所述，由于各种催化剂在同一指示反应中的活化能不同，催化反应之间存在速率差异，因此选择不同的反应时间后中止反应，采用速率差计算法，可以在其他物质存在下进行选择性的测定。

(3) 掩蔽剂的应用

为了提高催化测定的选择性，可以利用掩蔽剂，将催化剂之外的物质转变成无催化活性的形式。如 Cr、Fe、Co、Ni 都能催化 H_2O_2-BPR 反应，但加入 EDTA 后，可以掩蔽 Fe、Co、Ni。有时加入一种试剂既起掩蔽作用，又起活化作用。如利用 $[Fe(CN)_6]^{4-}$ 水合反应测定 Co^{2+} 时，加入 2,2'-联吡啶，不但活化了钴而且又抑制了镍的干扰，同时使空白反应的速率大大降低，提高了测定的灵敏度和选择性。

(4) 与分离步骤相结合

如果前述方法仍不能满足选择性要求，则在测定前必须进行预分离除去干扰，然后进行动力学测定。如果利用萃取法分离，有时可直接在有机相中进行催化测定，如萃取动力学光度法。

4.5.3　分析应用

目前，用催化分光光度法已可测定近 50 种元素，其中灵敏度较高，检测下限低于 $0.01\mu g/mL$ 的有 40 余种。在这些方法中，最灵敏的方法大多以氧化还原型为基础。过渡元素对一些氧化还原反应有较强的催化能力，其中以铂族元素灵敏度最高，基于氧化还原反应的催化动力学法一般可测到 $10^{-8}\%$ 含量，对 Os 及 Ru 可达到 $10^{-12}g/mL$。其次是 $Mn(II)$、$Cu(II)$、$Mo(VI)$、Co、Cr、Fe、V、$Ag(I)$、$Au(I)$ 等。另外催化动力学分析法测定某些非金属元素和有机物也引起人们的关注。可测定的非金属元素主要有 Si、Ge、P、N、As、Se、S、卤素等，且大多数是测定溶液中的阴离子。其中催化光度法测定 I^- 的文献最多。

(1) 催化显色反应速率的监测

设有一较慢的显色反应，指示物是有色产物 F，在催化剂 Z 的存在下，反应速率加快。反应式如下：

$$A + B \xrightarrow{\quad Z \quad} F + G$$

当反应物 A、B 过量时，A、B 浓度的改变量可忽略不计，则

$$c_F = Kc_Z t$$

由于吸光度 A 与 c_F 在一定条件下成正比，所以有

$$A = \varepsilon b c_F = \varepsilon b K c_Z t = K_0 c \quad (\text{固定时间法}) \quad (4\text{-}11)$$

上式表明：c_Z 越大，催化显色反应时间 t 越长，显色产物 F 的吸光度值就越大。该式是催化显色反应的最基本关系式。

反应的级数随反应条件不同而不同，在进行催化显色的条件下（反应物 A、B 过量），催化剂的浓度 c_Z 在反应前后保持不变，故 c_Z 可视为恒量而合并在常数项中，则式(4-9) 变为

$$\frac{dc_F}{dt} = K_0 \quad (4\text{-}12)$$

此时催化显色反应是零级反应。以显色反应产物 F 的吸光度对反应时间作显色反应速率曲线，应得一直线。

若显色产物的颜色不深，需要在催化反应进行到很长时间后用分光光度法测量，由于消耗的反应物较多，此时反应物浓度的变化不能忽略，反应属于一级反应，可参照催化褪色反应的方法进行处理。

(2) 催化褪色反应速率的监测

设有一较慢的褪色反应，物质 B 的颜色很深，在催化剂 Z 的存在下其褪色速率加快。反应如下

$$A + B \xrightarrow{Z} F + G$$

速率方程式上的指数与化学反应式的系数不一定相同，B 的褪色速率可表示如下：

$$-\frac{dc_B}{dt} = K c_A^m c_B^n c_Z$$

当 A 过量很多，反应中 B 的浓度发生显著改变并可用仪器测出时，A 的浓度改变仍可以忽略不计，c_A^m 为常数。设 $n = 1$（多数情况下如此），则得

$$-\frac{dc_B}{dt} = K_1' c_B c_Z$$

该式为一级反应动力学方程式，将其积分后得 $\ln\dfrac{c_0}{c_B} = K_1' c_Z t$

在光度测定时，设反应物 B 初始浓度为 c_0 的溶液的吸光度为 A_0，褪色至浓度为 c_B 的吸光度为 A，由朗伯-比耳定律得

$$\ln\frac{A_0}{A} = K_1' c_Z t \quad (4\text{-}13)$$

式(4-13)是催化褪色反应的基本关系式，它说明：催化剂浓度越大，反应时间越长，则溶液的 $\lg\dfrac{A_0}{A}$ 值就越大，且与 $c_Z t$ 呈直线关系，据此可以绘制褪色速率曲线。

4.5.4　催化动力学光度法研究现状

(1) 研究新的高灵敏度指示反应

目前，催化动力学法的指示反应，灵敏度大都在 $\mu g/mL \sim ng/mL$ 之间，部分在 $ng/mL \sim$

pg/mL，其中催化发光法灵敏度最高。对高灵敏显色反应进行催化（如偶氮类、大环卟啉类等试剂与金属离子的显色反应）可取得较高灵敏度。

（2）研究提高催化动力学分析法选择性的途径

催化动力学法选择性差是由于多数指示反应均能被数种离子催化加速，提高选择性的途径有寻找选择性的指示反应和利用掩蔽作用，必要时配合现代分离技术。

（3）寻取新的活化剂

活化剂的研究不仅能使催化活性物质的测定成倍甚至成数量级地提高，而且使方法的选择性得到改善。

（4）反应机理的研究

目前许多工作尚处于经验阶段，加强机理研究对发展方法的实际应用具有指导意义。

（5）胶束增敏

表面活性剂用于催化动力学分析法是近几年才见报道，如碱性介质中，$Cu(Ⅱ)$ 催化 H_2O_2 与邻菲啰啉（phen）反应产生化学发光，加入溴化十六烷基三甲基铵（CTMAB）后使灵敏度提高 10 倍以上。

将 FIA 与催化动力学相结合，不仅提高了分析速度，还可提高测定的灵敏度，对那些反应速率有差异的催化反应，可进行多元素的同时测定。此外还有在有机介质中的催化等。

4.6 速差动力学分析法

在混合物中，多种性质相似的组分与同一试剂发生反应，但反应速率又各不相同。基于反应速率的差别测定混合物中单一或多种组分的方法，称为速差动力学分析法。

优点：不需要繁琐的分离手续，可同时测定混合物中的一种或两种以上性质相似的组分含量。性质相近的元素，热力学行为相差很小，无法进行同时测定，通常需要采用分离的办法，既繁琐又不准确，而只要反应速率有微小差异就可以用速差法。另外，还可通过改变反应条件扩大各组分反应速率间的差别。

4.6.1 基本原理和数据处理方法

假定两种物质 A、B 与同一试剂 R 反应，经历不可逆双分子反应，生成产物 P 和 P′，反应通式为：

$$A+R \xrightarrow{K_A} P \qquad\qquad B+R \xrightarrow{K_B} P'$$

式中，P 和 P′为具有相同或相似测量信号的化合物，进行速率测量和计算时可以用一种物质 P 代替。

假设该反应为常规的非催化反应，根据式(4-8)，则速率方程为：

$$[P]_t = K_A c_A t \tag{4-14}$$

$$[P]_t = K_B c_B t \tag{4-15}$$

(1) 反应速率差别较大的混合物的分析方法

在混合物中，各种组分的反应速率相差较大，即在某一反应时间内，一种组分正在进行反应，其余组分要么已经结束了反应，要么正以极小的速率进行反应。或者说混合物中仅一个组分正在反应，其余组分在该段时间以前就已经反应完毕，或因反应速率很慢使浓度基本不变。这样便可忽略反应速率小的或大的组分，对某一组分单独进行数据处理。

① 忽略反应速率小（慢反应）的组分　假设时间 t 范围内，慢反应组分 B 的浓度几乎不变，式(4-15)可忽略。可直接利用式(4-14)求出 c_A。

② 忽略反应速率大（快反应）的组分　在反应时间 t 内，反应物 A 和 B 与 R 反应生成 P，浓度为 $[P]_t$，则

$$[P]_\infty - [P]_t = (K_A c_A t_\infty + K_B c_B t_\infty) - (K_A c_A t + K_B c_B t) \tag{4-16}$$

当 $K_A \gg K_B$，某时刻 t，两个体系中的 A 基本反应完全，则 $K_A c_A t_\infty = K_A c_A t$，则

$$[P]_\infty - [P]_t = K_B c_B t_\infty - K_B c_B t$$

即

$$[P]_\infty - [P]_t = K_B(t_\infty - t)c_B$$

于是

$$c_B = \frac{[P]_\infty - [P]_t}{K_B(t_\infty - t)} \tag{4-17}$$

若已知 K_B，测出 t 时刻 $[P]_t$ 及混合物全部反应完毕时的 $[P]_\infty$（即 $[A]_0 + [B]_0$），则可利用式(4-17)算出 c_B；然后利用 $[P]_\infty - K_B c_B t_\infty = K_A c_A t_\infty$，进一步得出 c_A。

对于速率常数差别太大的体系，B 组分反应太慢，使分析时间过长。这可在 A 反应完全后，通过升温、改变溶剂、加入催化剂等手段，增大 B 组分的反应速率，缩短分析时间。

采用此法时，时间 t 的选择非常重要，时间 t 过短，A 组分反应未完全，则 $(K_A c_A t_\infty - K_A c_A t)$ 值不能忽略；若反应时间过长，则不仅 A 组分反应完全，B 也大量反应，$[P]_\infty$ 和 $[P]_t$ 之差很小，会出现较大误差，因此要求在 t 时刻，至少应有 10% 的 B 还未反应。

(2) 反应速率差别较小的两组分分析法

反应速率差别较小的组分测定时相互干扰。对于实际样品的测定，首先可通过加掩蔽剂、改用空间位阻较大的试剂等方法，扩大速率常数间的差别。如果上述方法不能达到目的，可采用速差动力学法来进行同时测定。速差动力学法在对反应速率差别较小的组分进行分析时，采用的数学方法有比例方程法、对数外推法、线性回归法等。其中比例方程法最为常用。

以下为比例方程法的原理和做法。

对于下列两种物质 A、B 与同一试剂 R 的反应，生成的产物 P 和 P′ 具有相似的测量信号。

$$A + R \xrightarrow{K_A} P$$

$$B + R \xrightarrow{K_B} P'$$

在 t_1、t_2 分别测量产物 P 浓度对应的吸光度 A，设吸光度 A_t 与 $c_{P,t}$ 符合朗伯-比耳定律。则有方程

$$\begin{cases} A_{A,t} = K_A c_A t \\ A_{B,t} = K_B c_B t \end{cases}$$

分别在 t_1、t_2 测定 A_{t1} 和 A_{t2}，由于测量信号有加和性，得到：

$$\begin{cases} A_{t1} = K_{A,t1}c_A t_1 + K_{B,t1}c_B t_1 & \text{(4-18)} \\ A_{t2} = K_{A,t2}c_A t_2 + K_{B,t2}c_B t_2 & \text{(4-19)} \end{cases}$$

如果在 t_1、t_2 时测定吸光度 A_{t1} 和 A_{t2}，而 A_t 与 c_A、c_B 符合朗伯-比耳定律，则可利用已知浓度且单独存在的 A、B 做工作曲线，求曲线斜率，测出 t_1、t_2 时刻的 $K_{A,t1}$、$K_{B,t1}$、$K_{A,t2}$、$K_{B,t2}$，然后代入式(4-18) 和式(4-19) 组成的方程组，根据混合液的 A_t 求解得出混合物中各组分的初始浓度 c_A、c_B。

从理论上说，比例方程法可用于混合物中多个组分的同时测定，方程组为：

$$\begin{cases} A_{t1} = K_{A,t1}c_A t_1 + K_{B,t1}c_B t_1 + K_{C,t1}c_C t_1 + \cdots \\ A_{t2} = K_{A,t2}c_A t_2 + K_{B,t2}c_B t_2 + K_{C,t2}c_C t_2 + \cdots \\ A_{t3} = K_{A,t3}c_A t_3 + K_{B,t3}c_B t_3 + K_{C,t3}c_C t_3 + \cdots \\ A_{t4} = \cdots \end{cases}$$

但由于多组分测定的误差较大，实际应用时只能测定三个或四个以内的组分。

例如：速差动力学光度法同时测定果葡糖浆中葡萄糖和果糖。

在 $1.6 \times 10^{-3} \, mol/L$ NaOH 溶液中，葡萄糖和果糖分别与 2,4-二硝基酚反应生成红色化合物（$\lambda_m = 500nm$）。温度为 50℃时，果糖的反应速率比葡萄糖快。根据二者的反应速率差异，可以建立同时测定葡萄糖和果糖的速差动力学光度法。实验中在 50℃下分别反应 8min 和 10min，利用比例方程法可对果糖和葡萄糖进行同时测定。葡萄糖和果糖的线性范围分别为 $0 \sim 9.6 \times 10^{-3} \, mol/L$ 和 $0 \sim 2.0 \times 10^{-3} \, mol/L$。

4.6.2 速差动力学法中的反应类型

常用的反应类型有如下三类。

(1) 取代反应

$$MR + Y \Longrightarrow MY + R$$

如：

$$Co\text{-}PAR + EGTA \Longrightarrow Co\text{-}EGTA + PAR$$

$$Ni\text{-}PAR + EGTA \Longrightarrow Ni\text{-}EGTA + PAR$$

可用来分别测定 $10^{-6} \, mol/L$ 的 Co^{2+} 和 Ni^{2+}。

(2) 合成反应

$$M + R \Longrightarrow MR$$

如：在 CTMAB 存在下，Mo(Ⅵ)、W(Ⅵ)、Ge(Ⅳ) 分别与苯基荧光酮（PF）反应，生成三元配合物。控制合适的反应条件，使反应速率有所差别，可用速差法测定。

又如反应：硅钼黄、磷钼黄 $\xrightarrow{\text{维生素C}}$ 蓝色，选择适宜的 pH 值，可使磷钼蓝形成速率为硅钼蓝的 10 倍。

(3) 氧化还原反应

包括催化反应和诱导反应，如利用 Fe(Ⅲ)、Mo(Ⅵ) 对下面反应的催化作用速率差异可分别测定 $0.1 \sim 2.5 \mu g/mL$ 的铁和 $0.5 \sim 15 \mu g/mL$ 的钒。

$$H_2O_2 + \text{邻氨基酚} \longrightarrow \text{棕色产物}$$

又如，Fe、V 可诱导 Cr(Ⅵ) 与 I^- 生成 I_2 的反应，根据这个原理可分别测定 $0.012 \mu g/mL$ 和 $0.018 \mu g/mL$ 的铁及钒。

速差动力学法中的其他反应还有分解反应等。

4.6.3　速差动力学分析的特点与应用

速差动力学分析的特点是无需分离可以测定单、多组分。

速差动力学分析可用于反应速率小，反应不完全的体系，并用于多组分的同时测定。目前，速差动力学法已应用于无机分析、有机分析、生化分析、药物分析等许多领域。

如用二甲酚橙、EDTA 作试剂，利用各稀土元素的二甲酚橙络合物与 EDTA 的配位体取代反应的速率差别，采用比例方程法，可用于同时测定 Dy、Ho、Yb 三组分稀土元素混合物。

4.7　酶催化动力学分析方法

酶是生物体内产生，并对体内底物的生化反应发挥高度特异性作用的生物化学催化剂。生物体内存在着各种各样的酶，各司其职，使生物体内极其错综复杂的化学反应井井有条地进行，产生生物体所需的许多物质。酶的催化性质和其他无机催化剂一样，它参与了整个生化反应过程，最后恢复原状，化学性质没有发生变化并可反复循环作用。

酶催化的一个显著特点是具有很高的催化效率，而且是在温和的条件下进行的。例如，在常温常压下，脲酶催化尿素的水解反应，比非酶催化快 1.0×10^{14} 倍，因此，酶催化分析具有较高的灵敏度。酶催化的第二个显著特点是它对底物的专一性很高，一种酶只能催化一种底物或少数几种相近似的同类底物。每个细胞的代谢库内，存在着多种多样的物质，酶固有的特异结构，能从其中识别其独有底物分子而进行定向反应，这就使酶催化分析（enzyme catalyzed analysis）比其他催化分析有着更好的特效性。

除此之外，酶作为分析试剂还具有试料配制简单、分析微量化、操作可简化、测定快速、准确等特点。如果将酶固定化后，不但节约费用，还可以进行自动分析。所以，酶催化分析法已广泛用于临床检验、生化、医药和食品卫生检验等方面，测定的对象绝大多数是有机物质。

酶作为极其有效的生化试剂，早已被人们从生物体中提取出来，并在生物体外进行着各种催化反应的研究。但酶蛋白的一个不容忽视的重要属性是结构很不稳定，结构上的改变或变性都会引起酶活性的损失，严重时则失活。影响酶蛋白稳定性的重要因素是温度、酸度和盐的浓度。

4.7.1　酶活性及其单位

酶的活性实际上就是其催化特定化学反应的能力，催化反应速率快，酶活性就高；反之则低。由于酶的种类很多，催化反应也各不相同，酶活性的定量表示方法相当复杂，通常在正确规定和严格控制的条件下，以测定单位时间内反应的底物的量来确定。底物浓度必须足够大，以确保在反应时间内所消耗的底物只是很小一部分，使分析具有良好的重现性。

1961 年，国际生化联合会的酶学委员会建议，对各种酶都采用一种标准的单位（国际单位），即酶活力单位（U，active unit），其定义如下：一个酶单位是指在规定条件下，每分钟内催化 $1\mu mol$ 底物发生反应所需的酶量，以"IU"或"U"表示。

上述规定的条件包括反应时的温度、酸度、缓冲液系统、底物浓度与辅酶等。1961 年，酶学委员会报告中所建议采用的温度是 25℃，1964 年第二次报告中又改为 30℃。不管此意见是否应继续加以讨论，但测定酶活性时的温度是要遵守执行的。

4.7.2 酶分析法的机理和基本方程式

酶催化反应的机理是：酶 E 与底物 S 先结合成中间配合物 ES，随后分解出产物 P，酶恢复到原来的状态。

$$E+S \underset{K_2}{\overset{K_1}{\rightleftharpoons}} ES \overset{K_3}{\longrightarrow} E+P$$

上述 ES 的分解反应是不可逆反应，速率较慢，此步决定整个反应的反应速率。

配合物 ES 的平衡常数 K_m 称为米氏常数

$$K_m = \frac{K_2 + K_3}{K_1}$$

此时，酶反应的动力学方程为

$$\frac{dc_P}{dt} = -\frac{dc_S}{dt} = \frac{K_3 c_E c_S}{K_m + c_S} \tag{4-20}$$

式(4-20) 即为米氏（Michaelis-Menten）公式。若将反应速率对 c_S 作图，可得一曲线如图 4-5 所示。

当 $K_m \gg c_S$ 时 （$K_m > 100 c_S$），式(4-20) 简化为：

$$\frac{dc_P}{dt} = \frac{K_3 c_E c_S}{K_m}$$

当酶的浓度 c_E 恒定时，反应是以 c_S 为主的一级反应，反应的初速率与 c_S 成正比，随 c_S 的增大而增大，即图 4-5 中曲线的开始一段。随着 c_S 的增加，反应速率发生变化，并以最大速率为极限。

当 $c_S \gg K_m$ 时，式(4-20) 简化为：

$$\frac{dc_P}{dt} = K_3 c_E$$

反应速率不再随 c_S 的增大而变化，整个反应为零级反应，当酶的浓度 c_E 固定时，反应速率为一定值，即图 4-5 中曲线的后一段。

如果配制酶浓度的一个标准系列，在相同的条件下测定反应速率与底物浓度的关系，并将这种关系绘制在一张图上，可得图 4-6 的关系曲线。

如果截取图中前面的直线范围部分，则可作为测定底物浓度的校准曲线。若 c_S 增加达到图中的曲线斜率为零（如 c_1 处）时，则起始反应速率与酶浓度单位间也呈直线关系，据此仍能绘制工作曲线。这样，底物或酶的浓度均可以测定。另外，凡是影响反应速率的活化剂、抑制剂浓度低时，也能进行测定。

酶法分析是催化动力学分析法中的一大类，其测定原则和定量分析的求值方法与其他动

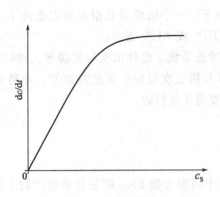

图 4-5　酶反应速率与底物浓度的关系

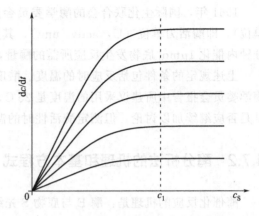

图 4-6　起始速率与底物浓度的关系

力学分析法是一样的，也可用初始斜率法、固定时间法和可变时间法。测定反应速率的手段可用分光光度法、发光分析法和电化学分析法等，根据具体情况灵活选用。

4.7.3　影响酶催化反应速率的主要因素

由于酶的特殊性，影响酶催化反应速率的主要因素及机理与非酶动力学反应截然不同，现分述如下。

（1）酶浓度

由上述讨论可知，在一定条件下，酶反应的初始速率与酶浓度呈严密的线性关系，这是指绝大多数酶反应。但有极个别酶反应的这种关系并非线性，这可能是酶试剂中存在着若干活化剂或抑制剂所致。

（2）底物浓度

底物浓度与反应速率的关系由图 4-6 可知。但当底物浓度较高时，反应速率往往下降。这种底物的抑制往往是由多种原因所致。例如，当两个以上的底物分子与一个活性中心相结合时，会形成一种 ES_n 的无效配合物，这种配合物随底物浓度的增加而增多，由于 ES_n 具有一定的稳定性，不易使酶 E 再生而重新被利用，反应速率随之下降。

（3）活化剂

某些酶反应速率随活化剂的加入而大大增加，活化剂浓度低时，反应初速率与活化剂浓度成正比，依此可定量测定活化剂。例如，根据 Mn^{2+} 对异柠檬酸脱氢酶的活化作用可测出低至 $5.0 \times 10^{-9}\,g/mL$ 的 Mn^{2+}。

（4）阻抑剂

阻抑剂能与催化剂生成一种配合物或与一反应物作用而抑制酶的催化反应。酶反应的初速率将随阻抑剂的增加而在其低浓度时呈线性关系，据此可对低浓度的阻抑剂进行灵敏测定。

（5）温度

不同的酶反应有不同的最适宜温度。在该温度两侧，反应速率都较低。从温血动物组织中提取的酶，最适宜温度一般为 35～40℃，植物酶一般在 40～50℃ 之间。在达到最适宜温度前，酶活性随温度的升高而增加，但因酶不同增加程度有差异。酶反应实验中必须恒温进行，所加入的溶液、辅酶、缓冲液等也应置于反应温度的水浴中进行预平衡。

温度过高，酶会迅速变性，活性降低，速率降低甚至失活。对大多数酶来说，热失活一般从 30～40℃ 开始，低于 30℃ 时的失活现象是很少的。对每一种酶，重要的是应先确定在其保温期间是否会变性失活。

(6) 溶液的酸度

酶蛋白是一种多价电解质，含有可电离的基团，但往往只有一种解离状态最利于与底物结合，酶活性最高，而电离状态是取决于溶液酸度的。另外，pH 也会影响配合物 ES 的解离状态和底物的性质，因而对酶的活性有影响。某酶活性的适宜酸度是在不同的 pH 测定时，将酶活性对 pH 作图可得到一个特性曲线，曲线顶点所对应的 pH 即是酶反应的最适宜 pH。

4.7.4 酶活性的计算

酶活性的计算是通过测定其相应的底物或产物浓度变化，或用某一反应产物或反应物浓度变化来确定。通常利用反应物或产物的吸光性，用紫外分光光度法或荧光法测定；如果指示物有电化学性质，也可以用电化学相关方法测定。具体操作时，取部分标准溶液与同体积样品溶液在相同条件下分别操作和相同处理，根据测得的有关数据进行计算。通常有以下计算方法。

(1) 以标准溶液的吸光度为根据的计算方法

用分光光度法进行测定时，在相同的测定条件下可以分别从仪器上读取试液的吸光度 $A_{样品}$ 及标准溶液的吸光度 $A_{标准}$，酶的活性按下式计算：

$$酶活性 = \frac{A_{样品}}{A_{标准}} c_{标准} \times \frac{V_{总}}{V_{样品}} \times \frac{1}{t} \times 1000 (\text{IU} \cdot \text{L}^{-1})$$

$$c_{标准} = c_{原液} \times \frac{V_{样品}}{V_{总}} (\text{mmol/L})$$

式中，$c_{标准}$ 为测定时比色皿中标准溶液的浓度；t 为酶催化反应的时间，$\min$；$V_{样品}$ 为测定时移取原标准溶液的体积；$c_{原液}$ 为原标准溶液的浓度；$V_{总}$ 为溶液的总定容体积。

(2) 以某一反应产物的摩尔吸光系数为基础的计算方法

仍用上述分光光度法测定对硝基苯酚为例。此时，用 1cm 比色皿在 400nm 波长下测定对硝基苯酚标准溶液计算得到的摩尔吸光系数 ε_{400} 为 $18.80 \text{L}/(\text{mol} \cdot \text{cm})$，其酶活性按下式计算：

$$酶活性 = \frac{A_{样品}}{\varepsilon_{标准}} \times \frac{V_{总}}{V_{样品}} \times \frac{1}{t} \times 1000 = \frac{0.080}{18.80 \times 1} \times \frac{0.555}{0.005} \times \frac{1}{30} \times 1000 = 15.74 \ (\text{U/L})$$

以上两种计算方法的基础是相同的，没有本质上的区别。从工作的实际情况考虑，前一种方法比后一种方法更为简便些，无需计算 $\varepsilon_{\max}$。

4.7.5 酶催化分析的应用简介

酶催化分析在食品、农业、法医、生物化学检验及临床医学等方面有着广泛的应用，现举几例加以说明。

(1) 酶的测定

胆碱酯酶的测定在临床诊断上有重要的意义，它对肝病、恶性肿瘤、哮喘病和结核病等的诊断均可提供重要信息，其测定原理和有关反应如下：

$$乙酰硫代胆碱 + H_2O \xrightarrow{\text{胆碱酯酶}} 硫代胆碱 + HAc$$

用硫离子选择性电极监测水解反应释放出的硫代胆碱的速率，它与胆碱酯酶的活性成正比。

糖化型淀粉酶（简称糖化酶）作为淀粉质原料的糖化催化剂被广泛应用于食品、制药和生产葡萄糖等，是一种重要的酶制剂。糖化酶活性的测定是基于酶解产物葡萄糖还原 3,5-二硝基水杨酸，得红褐色的 3-氨基-5-硝基水杨酸，于 500nm 处测量其吸光度，它与葡萄糖量成正比，由葡萄糖量进而计算糖化酶的活性单位。反应如下

$$淀粉 + H_2O \xrightarrow{\text{糖化酶}} \alpha\text{-D-葡萄糖}$$

$$\alpha\text{-D-葡萄糖} + 3,5\text{-二硝基水杨酸} \xrightarrow{\text{OH}^-,\text{煮沸}} 葡萄糖酸 + 3\text{-氨基-5-硝基水杨酸}$$

(2) 底物的测定

鱼肉腐败过程中可产生黄嘌呤和次黄嘌呤，测定它们的含量可以作为鱼类新鲜程度的一个指标。黄嘌呤氧化酶存在的 pH=8.2 溶液中相关酶催化反应如下：

$$次黄嘌呤 + O_2 \xrightarrow{\text{pH 8.2,30℃}} 黄嘌呤 + H_2O_2$$

$$黄嘌呤 + O_2 \xrightarrow{\text{pH 8.2,黄嘌呤氧化酶,30℃}} 尿酸 + H_2O_2$$

生成的 H_2O_2 偶联上高香草酸的荧光反应：

$$H_2O_2 + 高香草酸 \xrightarrow{\text{pH 8.2,过氧化酶,30℃}} 荧光产物$$

用荧光法测定产生荧光物质的速率，进而确定底物的含量。

(3) 活化剂和抑制剂的测定

如前所述，利用酶催化反应的初始速率不但能测定低浓度的活化剂，而且极适于测定低浓度的抑制剂。一些酶催化反应被某些农药选择性地抑制，可用来进行这些农药的选择性测定。

葡萄糖氧化酶-过氧化物酶-邻联茴香胺偶联反应动力学测定葡萄糖时（吸光度法），Ag^+、Hg^{2+} 有强抑制作用，已用于这些金属离子的测定。在 pH=7.4 时用黄嘌呤氧化酶催化黄嘌呤氧化尿酸的反应中，许多金属离子有阻抑作用，其次序为 $Ag^+ > Hg^{2+} > Cu^{2+} > Cr^{6+} > V^{5+} > Au^{3+} > Tl^+$，可用来测定 $1.0 \times 10^{-9} \sim 1.0 \times 10^{-8}$ mol/L 的 Ag^+ 和 Hg^{2+}，$1.0 \times 10^{-7} \sim 1.0 \times 10^{-6}$ mol/L 的 Cu^{2+} 和 Cr^{6+}。当 EDTA 存在时，其他离子不干扰，测定 Ag^+ 和 Cr^{6+} 是特效的。

第5章
流动注射分析

5.1 概　述

流动注射分析（flow injection analysis，FIA）是一种高度重现和灵活多变的将微量溶液化学处理与各种检测手段相结合的技术。

加液、稀释、过滤、搅拌、定容、吸样、滴定等手工操作仍然是每个化学实验室最常见的操作。最原始的手工操作与最先进的电子计算机化的检测仪器在同一实验室中共存已属常见，这种状态严重阻碍了先进的检测仪器更好地发挥作用；一个分析过程中试样的处理往往占去了整个分析时间的90%，这种状况自然远远不能满足自动化、智能化时代对一个化验室所应该提供的信息量的要求。流动注射分析法是为解决这一矛盾而在20世纪70年代中期出现的溶液处理技术。

研制和生产自动分析仪，是大家关注的一个工作，尤其在西方国家，更为使用单位和生产厂家所重视。但目前生产的自动分析仪器，结构往往很复杂，借助于计算机控制把各种手工操作如吸取试液、稀释、加试剂、混合、加热、保温、测定等各步骤实现机械化，得到的自动分析仪价格很昂贵，即使最简单的全自动光度仪也动辄需要数万美元。

流动注射分析是一种采用价格低廉装置解决上述问题的半自动微量化学分析技术。

FIA是1974年由丹麦J. Ruzick和E. H. Hansen提出的。它是基于把一定体积的液体试样注射到一个运动着的、无空气间隔的由适当液体组成的连续载流中。被注入的试样形成一个带，在其中实现各种溶液处理的操作，再被载到检测器中连续地记录其物理参数。

简单的流动注射分析仪由以下几部分组成，见图5-1。

图5-1　FIA装置框图

该仪器装置可简化成图 5-2 的流路示意图。

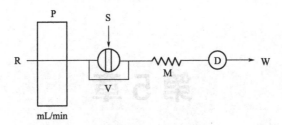

图 5-2　FIA 流路示意图

R—试剂；P—泵；S—试液；V—进样阀；M—混合圈；
D—检测器（流通池）；W—废液

泵：用来推动液体载流在一细孔径管道中通过。

注入阀（进样阀）：用来以重现的方式把一定体积的试液 S 注射到载流中（见图 5-3）。

混合圈：试样带在此管道中分散并与载流中的组分发生反应形成可被检测器检测的物质（试样与载流混合反应的场所）。

检测器：用于检测测量信号的器件。检测器中试液被检测的场所称为流通池（flow cell）。

由检测器记录到的输出信号呈峰形，其高度 H 与待测物质的浓度有关；从注入试样到检出峰值所用时间 T 称为留存时间通常为 5～20s，见图 5-4。

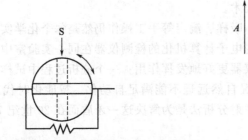

图 5-3　旋转阀注入试样工作程序示意图

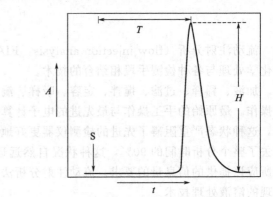

图 5-4　FIA 流出曲线

A—吸光度；S—试液（注入）；
H—峰高；T—留存时间

流动注射分析每次注入的体积为 1～200μL，通常为 25μL，分析试样的速率至少为 100 次/h，加上化学反应是在反应管（混合圈）中进行，因而可以高效地以高度重现的方式将微量溶液处理与检测手段相结合。

记录的典型 FIA-光度法流出曲线如图 5-5 所示。

例：流动注射分光光度法测定 Cl^-：

该法基于样品中 Cl^- 把 SCN^- 从 $Hg(SCN)_2$ 中置换出来，再进一步与 Fe^{3+} 反应：

$$Hg(SCN)_2 + 2Cl^- =\!=\!= HgCl_2 + 2SCN^-$$

$$2SCN^- + Fe^{3+} =\!=\!= Fe(SCN)_2{}^+$$

红色

生成红色配合物，在 480nm 处测量吸光度。根据该检测原理设计的 FIA-光度法流路如图 5-6 所示。

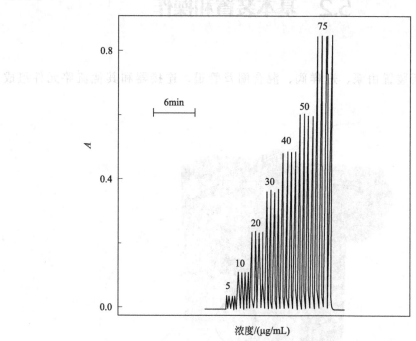

图 5-5　FIA-光度法记录信号

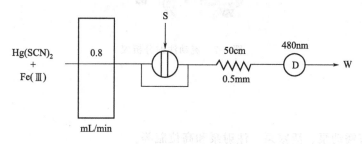

图 5-6　流动注射分光光度法测定 Cl^- 的流路

S—试样；D—检测器；W—废液

　　这是利用试样与溶液显色反应的较简单的 FIA 流路，对于更复杂反应的连续测定，需要使用多通道及特殊组件。

　　FIA 流路图绘制要求：需要提供注射体积、泵流速、反应管长、管内径、试剂等参数。

　　FIA 具有如下特点：

　　① 分析速度快，精密度高；

　　② 试剂、试样用量少；

　　③ 操作简便、易于自动连续分析；

　　④ 所需仪器设备结构较简单；

　　⑤ 可根据各种操作要求灵活变化，适用性较广。

　　FIA 既可用于分析化学的各种反应，又可以结合多种检测手段，还可以完成复杂的萃取分离、富集过程，因此扩大了其应用范围。FIA 已广泛地应用于环境、食品、冶金、地矿、化工、临床检验等领域的分析测试中。

5.2 基本装置和操作

流动注射分析装置由泵、进样阀、混合圈及管道、连接器和其他流路元件组成。如图 5-7 所示。

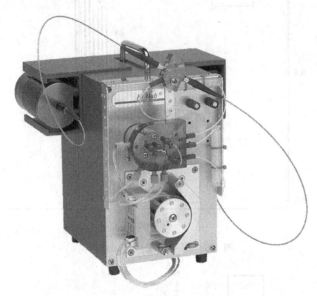

图 5-7 流动注射分析仪

5.2.1 泵

泵的种类有蠕动泵、活塞泵、注射泵和高位瓶等。

蠕动泵是流动注射分析中最常用的推动液体工具，蠕动泵由泵头、压盖、调压器、泵管和驱动电机组成，其结构及工作原理如图 5-8 所示，泵的主轴带动游星滚轴转动，把滚轴之间泵管内的液体依次向前驱动，形成连续的液流。

压盖：压盖有多种形式，除可弯曲的薄带型压盖外，均有一加工精度很高的凹面。压盖凹面两端备有沟槽用来固定泵管。压盖上的沟槽数与蠕动泵的通道数相同。通过压盖上调压器的调节螺钮可调节每根泵管上的压力，因此对流速也产生影响。

调压器：调压器的功能是向压盖提供适当的压力，泵管在泵的主轴带动游星滚轴转动时受到挤压，使载流流动。调压时压力过小，载流流速小甚至不能使载流流动；压力过大，泵管易磨损。

蠕动泵的特点：①可提供数个通道（泵管）；②改变泵速和选择泵管内径可以得到不同的流速；③液流具有脉动，但增加滚轴数目和增大泵速可减小脉动。

泵管为软质的材料，种类有：①聚氯乙烯，适用于水溶液、稀酸、碱，不适用于浓酸、有机溶剂；②硅橡胶，适用于稀酸、稀碱、低碳有机溶剂，不适于高碳有机溶剂和氯仿；③氟塑料，如聚四氟乙烯，适用于浓无机酸等，不适用于酮。

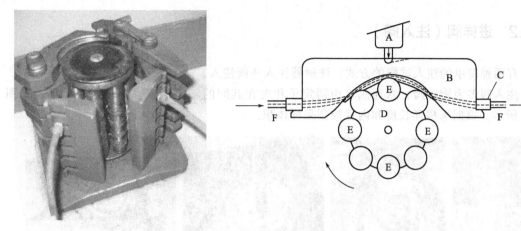

图 5-8　蠕动泵及工作原理
A—调压器；B—压盖；C—卡具；D—主轴；E—游星滚轴；F—泵管

活塞泵，结构如图 5-9 所示。活塞泵流速稳定，排液能力强，但价格较贵，且不能用于腐蚀性溶液。

注射泵（见图 5-10），相当于机械控制的注射器，由注射器、步进电机及其驱动器、丝杆和支架等构成。注射泵的特点是液体传输精度高，平稳无脉动。缺点是连续注入的效果差。

高位瓶，将大容积容器置于高于进样阀的位置，载流等溶液盛于其中，连接上导管即可提供液流流动的驱动力。几种液体输送装置的性能比较见表 5-1。

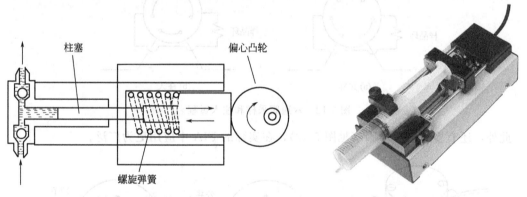

图 5-9　活塞泵示意　　　　　　　　　　　图 5-10　注射泵

表 5-1　几种液体输送装置的性能比较

性能要求	蠕动泵	活塞泵	注射泵	高位瓶
脉动性	+	+	++	++
流速稳定性	+	++	++	−
体积适应性	+	−	+	++
噪声小	+	+	+	++
多通道	++	−	+	−
温度变化	+	++	++	++
耐腐蚀	+	++	++	++
易变速	++	++	++	−
价格	+	−	+	++

5.2.2 进样阀（注入阀）

有两种简单的注入试样的方式：注射器注入和阀注入。

注入阀多为旋转阀、六通阀，由两定子和夹在其间的转子组成，连接有采样环，如图5-11所示。根据采样环长度和内径控制采样体积。

图 5-11　六通阀结构分解图

当转子转至"采样"位置，试样流经采样环，载流只能由旁路通过；"注入"过程中，载流把采样环的试样送至混合圈，并进一步至流通池（见图 5-12）。

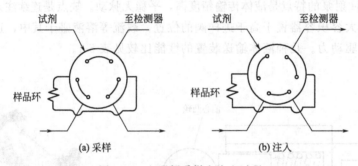

图 5-12　六通阀采样和注入过程

此外，还有多通道进样阀（见图5-13），在实际的 FIA 中应用更为广泛。

图 5-13　多通道进样阀示意图

5.2.3 管道、连接器等

管道多为聚乙烯管和聚四氟乙烯管、管与管、管与器件之间的连接可采用螺帽翻边或用软管把两管接口套起来，或用环氧树脂粘接（见图 5-14 和图 5-15）。

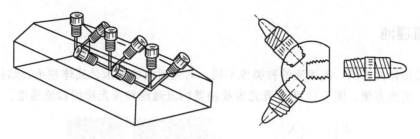

图 5-14 化学组合块

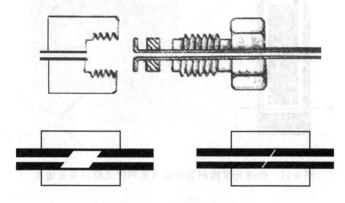

图 5-15 管道的连接

5.2.4 混合圈

又称反应圈，是试样和载流进行混合和反应的场所，是由长度一定的细管绕成。反应管除最常用的聚氯乙烯泵管外，适用于强酸和一些纯有机溶剂的其他材质如氟塑料管也常使用，表 5-2 列出一些其他材质的反应管及其特性。

表 5-2 各种材质的反应管及其特性

管材料	适用的液体	不适用的液体
PVC	水溶液、稀酸、稀碱、甲醛、乙醛、稀乙醇溶液	浓酸、有机溶剂
改性 PVC(例如 Solvaflex)	醇类、脂肪烃、环己烷、四氯化碳	酯、醛、酮、氯仿、芳香烃、酸、碱
氟塑料(如 Acidflex, Viton)	浓酸、芳香烃、氯仿	酮类

最常用的管径为 0.5~1.0mm。绕制方法见图 5-16，绕成圆形有利于试样与载流混合。

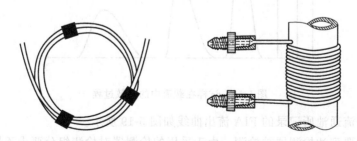

图 5-16 混合圈绕制方法

5.2.5 流通池

根据检测器的不同，流通池的种类也不同。对流通池的要求是死体积小，结构简单、紧凑，安装、更换方便。图 5-17 为分光光度检测器的流通池和荧光检测器流通池。

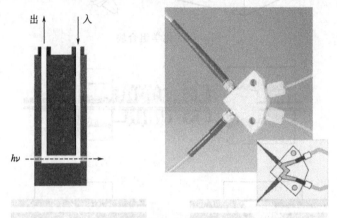

图 5-17　分光光度检测器的流通池和荧光检测器流通池

5.3　流动注射分析的分散理论

5.3.1　流动注射分析系统的分散模型

前面已经知道，注入载流中的试样起初可以被看作一个"塞"，称为"试样塞"，然后被载流推入反应管道中。试样塞在运动过程中由于对流和扩散作用被分散为一个具有浓度梯度的试样带，两侧浓度依次减小，如图 5-18 所示。

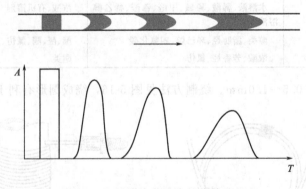

图 5-18　试样在载流中的分散过程

试样塞流经流通池所记录的 FIA 流出曲线如图 5-19 所示。

试样带最终要到达检测器被检测。由于采用的检测器对检测组分要求不同，因而对试样带在流动过程中的分散要求不同（见图 5-20）。

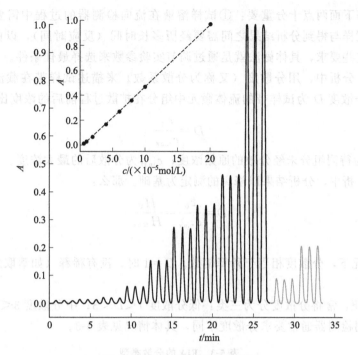

图 5-19　FIA 流出曲线示意图

图 5-20　试样与试剂混合过程

① pH 值电位测定和溶液电导率测定中，要测量的是试液原来的组成，这就要求试液以高度的重现性尽量不经稀释地流过流通池。这时，流动注射仅仅起到进样的作用。

② 在光度法及荧光法中，待测组分必须转化为另一种化合物以测定其颜色或荧光，这就要求试样带在体系内流动过程中与试剂混合，并有足够时间来产生这种可以测定的化合物，因此，流动注射不仅起着进样的作用，更重要的是提供了进行化学反应的机会。

③ 在更为复杂的流动注射体系中，还可以完成相间分离过程。

④ 高含量样品的分析测定往往需要测量前在流路中进行稀释处理，而痕量分析中则要求对待测组分进行适当的富集。

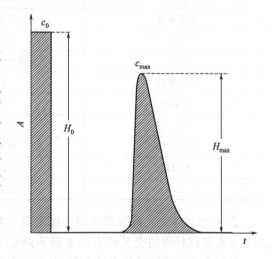

图 5-21　FIA 中的分散度定义图解

H_0—试液作"载流"时所得峰高；
H_{max}—将一定体积的试样注入得到的信号峰值

此外，有时为了使检测信号落在检测器的动态范围内，可以对注入的试样进行高度稀释，相反地，在痕量分析中，为了获得高灵敏度，则要尽可能避免试样溶液的过度稀释。

可见，了解下面两点十分重要：①试样溶液在流向检测器的过程中需要稀释到什么程度；②在注入试样与得到分析结果之间需要经历多长时间（反应时间），以便控制试样的分散程度来满足这些要求，具体做法就是通过调节实验参数来选择最佳条件。

在流动注射分析中，用分散度（又称为分散系数）来描述试样带在载流中的分散程度（见图 5-21）。分散度 D 为试样带的流体微元中组分在扩散过程前后的浓度比值，即：

$$D = \frac{c_0}{c_{max}}$$

式中，c_0 为待测组分未经分散的原始浓度；c_{max} 为分散后的最大浓度。

流动注射分析中，分析结果以峰高的测定为基础。那么：

$$D = \frac{c_0}{c_{max}} = \frac{H_0}{H_{max}}$$

讨论如下。

① 简单情况下，分散度相当于稀释倍数。$D=1$ 时，没有稀释（如萃取）；$D=2$ 时，表示稀释了两倍。

② 为了方便，常将分散度分为三类：低分散度 $1<D<3$；中分散度 $3<D<10$；高分散度 $D>10$。不同检测器通常要求分散度不同，具体情况见表 5-3。

表 5-3 FIA 的分散类型

分析对象	检测方法	分散类型
pH	玻璃电极	低分散
pCa	钙电极	
全钙	分光光度法	中分散
PO_4^{3-},Cl^-	分光光度法	
溶剂萃取	分光光度法	
NO_3^-	NO_3^- 电极	
尿素	玻璃电极(酶法)	
抗坏血酸	伏安法	
氨基酸	荧光法	
SO_4^{2-}	比浊法	
Mg,K,Ca	原子吸收法	
酸或碱	光度滴定法	高分散
全钙	电位滴定法	

③ 对于光度法，既要求试样与试剂有效地混合以进行显色反应（即考虑反应灵敏度），但又不希望试样带的交叉污染而不得不降低采样频率，故选择中分散度；在 pH 值的测定中，只要求载流将试液推向检测器即可，而不要求二者过多混合，故选择低分散度；在滴定法中，则要求滴定剂与被滴定物质充分混合，则选择高分散度。

④ 试样的分散过程发生在试样注入后流向检测器的各个阶段，但主要是在管路中，特别是在混合圈中，在注入阀、流通池及连接装置中可忽略。

分散度的测定方法：最简单的测定分散度的方法是把已知体积的染料溶液注入无色的载流中，将测得的峰高 H 与流通池充满未经稀释的染料溶液时（基线与所记录的信号之间的距离）H_0 相比。

$$D = \frac{H_0}{H}$$

例如，分散度的测定，采用图 5-22 的流路。

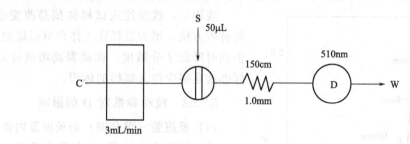

图 5-22 分散度的测定

S—1.5mmol/L 甲基橙溶液；C—0.2mol/L 盐酸；D—检测器；W—废液

5.3.2 影响分散度的因素

5.3.2.1 注入试样体积的影响

以一个单道流动注射体系为例来考虑。设泵速 $Q=1.5\text{mL/min}$，管道长 $L=20\text{cm}$，管内径 $r=0.5\text{mm}$。如果逐次增加注入染料溶液的体积，就会得到从同一点 S 开始的一系列记录曲线（见图 5-23）。各峰高逐次增加直至达到上限——稳定状态。

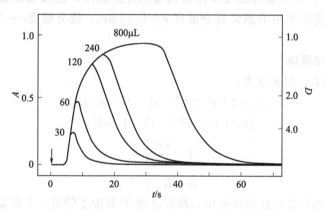

图 5-23 注入试样体积的影响

最后记录下来的 c 与未经稀释的 c_0 相同：$D=1$。所有这一系列曲线开始上升部分都是重合的，与注入试样的体积无关，它们对应同一个关系式：

$$c = c_0(1 - e^{-KV_s})$$

式中，c_0 为试样原始浓度；V_s 为注入试样体积；K 为与流路有关的常数，经整理，上式变为：

$$\frac{c}{c_0} = 1 - e^{-KV_s} = \frac{1}{D}$$

设 $V_{s(1/2)}$ 是达到稳定信号的 50% 所需试液的体积，则得：

$$V_{s(1/2)} = 0.693/K$$

对应于图 5-23 中试样体积约为 $60\mu L$。

从图 5-23 中可见：①增大试样注入体积 V_s 使 D 变小，且 H_m 变高，但 V_s 较大时，H_m 随 V_s 增加而变得缓慢，但却大大降低了采样频率；②曲线上升部分从基线到 $V_{s(1/2)}$ 都可看作直线，因此，可以认为具有中分散度和高分散度的流动注射系统中，峰高正比于 V_s。

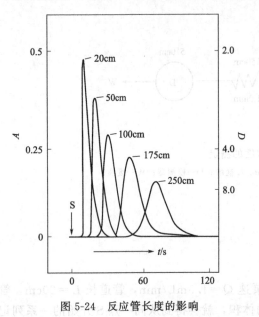

图 5-24　反应管长度的影响

规则一：改变注入试样体积是改变分散度的有效方法，增大试样注入体积可以增加峰高，但同时降低了分散度，而稀释高浓度样品的最好办法是减少注入试样的体积。

5.3.2.2　流动参数对 D 的影响

(1) 反应管（混合圈）的长度及内径

已知试样注入体积 V_s 与反应管长 L_s、内径 r 的关系为：$V_s = \pi r^2 L_s$。显然，V_s 相同时，减小 r 将使试样占据长的 L_s。这就限制了试液在载流中的分散（见图 5-24）。

规则二：得到低分散度的办法是连接注入口和检测器之间的管道要尽可能短，且内径小。

实际应用中并不能使用太细的管道，原因：①管道过细会增加流动阻力，所以不能使用结构简单的蠕动泵；②管道过细易被固体颗粒堵塞（临床、农业上）；③不能与光度检测器流通池完全匹配，造成检测器内流动的不均匀，从而增大分散度。实际使用中通常高分散度 $r = 0.75\mathrm{mm}$、低分散度 $r = 0.3\mathrm{mm}$，一般情况下选择 $r = 0.5\mathrm{mm}$。

(2) 留存时间和泵速

分散度与 T 或 L_M 的关系为：

$$D = 1 + K_1 L_M^{1/2} \quad 或 \quad D = K_1 L_M^{1/2} \tag{1}$$
$$D = 1 + K_2 r^{1/2} \quad 或 \quad D = K_2 r^2$$
$$T = \frac{\pi r^2 L_M}{Q} \tag{2}$$
$$D = K_3 T^{1/2} \tag{3}$$

在由内径均匀的管道组成的体系中，留存时间 T 取决于管道（主要是混合圈）长度 L_M 和泵速 Q。

对于试样必须与载流组分混合并反应的中等分散度体系来说，为了增加 T，应首先考虑增加管长 L_M。但 D 变大，峰宽亦变宽，从而使灵敏度下降，且采样频率下降。

可见，通过增加 L_M 来增大 T 受到灵敏度的限制；不增加 L_M，取而代之以降低 Q 也可得到长的留存时间。

规则三：试样带的分散度随着试样带流经路程 L 的平方根增加而增加，随着流速降低而减小。这样如果欲降低分散度而又保持长的停留时间应降低泵速、采用短的管道。更有效的办法是试样注入载流后停止液流的运动，待足够的反应时间后再重新启动泵。该法称为停流法（stop flow method）。

图 5-25 说明了规则三。将染料水溶液注入单通道流动注射体系中，曲线 a 是在连续流

动情况下的记录；曲线 b 是试样带在反应管中停留一段时间后，再启动泵记录得到。

曲线 b 的灵敏度较高是由于试样带的停留时间长，反应完全；

曲线 b 的分散度较低是由于试样带静止时层流剖面的径向扩散引起。

管道里的载流在流动的过程中使物质产生分散的过程受到扩散（Diffusion）和对流（Convection）两种作用。扩散包括径向扩散和轴向扩散，对流则是流体在外力作用下发生运动（见图 5-26）。根据流体力学，载流中物质的分散主要由对流引起，载流流动的速度越快，分散度越大，扩散引起的分散与对流引起的分散相比甚至可忽略不计。因此，降低流速，特别是采用停留法，可以在延长停留时间、确保反应尽可能完全的同时，大大降低分散度。

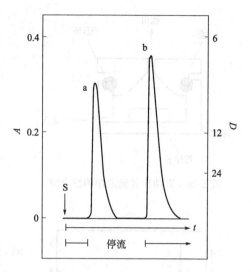

图 5-25　不同停留时间的流出曲线
a—常规法曲线；b—停流法曲线

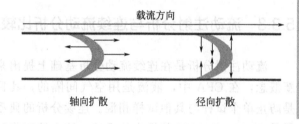
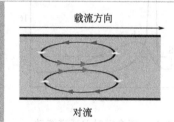

图 5-26　扩散与对流对分散的作用

停流法对于 FIA 应用于一些慢反应提供了便利。在实际操作中，为避免停流法使用时操作时间过长，还可采用图 5-27 的试样贮存装置。

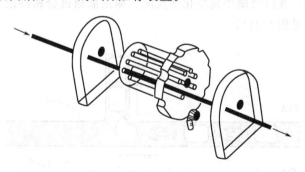

图 5-27　用于较长留存时间停流法测定的试样贮存器

5.3.2.3　混合量的影响

如果流路不均匀或有管径较粗的区段，则 D 增大。

极端情况是管道中有混合室，试样溶液与载流在混合室中能较多地混合（图 5-28）。

采用带有混合室的 FIA 滴定流路（见图 5-29），考察 FIA 滴定流路系统对单通道流动注射体系中分散度的影响，如图 5-30 所示。

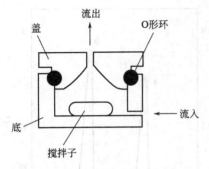

图 5-28 流动注射滴定用的混合室

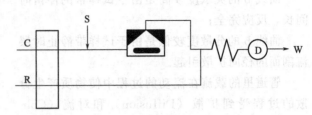

图 5-29 FIA 滴定流路系统
C—载流；其他符号的意义同图 5-2

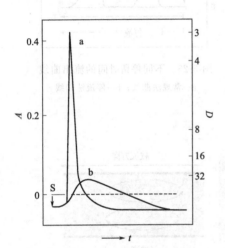

图 5-30 混合室对单通道流动
注射体系中分散度的影响

没有混合室时，峰形高而窄（曲线 a）；有混合室时，峰形低而宽，且采样频率降低（曲线 b）。

规则四：带有混合室的连续流动分析装置都会产生高分散度，并且导致低的测定灵敏度和采样频率，同时消耗较多的试样和试剂溶液。

混合室仅在流动注射连续滴定中有用。

5.3.3 流动注射分析与连续流动分析比较

流动注射分析是在连续流动分析基础上提出来的新概念，在 CFA 中，液流是用空气间隔的，其目的是防止单个试样与其他试样相混。连续分析的典型例子是 Skeggs 于 1957 年提出的系统，该系统工作时首先通过泵将试液从各自的容器中提升到管道中并送入系统，同时通过另一管道引入空气使液流有规则地被空气泡隔开，形成许多小的液段。加入试剂进入每段试液中，在混合圈中发生化学反应。测定前通过分相器把气泡排出，否则会干扰测定而无法记录（见图 5-31）。

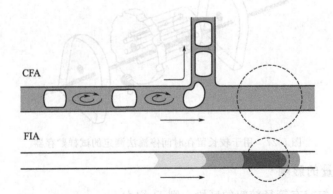

图 5-31 CFA 与 FIA 流路中试样的分散情况

除气泡后，分隔的液段混合成为连续的液流，进入流通池被检测器检测。由于每个液段中的反应十分完全，并且试样的分散小，得到的流出曲线信号峰很宽很高（见图 5-32）。

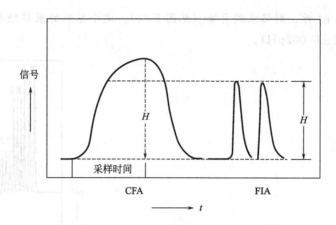

图 5-32 CFA 和 FIA 得到的检测信号的对比

CFA 法的液段中试剂、试样达到了均匀混合，而 FIA 中载流与试样溶液间的混合永远是不完全的，因此，FIA 是一种非平衡态的溶液处理技术。但对一定的实验装置来说，FIA 的混合状态是可以完全重复的。换句话说，CFA 空气泡造成的间隔段相当于一个个容器，在该容器中的物质可达到均匀混合，并可达到化学平衡，但在 FIA 中，试样的分散过程永远不可能达到平衡。理解和运用 FIA 的关键就在于了解试样带是怎样分散的，如何控制这种分散使之适合于检测方法，以达到用最短的时间、最高的采样频率、最少的试样及试剂得到重现的、最大的读数。

5.4 流动注射分析的实验技术

流动注射分析作为一门分析技术，既可作为进样及测定的前处理手段，又可作为整体的分析方法考虑。例如：FIA 可用于不牵涉化学反应的 pH 值测定——仅为简单进样方法；可用于光度分析——不仅起进样作用，而且要考虑化学反应带来的分散；可用于两相体系的化学分离；还可在动力学分析中，把反应的动力学特点与 FIA 结合起来，提高方法的灵敏度和测定的选择性。

下面就针对 FIA 在不同分析目的中的技术作一介绍。

5.4.1 样品注入技术

(1) 单流路系统

单流路系统常作为进样手段。

【例 1】 FIA-电位法测定溶液 pH 值

采用微玻璃电极和甘汞电极，连接管较短，仅长 10cm（见图 5-33），内径 0.5mm，载流为含 0.14mol/L NaCl 的 2×10^{-4} mol/L 的磷酸盐缓冲液（pH＝6.64）。试样注入体积较大，为 $160 \mu L$，使试样与载流混合时引起的稀释很小。注入 pH＝6.64 的缓冲溶液载流时，记录得到基线。当注入试液 pH 值大于 6.64 时，酸度计得到正的电位响应，产生正峰；当试液 pH 值小于 6.64 时，则记录到负峰（见图 5-34）。这个系统的采样频率达 240 样/h，测定的重现性良好（±0.002pH）。

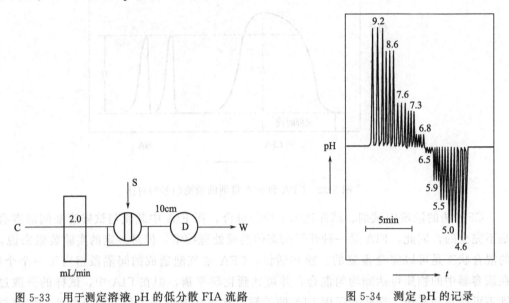

图 5-33　用于测定溶液 pH 的低分散 FIA 流路
（符号意义同前）

图 5-34　测定 pH 的记录

【例 2】　SAF-CTMAB 流动注射光度法测定硅酸盐样品中的 Ti(Ⅳ)（见图 5-35）

二安替比林甲烷光度法测定 Ti 的灵敏度较低，该例中采用灵敏度高的三元配合物光度法。以 0.3mol/L 的硫酸-5×10⁻⁴ mol/L 溴化十六烷基三甲基铵混合溶液作为载流 C，1×10⁻⁴ mol/L 水杨基荧光酮（SAF）作为反应试剂 R。反应管 L_1 长度为 30cm，L_2 长度为 100cm，C 的流速为 3.2mL/min，R 的流速为 3.0mL/min。Ti(Ⅳ) 的测定范围为 0.1～2μg/mL，采样频率为 120 样/h。方法已用于硅酸盐样品中钛含量的测定。

【例 3】　FIA-浊度法测定 SO_4^{2-}

浊度法是依据浑浊液对光进行散射或透射的原理来对水中的微量不溶性悬浮物、胶状物进行测量的方法。通过测定透射光强与入射光强（透射法）或散射光强与透射光强（散射法）的比值来测定水样的浊度。

利用硫酸钡的沉淀反应，以含有 EDTA 的中性溶液作为载流测定 SO_4^{2-}（见图 5-36）。

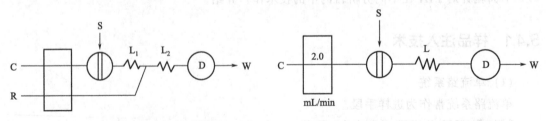

图 5-35　光度法测定 Ti 的流路

C—0.3mol/L H_2SO_4-5×10⁻⁴ mol/L CTMAB;

R—1×10⁻⁴ mol/L SAF;

L_1、L_2—反应圈；S—试样；D—检测器；W—废液

图 5-36　比浊法测定 SO_4^{2-} 的流路

C—含有 EDTA 的中性载流溶液；S—试样；

L—反应圈；D—检测器；W—废液

加入 EDTA 的作用：为避免生成的沉淀长时间累积后在管道壁上形成栓塞。

(2) 合并带法

通常 FIA 系统用试剂作载流,那么在分析期间,试剂始终在流动,虽然系统管道很细,R 的流量为数 mL/min,但对昂贵试剂,仍然造成浪费,因此,希望减少试剂的消耗量。合并带法因此目的被提出。

做法:控制试样带仅与相应的一股试剂流混合,试剂流的其他部分仍为水或缓冲溶液。

合并带法有两种,即间歇泵法和同步注入法,如图 5-37 所示。

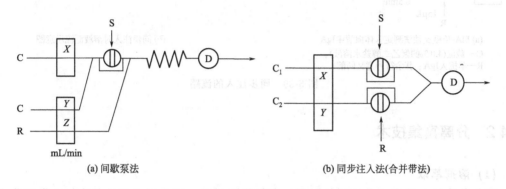

(a) 间歇泵法　　　　　　　　　　(b) 同步注入法(合并带法)

图 5-37　合并带法 FIA 流路

C—载流;X、Y、Z—泵速;其余符号意义同前

试液与试剂在流路中汇流情况如图 5-38 所示。

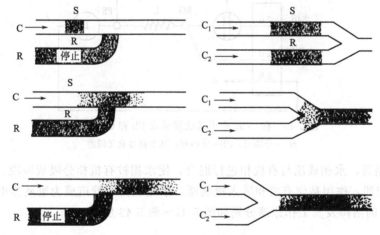

图 5-38　合并带法示意图

采用合并带法关键要使 S 带、R 带在汇流点处完全混合,载流为水或缓冲溶液,每次注入试剂十几 μL。

测定高含量试样可采用时差合并带法,在试样带拖尾的部分低浓度区域加入试剂 R 反应,便可省去稀释试样的时间。

【例 4】　流动注射免疫比浊法测定人体血清中免疫球蛋白 A (IgA)

可溶性抗原(如人体血清 IgA)和抗体(羊抗人 IgA 抗血清)在液相中特异性结合,形成抗原-抗体免疫复合物,使反应液出现浑浊,测量浊度。采用合并带法中的同步注入技术节省试剂与试样(图 5-39);以 4.0% 的聚乙二醇盐水溶液为载流,其作用是消除蛋白质周围的水化层,促进有结合力的抗原和抗体靠近并结合成大分子免疫复合物。该法采样频率为每小时进样 40 次。

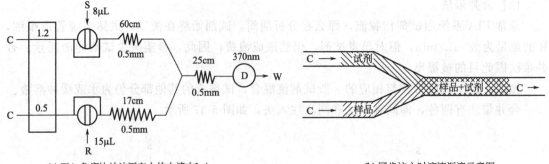

(a) FIA-免疫比浊法测定人体血清中IgA
C—载流(4.0 %的聚乙二醇盐水溶液);
R—羊抗人IgA;其余符号意义同前

(b) 同步注入时溶液汇流示意图

图 5-39　同步注入的流路

5.4.2　分离富集技术

(1) 溶剂萃取

溶剂萃取的目的在于分离干扰元素、富集待测元素。FIA 用于流动萃取便于微型化和自动化。例如在 CCl_4 中用双硫腙萃取 Pb、Cd 的流路如图 5-40 所示。

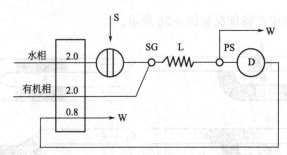

图 5-40　在 CCl_4 中用双硫腙萃取 Pb 和 Cd 的流路
SG—分隔器;PS—分相器;其余符号意义同前

SG 为分隔器,水相载流与有机相进行混合,使水相被有机相分隔成液段。

PS 为分相器,作用是使有机相进入检测器,水相从另一管道成为废液排出。

SG 与 PS 的结构及其工作原理分别如图 5-41～图 5-43 所示。

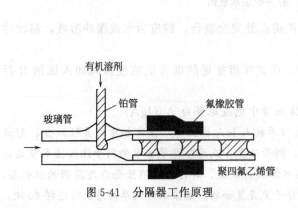

图 5-41　分隔器工作原理

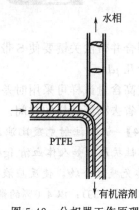

图 5-42　分相器工作原理

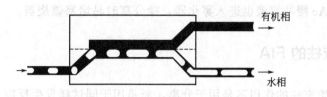

图 5-43　薄膜分相器工作原理

要求有机相的小颗粒有规则地分散在载流中，并且最后收集起来用于测定的有机相不含任何水相。

为了避免有机溶剂挥发到空气中，可以接入置换瓶，如图 5-44 所示。

图 5-44　采用置换瓶的萃取流路

FIA-溶剂萃取与手工法相比，具有如下优点：①效率高，经济，每次萃取仅消耗 $V_{有}$ 约 1mL；②避免溶剂挥发，保护了实验室环境。使用该法时要考虑某些溶剂可能会腐蚀泵管、管道及其他有机玻璃制部件。

（2）离子交换

图 5-45 是微型螯合树脂柱预富集重金属离子的 FIA-AAS（原子吸收光谱法）流路系统。

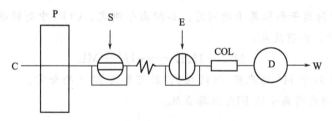

图 5-45　流动注射离子交换预富集系统

C—NH$_4$Ac（pH5.5）；S—试液（pH5.5）；E—1.0mol/L H$_2$SO$_4$

所用离子交换剂是 Chelex-100 螯合树脂，微型柱（COL）长 5cm，$V=150\mu L$（见图 5-46）。

先将试液 S 与载流混合，流经 FIA 微型柱，试液中 Cu^{2+}、Pb^{2+}、Zn^{2+}、Cd^{2+} 被吸附在柱中的 Chelex-100 螯合树脂上；再注入强酸性洗脱液 E，流经 COL 时将重金属离子洗脱，送入原子吸收光度计雾化器、燃烧器。该 FIA 系统富集效率约为 10 倍，采样频率为 30 样/h。

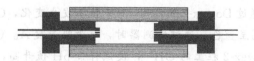

图 5-46　FIA 的微型柱（COL）

注意：NH_4Ac 缓冲溶液也进入雾化器，盐分高时易堵塞燃烧器。

5.4.3 带反应柱的 FIA

这里使用的填充柱的作用不是用于分离，而是用于同试样发生反应。

【例5】 利用 Griess 试剂 FIA-光度法同时测定 NO_3^- 和 NO_2^- 的流路系统

系统中使用两个相同的检测器（见图 5-47），载流与试样混合后被分成两部分，一部分与对氨基苯磺酸重氮化，再与萘乙二胺反应，生成红色物质，用于检测 NO_2^-；另一部分经 Cd 粒柱，NO_3^- 还原成 NO_2^-，再分别与对氨基苯磺酸、萘乙二胺混合，测定 NO_2^- 和 NO_3^-。还原反应：$NO_3^- + Cd + 2H^+ \longrightarrow NO_2^- + Cd^{2+} + H_2O$

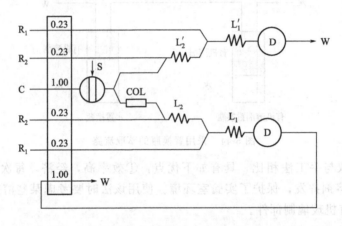

图 5-47　FIA 同时测定硝酸根和亚硝酸根的流路

R_1—萘乙二胺盐酸盐；R_2—对氨基苯磺酸；C—醋酸-醋酸钠缓冲液；其余符号意义同前

【例6】 水中阴离子和阳离子的测定。如阳离子测定，COL 中有强酸性离子交换树脂，当有阳离子流过时，则有反应：

$$M^{n+} + H_nL \Longleftrightarrow nH^+ + ML$$

通过检测流出液中 H^+ 的浓度（pH 值），就可知道 M^{n+} 的含量。

如图 5-48 为测定阴离子的 FIA 流路系统。

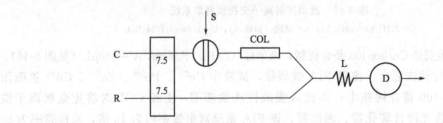

图 5-48　测定阴离子的 FIA 流路（符号意义同前）

载流 C 呈弱碱性，通过 Dowex-2 树脂时，pH 值不发生变化，C 与混合指示剂液流 R 混合，仍为弱碱性，指示剂呈蓝色，通过检测器时，记录吸光度 A_0（基线）；当 S 注入时，其中的阴离子会交换下 Dowex-2 柱上的 OH^-，使试样带 pH 值升高，使混合指示剂 R 产生颜色变化，A 发生变化，得到尖锐的 FIA 峰。

5.4.4 同时分析

同时分析指用一个 FIA 系统同时测定两个或两个以上的组分。分析过程中常常需要测量同一个样品中的几个组分或是一个元素的不同价态，FIA 在同时分析方面大有作为。人们常说的同时测定有两种意义：①真正的同时测定，即利用多个检测器同时各自检测，同时得到多元素含量，这往往需要多个检测器；②顺序测定，即利用单次注入或顺序注入分别得到多个含量，只需一个检测器。

这两类方法的流程图如图 5-49 和图 5-50 所示。其中部分流路的示例在 5.5 节描述。

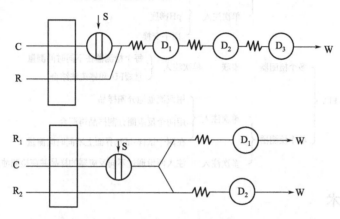

图 5-49　采用多检测器进行同时分析的流路（符号意义同前）

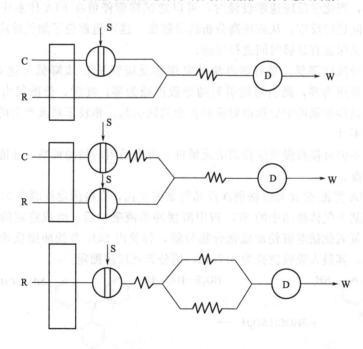

图 5-50　采用单检测器进行同时分析的流路（符号意义同前）

可见，可以根据采用的检测器数目及试样待测组分的关系来对同时分析进行分类，分类见表 5-4。

表 5-4　流动注射同时分析分类

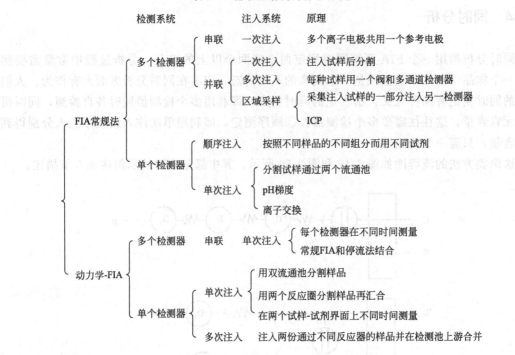

检测系统		注入系统	原理
FIA常规法			
多个检测器	串联	一次注入	多个离子电极共用一个参考电极
	并联	一次注入	注入试样后分割
		多次注入	每种试样用一个阀和多通道检测器
		区域采样	采集注入试样的一部分注入另一检测器
		ICP	
单个检测器		顺序注入	按照不同样品的不同组分而用不同试剂
		单次注入	分割试样通过两个流通池
			pH梯度
			离子交换
动力学-FIA			
多个检测器	串联	单次注入	每个检测器在不同时间测量
			常规FIA和停流法结合
单个检测器		单次注入	用双流通池分割样品
			用两个反应圈分割样品再汇合
			在两个试样-试剂界面上不同时间测量
		多次注入	注入两份通过不同反应器的样品并在检测池上游合并

5.4.5　停流技术

前面已提到，当化学反应速率较慢时，可以把试样带停留在 FIA 体系中，让试样带与试剂有足够的时间进行反应，从而提高分析的灵敏度。这不但避免了加长反应管带来的试液过度稀释，同时又保证有足够时间进行反应。

为使试样带分散度降低，最好的办法就是缩短反应管长 L 或降低泵速 Q，泵速越低，则分散度越小，泵速为零，则由对流引起的分散度减为零，此时，分散仅由分子的扩散引起，而在常规的试样带流动中分散由对流和扩散共同引起。相较于对流产生的分散，扩散引起的分散可忽略不计。

采用停留法不但可提高慢反应检测的灵敏度，配合适当的检测策略，还能用于提高检测的选择性和准确度。

例如，用 FIA 停流-分光光度法消除样品背景的干扰，直接测定红酒中 SO_2。

方法原理：基于气体样品中的 SO_2 被甲醛缓冲溶液吸收后，生成稳定的羟基甲磺酸加成化合物，加入氢氧化钠溶液使加成化合物分解，释放出 SO_2 与盐酸副玫瑰苯胺反应，生成紫红色络合物，其最大吸收波长为 577nm，用分光光度法测定。

$$H_2N\text{-}\phi\text{-}C(\text{-}\phi\text{-}NH_2)(\phi NH_2)\text{-}Cl + 3HOCH_2SO_3H \longrightarrow \text{紫红色络合物} + HCl + 3H_2O$$

反应中生成的产物为红色的聚玫瑰红甲基磺酸，吸光度会与红酒的背景值相叠加。设计如图 5-51 所示的流路。

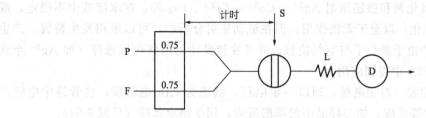

图 5-51　FIA 停流法测定酒中 SO_2 的流路图

P—盐酸副品红；F—甲醛溶液；其余符号意义同前

在试样注入流路后，当试样带刚到达流通池的瞬间关泵，经过一定时间的停留，再启动泵，可记录到如图 5-52 所示两种模式的信号 B、C。

信号 B 的吸光度随时间变化不再变化，显然是由样品中本身的颜色产生；信号 C 的吸光度增加的部分（即与 B 的吸光度之差）可以认为完全是由酒中 SO_2 与试剂反应产生。这样就消除了样品本身的颜色对测定造成的影响。

假设 SO_2 与盐酸副玫瑰苯胺的反应为一级反应，在重新启动泵前的一段时间内，反应生成的红色有机化合物的量显然与参与反应的 SO_2 的浓度成正比。因此，FIA-停留法可用于选择性测定红酒中的二氧化硫。

停流法有两种方式：①试样带停留在 L 中；②试样带停留在流通池中。

对于第②种情况，例如 FIA 停流-速差动力学光度法同时测定 Fe(Ⅲ) 和 Mo(Ⅵ)。

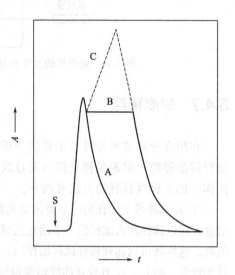

图 5-52　停流法的简单流路及信号模式

A—连续流动的化学反应信号模式；
B—注入纯染料和以水作载流时的停流信号；
C—停流期间化学反应信号

方法原理：在稀硫酸介质中，Fe(Ⅲ)、Mo(Ⅵ) 都对过氧化氢氧化邻氨基酚反应有催化作用，且速率相差不大，利用比例方程法可实现二者同时测定。流路如图 5-53 所示。将试样带停留在反应圈 L_2 中，并将反应圈 L_2 置于 50℃ 的水浴槽中。配制不同溶液，分别在 L_2 中停留不同时间 t_1 和 t_2，用比例方程法相应的方程式计算，同时测定铁和钼。

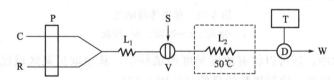

图 5-53　FIA 停流-动力学光度法测定 Fe(Ⅲ) 和 Mo(Ⅵ)（符号意义同前）

5.4.6　不稳定试剂的应用

FIA 的成功在于它重现的样品注入，控制分散和控制时间，因此，是一种高度重现的非平衡态溶液处理技术。同样，对于不稳定试剂，只要分解速率重现的话，就可以用 FIA。特别是 FIA 的溶液稀释、反应都是在密闭的管道和组件中进行，为不稳定试剂的应用提供了便利。例如一些强氧化剂和强还原剂 Ag^{2+}、Co^{3+}、Cr^{2+}、Br_2 等，在水溶液中不稳定，或易被空气中的 O_2 氧化，以至于无法作用，但在流动注射分析中，可以采用发生装置，产生这些试剂，在管道中由于避免了与空气接触，并且在流路中的时间可以选择（如 Ag^{2+} 半衰期 $1min$），因而在 FIA 中得到应用。

例：在反应器中装一对铂电极，通以一定电压，载流为 KBr 电解质，在管道中电解产生 Br_2，可进行溴代等反应，如与样品中的苯酚反应，用于测定苯酚（见图 5-54）。

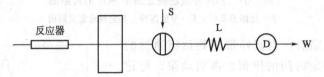

图 5-54　最简单的发生和使用不稳定试剂的流路系统（符号意义同前）

5.4.7　梯度稀释

在用含分离富集等复杂步骤的分析方法进行高含量样品测试时，往往在分析的初期就要进行样品稀释，以避免测定信号超过线性范围。FIA 可以方便地对样品进行稀释，简化分析操作。FIA 梯度稀释的方法有两种。

① 在试样带上的任何一个流体微元都可以像位于峰值处的最大浓度流体微元一样提供有用信息，所以选择注入试样后一个固定的延迟时间就可以在峰上的任一点来读取数据，而不必在峰值处。这样既可以起到稀释试样的作用，同时也可以保证校正曲线的线性，峰值处的校正曲线容易先弯曲，而 t_2、t_3 处校正曲线弯曲得较晚，这就扩大了测定的线性范围（见图 5-55）。

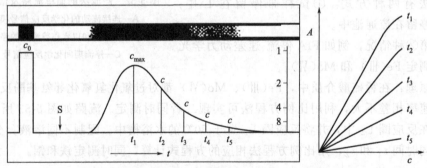

图 5-55　梯度稀释原理

c—浓度；t—时间；S—样品

② 在稀释技术中，还可以将有浓度梯度的试样带，从中取出某区域流体微元，作为样品，与试剂 R 进行反应，达到稀释的目的（见图 5-56）。

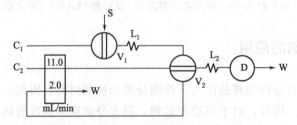

图 5-56　流体微元梯度稀释原理（符号意义同前）

5.5 流动注射分析的应用

5.5.1 FIA-光度分析

FIA-光度分析是 FIA 研究最多、使用最广的分析方法。光度法在溶液处理中很麻烦、费时、效率低，特别是对催化动力学分析，反应条件苛刻，手工操作难以满足精度的要求。而 FIA 与光度计连接简单，因而使用较多。

(1) 利用 pH 梯度作多元素同时分析——铅、钒的同时测定

FIA 流路如图 5-57 所示。

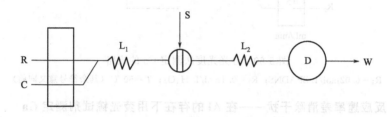

图 5-57 测定 Pb 和 V 的 FIA 流路图

R—4-(2-吡啶基偶氮)间苯二酚（PAR），NaOH（pH＝10）；C—氯代十六烷基吡啶（CPC）

若在载流中注入 pH 值不同的试液，试样在载流中分散，与载流相接触的试样带会形成如图 5-58 的 pH 梯度。

载流为碱性，注入试样为酸性，得到的试样带 pH 值有一个梯度分布；另一方面，M^{n+} 与显色剂显色又与酸度密切相关，因此，在试样带中，不同 M^{n+} 可在 pH 不同的试样带的流体微元中反应，形成两种以上络合物。

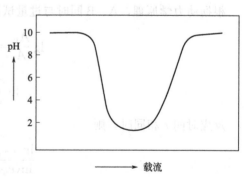

图 5-58 载流中试样带的 pH 梯度图

如 pH＝2：V(V)＋PAR＋CPC ——→显色

pH＞3：Pb^{2+}＋PAR＋CPC ——→显色

含 PAR 的载流为碱性，pH＝10，而试样（V＋Pb）为酸性，pH＝1，因此在试样带上形成了不同 pH 分布，其中的中心部位只能生成 V-PAR；两侧生成 Pb-PAR。

FIA 峰形图如图 5-59 所示。

(2) 动力学分析——利用钴催化 2-(4-磺基苯偶氮) 变色酸（SPADNS-H_2O_2）反应测定钴

将 FIA 与动力学反应相结合测定痕量元素非常适宜，这是因为：①动力学反应条件得到精确地控制；②FIA 是一种高度重现的非平衡态溶液的处理技术。

本例中 Co^{2+} 催化过氧化氢氧化 SPADNS 褪色，用 FIA 停流法控制反应时间，流路如图 5-60 所示。

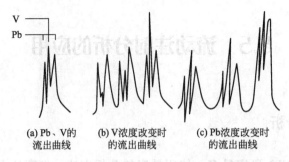

(a) Pb、V的流出曲线　　(b) V浓度改变时的流出曲线　　(c) Pb浓度改变时的流出曲线

图 5-59　Pb(Ⅱ) 和 V(Ⅴ) 混合溶液 FIA 测定的峰形

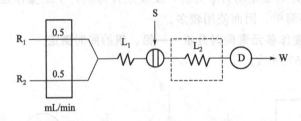

图 5-60　分光光度法测定 Co 的流路

R_1—0.02mol/L SPADNS；R_2—0.1mol/L H_2O_2；$T=50$ ℃（其余符号意义同前）

(3) 利用反应速率差消除干扰——在 Al 的存在下用荧光镓试剂测定 Ga

本实验中，采用荧光计作检测器测 I_F 的灵敏度很高，但存在共存离子的干扰。

用荧光镓试剂测 Ga 时，Al 严重干扰，采用 FIA 技术，可以消除 Al 的干扰。基本原理：Ga、Al 与荧光镓试剂反应速率差异 [速率常数 $K_{Ga}=4\times10^3$ L/(mol·s)，$K_{Al}=1.7$L/(mol·s)]，Al 的反应要慢。

根据动力学原理，A、B 同时与过量试剂作用时，有关系式：

$$\lg\frac{A_0}{A}=\ln\frac{c_{0A}}{c_A}=K_A t$$

$$\ln\frac{c_{0B}}{c_B}=K_B t$$

反应时间 t 相同时，则

$$\frac{\ln(c_{0A}/c_A)}{\ln(c_{0B}/c_B)}=\frac{K_A}{K_B}$$

设达到 t 时刻，A 反应了 99%，B 反应了 1%，则：

$$\frac{K_A}{K_B}=\frac{\ln(100/1)}{\ln(100/99)}=463$$

因此，A、B 的反应速率常数相差 463 倍即可用速差法中忽略慢反应的方法选择性测定 A。本例中实际 $K_{Ga}/K_{Al}=2353$，远大于 463，显然完全可以在 Al 存在下选择性地测定 Ga。

要做到这一点，就要求精确控制反应时间 t，因为当反应时间 t 达到后可能 Ga 的反应也进行完全，而 Al 的反应仍在不断进行。

若采用常规动力学分析法，需要在反应时间 t 到达后，加入表面活性剂聚乙烯乙二醇肉桂醚（PGME）来抑制反应的继续进行；若与流动注射法联用，反应时间能通过 FIA 精确控制，流路如图 5-61 所示。

（4）流动注射分光光度法测定脱氧核糖核酸

DNA 与对三苯甲烷类阳离子染料甲基紫在 Tris 缓冲溶液中反应生成复合物，使甲基紫褪色，根据 580nm 处吸光度的变化（ΔA）测定 DNA。以 0.2mol/L Tris 溶液作载流，采样频率为 60 样/h（见图 5-62）。

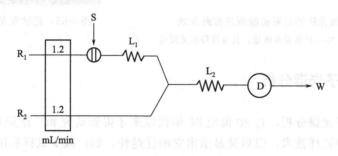

图 5-61　荧光光度法测定 Ga 的流路
R_1—荧光镓试剂；R_2—聚乙烯乙二醇肉桂醚（PGME）（其余符号意义同前）

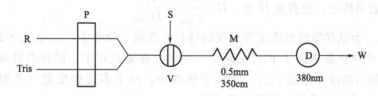

图 5-62　FIA-光度法测定 DNA 的流路图（符号意义同前）

5.5.2　FIA-化学发光分析

化学发光是由于化学反应而引起的光辐射现象，即是在反应中，吸收了由反应释放出的化学能而处于激发态的反应中间体或产物，从激发态返回基态而放出的辐射，灵敏度很高。

化学发光反应的动力学曲线如图 5-63 所示。

大多数化学发光反应都有较快的动力学速率，光的释放也快速发生，故要求反应条件与测定条件能够精确控制，FIA 正好能胜此任。

例：化学发光法测定 SO_3^{2-} 的反应：高锰酸盐-SO_3^{2-}-核黄素磷酸盐体系。

高锰酸盐-亚硫酸根体系的化学发光是被氧化的亚硫酸根成为激发态二氧化硫，其能量（激发能）很容易转移到所加入的增感剂分子中产生能量转移而使发射大大加强，这里选用核黄素磷酸盐作为增感剂。其流路系统如图 5-64 所示，化学发光流通池如图 5-65 所示。

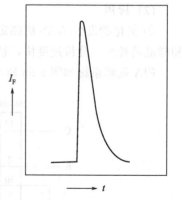

图 5-63　化学发光反应的
动力学曲线

注入阀与检测器之间连接管越短越好（5cm），以使发光检测和流速匹配。

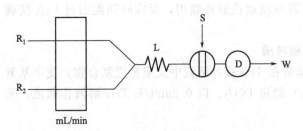

图 5-64 化学发光法测定亚硫酸根的流路系统

R₁—高锰酸钾溶液；R₂—核黄素磷酸盐；其余符号意义同前

图 5-65 化学发光法的流通池

5.5.3 FIA-原子光谱分析

FIA 用于原子光谱分析，自 20 世纪 80 年代以来才得到研究和广泛应用。两者的结合，在早期仅作为一种进样技术，以后又显示出它的优越性，如：减少试样和试剂用量、减少干扰、提高精密度，可与分离富集技术结合，工作效率高。

(1) 分散度

在流动注射系统中，分散度 D 为：$D = \dfrac{c_0}{c_{max}} = \dfrac{H_0}{H_{max}}$

式中，H_{max} 为试样带峰值浓度所对应的峰高。在原子吸收中，$c_0/c_{max} \neq H_0/H_{max}$。原因有：①AAS 中雾化器不同于 FIA 的理想流通池，在雾化器中，试样带被分散成气溶胶，因此，进入火焰的浓度并不是 c_{max}；②原子吸收中，由于多普勒变宽（光源）、自吸变宽（火焰）等效应，校正曲线往往不是一条直线。

原子吸收的雾化室从表面看是一个带有搅拌的混合室，但它与混合室有一个明显的区别就是试样进入气泡胶之后就不会再相互混合而直接进入燃烧器，如果相互混合就会成为大液滴而不能进入燃烧器，因而流动进入火焰的气溶胶浓度实际上反映了试样带的浓度。这样，在工作曲线为线性的范围内，能够测量到"表观分散度"。真正的分散度应该是从注入阀到进入雾化器的瞬间。

(2) 应用

① 氢化物发生-AAS 法测定环境样品中的硒　方法特点：能更好地控制试剂加入，试剂和样品消耗少，分析速度快，精度高。

FIA 流路系统如图 5-66 所示。

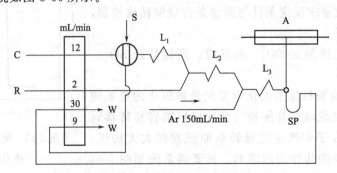

图 5-66 氢化物发生-AAS 法测定硒的 FIA 流路

SP—分相器；A—燃烧器；其余符号意义同前

样品从注入阀中注入，被载流送至汇合点与还原剂 KBH_4 混合，在反应圈 L_2 中反应产生 SeH_4 氢化物，流至 L_3，被 Ar 气流送入分相器 SP，气相氢化物进入石英管原子化器。

该法中泵速快，反应瞬间发生，氢化物与溶液接触时间只有几秒，所以干扰少，采样频率为 $250 \sim 300$ 样/h。

FIA 同样适用于 ICP-AES。

② 溶剂萃取预浓集测定重金属　溶剂萃取作为在线预浓集手段用于 FIA-AAS 有一定的特殊要求。因为浓集倍率取决于萃取管道中 f_w/f_0（V_w/V_0），如果要把经过萃取的有机相直接输入雾化器，则有机相的流量应达到雾化器的抽吸量 $4 \sim 10mL/min$，这样试样水相的流量至少应为 $20 \sim 50mL/min$。这个流量对于一般 FIA 装备难以达到且比较费试剂，图 5-67 的流路可以解决这个问题。

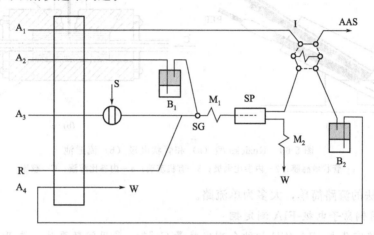

图 5-67　萃取预浓集流路

A_1—0.1mol/L HCl；A_2—水；A_3—pH3.0 HCl；S—试样；R—2% APDC（吡咯烷二硫代氨基甲酸盐）；
I—进样阀；M_1，M_2—混合圈；B_1，B_2—萃取瓶；SP—分相器

该流路中有机溶剂以低于 $1mL/min$ 的流量进行萃取，经萃取的有机相被送入用于贮存的另一个阀的采样环中，转动阀后用另一路载流以 $4 \sim 10mL/min$ 流量送入雾化器。

这套装置用于 Cu、Pb、Zn、Ni 的测定，使用吡咯烷二硫代氨基甲酸铵-甲基异丁基酮（APDC-MIBK）萃取体系火焰原子吸收法，浓集倍数为 $15 \sim 20$ 倍，采样频率 40 样/h，见图 5-68。

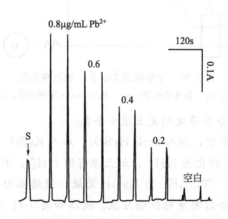

图 5-68　FIA-溶剂萃取预浓集 FAAS 测定铅的标准系列图

5.5.4　FIA-电化学分析

电化学分析方法中，常与流动注射法结合使用的有电位法、安培法和伏安法。

(1) FIA-电位法

离子选择性电极（ISE）作为检测传感器，只要响应速度快，都可以直接用于 FIA 检测。常用于 FIA-ISE 的流通池一般为低分散度，少数要求中分散度（如 NO_3^- 测定）。各种类型的离子选择性电极都可应用。常见电位型流通池如图 5-69 所示。

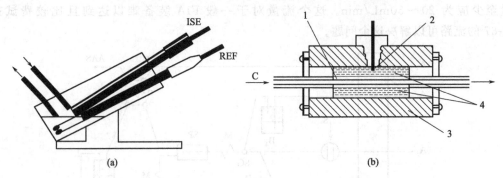

图 5-69　Ruzicka 型（a）和管状电极（b）流通池

1—管状敏感膜；2—内参比电极；3—有机玻璃；4—内参比溶液；C—载流

FIA-电位法的流路简单，大多为单流路。

【例 7】 用铜离子电极-FIA 测定铜

将离子交换富集与 FIA-ISE 相结合测定痕量 Cu^{2+}。采用间歇泵法，先开启泵 P_2，注入样品 S，流经 COL 时被吸附。接着开启泵 P_1 注入酸性洗脱液，将吸附柱 COL 上的 Cu^{2+} 洗脱先来，再停泵 P_1。通过富集，可以测定 $10^{-9} mol/L$ 以上 Cu^{2+}。流路及工作程序见图 5-70。

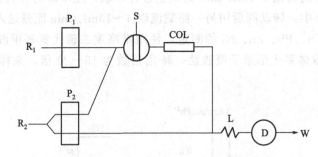

图 5-70　电位法测 Cu(II) 的流路系统

S—含 Cu^{2+} 的试液；R_1—强酸洗脱液；R_2—HAc-NaAc 缓冲溶液；其余符号意义同前

【例 8】 用铵离子电极合并带法测定土壤中全氮

取 0.5g 土壤样于消化管中，加入 6mL H_2SO_4，加入 K_2SO_4、$CuSO_4$，在 300℃下回流 2h，使其中的 NO_3^-、NO_2^- 转化为 NH_4^+，加上原有的 NH_4^+，利用铵电极测定总氮。

总离子强度调节缓冲液（TISAB）为 NaOH 溶液，流通池为 Ruzicka 型。将试液与 TISAB 同时注入，在 M 中混合后测量电位响应值。流路如图 5-71 所示。

【例 9】 用硝酸根电极-FIA 连续测定水中 NO_3^-、NO_2^-

所用载流为 TISAB：$0.05mol/L\ K_2S_2O_5$-$0.01mol/L\ Ag_2SO_4$-$0.001mol/L\ H_2SO_4$

测定程序：水样分成两份，一份测定 NO_3^-；另一份加入 $KMnO_4$ 将 NO_2^- 转化成 NO_3^-，过量 $KMnO_4$ 用尿素除去。测定其中硝态氮和亚硝态氮。

流路如图 5-72 所示，采用高位瓶提供载流动力，抽吸瓶提供进样动力。

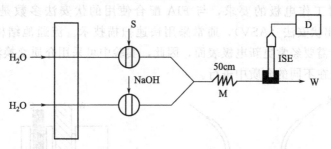

图 5-71　铵离子电极合并带法测定 NH_4^+ 的流路

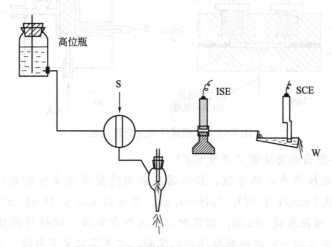

图 5-72　硝酸根电极-FIA 电位法流路

（2）FIA-安培法

在两个电极上加上恒定的电压，记录产生的电流值。

【例 10】　用固定化葡萄糖氧化酶柱测定葡萄糖的 FIA-安培法

把葡萄糖氧化酶固定在玻璃珠上，把玻璃珠装入玻璃柱，当葡萄糖溶液流过时，发生如下反应：

$$葡萄糖 + O_2 \longrightarrow 葡糖酸 + H_2O_2$$

FIA 流路如图 5-73 所示，流通池检测器结构如图 5-74 所示。

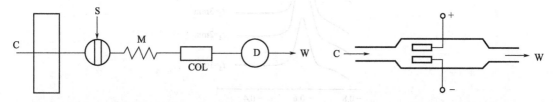

图 5-73　固定化葡萄糖氧化酶柱的 FIA-安培法流路图　　图 5-74　流通池检测器结构

流通池内装两支长方形（6mm×3mm）Pt 电极，当其间加上 0.60V 电压时，H_2O_2 发生电解：

$$H_2O_2 + 2H^+ + 2e^- \Longrightarrow 2H_2O$$

产生的电流正比于 H_2O_2 的浓度，从而正比于葡萄糖的浓度。如果去除酶反应柱 COL，可用于直接检测 H_2O_2。

（3）FIA-伏安法

由于流通池对工作电极的要求，与 FIA 配合使用的伏安法多数是线性扫描伏安法（LSV）或阳极溶出伏安法（ASV），通常采用快速扫描技术。流通池结构见图 5-75。为保证测定的重现性，需要经常更新电极表面，因此，实验中可采用介质交换法，即检测与施加电位更新工作电极在不同的介质中进行。

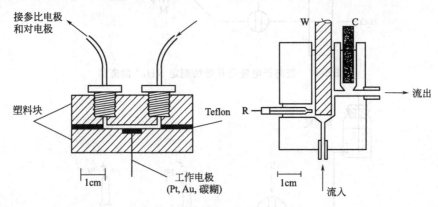

图 5-75　喷壁式伏安分析流通池

【例 11】 FIA-溶出伏安法测定微量 Cd^{2+}

采用预镀汞膜电极作为工作电极，检测器中采用喷壁式伏安分析流通池。载流为 5×10^{-5} mol/L Hg^{2+}-0.1mol/L KNO_3（pH＝4.5）。首先载流以 0.45mL/min 流速通过电极，玻碳电极在 -1.0V 预镀汞膜 10min。测定时注入大体积试液，试样带流经工作电极的同时进行镉的电沉积，电沉积一定时间后载流停止流动，记录溶出伏安曲线。不同电沉积时间得到的溶出伏安图见图 5-76。该法采样频率为 21 次/h。

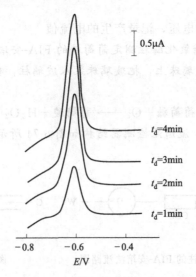

图 5-76　FIA-ASV 中 Cd^{2+} 在汞膜电极上的溶出伏安图

此一步骤问题。2002 年史蒂芬·奎克所在的 quake 研究团队在《Science》上发表了基于 PDMS 集成化阀系统构建的自主要部件的“微阀门控制大规模集成”，描述了高密度集成化系统的研制和应用。2006 年，《Nature》杂志发表了一期题为“芯片实验室”的专辑，由此开启了新的历史时期。至今，芯片实验室已初具规模并逐步成熟，成为众多科学前沿和技术领域的重要研究和发展方向。

6.1 概 述

随着科学技术的发展，面对当前生命科学和环境科学中复杂样品分析以及快速分析的需求，分析仪器的微型化、自动化和集成化显得日益重要。微型化，不仅指的是样品和试剂消耗量的微量化，也意味着分离分析仪器的微型化和过程的集成化。微流控芯片就是以此为契机出现并引起科学家的重视，得到迅速发展。

微流控芯片又叫芯片实验室，是指把生物和化学等领域中所涉及的样品制备、反应、分离、检测等基本操作集成到一块很小的芯片上，由微通道形成网络，以可控流体贯穿整个系统，用于取代常规化学或生物实验室各种功能的一种技术。微流控芯片的基本特征和最大优势是多种单元技术在微小可控平台上灵活组合和规模集成。由于在芯片上可以很方便地构建复杂的微纳米级管道网络，将各种操作单元进行有效集成，因此微流控芯片能够最大限度地降低分析过程中的能量和试剂的消耗、缩短分析时间，并且易于自动化。

微流控芯片是从 20 世纪 90 年代开始出现并发展起来的。20 世纪 90 年代初，Manz 等采用微机电加工（MEMS）技术，将毛细管电泳转移到在芯片上加工的微米级通道中，并提出了“微全分析系统”的概念。1994 年，美国橡树岭国家实验室的 Ramsey 研究组在 Manz 的工作基础上发表了一系列论文，改进了微流控芯片电泳的进样方式，提高了其性能和实用性，微流控芯片电泳作为一个研究热点迅速推广开来。1995 年，美国加州大学伯克利分校的 Mathies 研究组在微流控芯片上首次实现了高速 DNA 测序，随后他们又在芯片上集成了聚合酶链反应（PCR）扩增和电泳测序，为微流控芯片的商业化打开了大门。美国哈佛大学的 Whitesides 研究组报道了一系列与微流控芯片加工有关的新技术，2000 年他们在《Electrophoresis》上发表了关于软刻蚀方法加工聚二甲基硅氧烷（PDMS）芯片的文章，扩展了芯片加工所用材料。2001 年《芯片实验室》（Lab Ona Chip）杂志创刊，很快成为本领域的一种主流刊物。2002 年美国斯坦福大学的 Quake 研究组在《Science》上发表了基于 PDMS 芯片的以微泵微阀控制为主要特征的"微流控芯片大规模集成"，推进了微流控芯片中微流体的控制和驱动研究。2006 年，《Nature》杂志发表了一期题为"芯片实验室"的专辑，指出芯片实验室可能成为"这一世纪的技术"。这些里程碑式的发展过程显示，微流控芯片技术已成为近年来影响最深远的重大科技进展之一，是融微电子学、化学、物理学、生物学和计算机科学为一体的高度交叉的新技术，既有重大的基础研究价值，又有明显的产业化前景。

微流控芯片技术在最初的发展阶段主要面向分析化学，致力于分析化学实验室的微型化与集成化。随着微加工技术的发展和微流控技术的成熟，微流控芯片技术为其他学科所接受，应用日益广泛。其研究热点不再受限于分析化学方法的发展，而是转向构建各种不同类型的芯片实验室。其中，以仿生体系的系统研究为基本目标的微流控芯片仿生实验室研究成为当前研究热点之一，通过模拟细胞以及组织器官的生存环境，研究活体中不同单元的结构、生理功能以及它们相互之间的作用，验证生物学单元的行为和状态。不仅如此，微流控芯片技术也广泛应用于纳米材料的合成以及药物筛选等研究中。本章主要介绍微流控芯片在分析化学中的发展及应用。

6.2　微流控芯片加工技术

微流控芯片是微流控芯片分离分析系统的核心部件，因此芯片的加工和制作是微流控芯片研究工作的基础。由于硅、石英和玻璃材料具有良好的化学惰性和热稳定性，而且表面修饰研究比较深入，微加工工艺相对成熟，所以是最早应用的芯片基质。但这类材料加工过程复杂，不利于规模化生产。聚合物材料价格便宜，绝缘性和透光性均较好，成型容易、批量生产成本低，更适合于一次性使用。目前，已被采用的材料有聚甲基丙烯酸甲酯 (PMMA)、聚二甲基硅氧烷 (PDMS)、聚酰胺 (PA)、聚碳酸酯 (PC)、聚乙烯 (PE)、聚丙烯 (PP)、聚苯醚 (PPE)、聚苯乙烯 (PS) 和聚砜 (PSU) 等，其中以 PMMA 和 PDMS 最为常用。其他材料，如硼硅碳氮陶瓷材料、氟化钙等用于芯片的加工制作也有报道。

6.2.1　硅、石英和玻璃材料芯片的加工

硅具有良好的化学惰性和热稳定性，并且在半导体和集成电路上得到广泛应用，其微加工工艺十分成熟，因此最早被应用到微流控芯片技术中。但是硅晶材料易碎且价格昂贵，使其在微流控芯片中的应用受到限制。石英和玻璃具有很好的电渗和优良的光学特性，它们的表面性质研究成熟，其表面修饰可借鉴在石英毛细管电泳研究中建立的一些表面修饰方法。石英和玻璃芯片最常用的加工技术是标准微加工刻蚀技术，也称微机电加工技术，此外还有文献报道诸如粉末冲击法和激光蚀刻法等方法。

微机电加工技术是从传统微机电加工系统 (micro electro mechanical system，MEMS) 借鉴而来，采用光刻和蚀刻技术，在硅、石英和玻璃表面制作微结构。其微加工技术的基本过程包括薄膜沉积、光刻和蚀刻三个工序。薄膜沉积是指在要加工的基片表面覆盖一层厚度

为几埃到几微米的薄膜，经图形加工后起到不同作用，在芯片加工过程中一般起到对基片表面进行保护的作用。光刻是指通过甩胶机将光胶均匀涂敷到基片表面，然后利用曝光成像的方法将掩膜上设计的微流控芯片设计图案转移到光胶层上。最后利用蚀刻技术将光胶层上的图形转移到基片上，形成一定深度的微结构。微机电加工技术制作微流控芯片的流程如图 6-1所示，其中包括甩胶、曝光、显影、蚀刻、去胶、封接等过程。

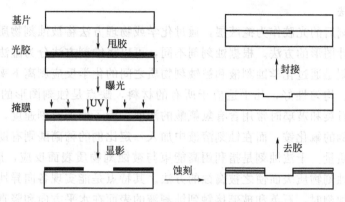

图 6-1　玻璃芯片微加工的主要步骤

（1）光刻掩膜的制备

光刻掩膜的基本功能是当光线照射其上时，图形区和非图形区对光线的吸收和透射能力不同，从而能控制光线透过掩膜，作用于光胶。通常用于微机电加工的掩膜材料有镀铬玻璃板或者镀铬石英板。它们表面均匀地涂覆了一层对光敏感的光胶。在制作掩膜时，利用计算机绘图软件绘制微流控芯片的设计图形，然后控制图形发生器，将设计的图形利用光刻的方法转移到掩膜上，通过显影等方法洗去曝光的光胶，从而得到加工微流控芯片所用的掩膜。对于线宽和线距大于 $20\mu m$ 的芯片，可以采用简易装置，在利用计算机图形设计软件绘制图形后，可以利用高分辨打印机将图形打印到透明塑料薄膜上，作为掩膜使用。

（2）薄膜沉积

薄膜沉积是指在基片上构建一薄膜层，经图形加工后可起到不同作用。薄膜层按性能不同可分为器件工作区的外延层，限制区域扩张的掩蔽膜，起保护、绝缘作用的绝缘介质膜，和用作电极引线和器件互连的导电金属膜等。构成此类薄膜的材料有许多种，常见的有二氧化硅、氮化硅、硼磷硅玻璃、多晶硅、导电金属和难溶金属等。薄膜生长技术很多，按形成的方式不同可分为间接生长和直接生长两类。前者的薄膜通过原物质发生化学反应形成，具体包括气相外延、化学气相沉积和热氧化等，后者则把原物质直接转移到硅片上，具体包括液相外延、物理气相沉积和涂覆等。

（3）光刻

光刻是通过甩胶、曝光和显影三个主要步骤将掩膜上的设计图形转移到待加工基片表面。甩胶是指用高速旋转的甩胶机在基片表面均匀地涂覆一层对光敏感的有机聚合物乳胶——光胶。曝光是指利用光刻机将掩膜上的图形转移到基片表面的光胶层上。显影是指用显影液溶解去掉未曝光的光胶层（负光胶）或已曝光的光胶层（正光胶）。

光胶材料大多是有机聚合物光敏材料，分散在溶剂中形成悬浮液，甩胶后加热烘干形成光胶层。当光照射时，光胶层发生交联或者降解两种反应。交联反应是在相邻的聚合物链之间产生化学键，整个辐射区形成一个大分子；降解反应是光胶大分子裂解为小分子。在光辐射下，交联反应占主导地位的光胶叫做负光胶。曝光过的负光胶，由于分子量变大而使得溶解度降低，成为非溶性；没有曝光过的负光胶，由于没有发生交联反应，可以被显影溶液溶解。在光辐射下，降解反应占主导地位的光胶叫做正光胶。曝光过的正光胶由于分子量变小而使得溶解度增大，从而能够被显影液溶解。在光刻过程中常常采用牺牲层技术提高蚀刻选择性，更好地保护基片表面在蚀刻时不会被侵蚀。

（4）蚀刻方法

蚀刻是以光刻后的光胶作为掩蔽层，通过化学或物理方法将被蚀刻物质剥离下来，以期在基片上得到设计图形的方法。根据蚀刻剂不同，可以将蚀刻方法分为湿法蚀刻和干法蚀刻两大类。湿法蚀刻是通过化学蚀刻液和被蚀刻物质之间的化学反应剥离下来的蚀刻方法。其特点是选择性高、均匀性好，几乎适应于所有的材料，缺点是蚀刻图形的最小线宽受到限制。在蚀刻硅、石英和玻璃时常用含有氢氟酸的溶液。为了增加时刻速度，通常向氢氟酸溶液中增加一定比例的氟化铵；而在蚀刻溶液中加入一定比例的稀硝酸则有助于增强玻璃或者石英通道内表面质量。干法蚀刻是指利用高能束与被蚀刻物质表面反应，形成挥发性物质，或者直接轰击被蚀刻物质表面使之被腐蚀的方法。其特点是能实现各向异性蚀刻，但设备昂贵。在进行湿法蚀刻时，石英和玻璃接触到蚀刻液的表面在水平方向和竖直方向上蚀刻速度是一样的，叫做各向同性刻蚀。而硅由于不同晶面的存在，在不同方向上蚀刻速度可能不同，叫做各向异性刻蚀。

（5）打孔

打孔是指在芯片或者盖片上通过物理方法加工出孔槽来，可以用作芯片与外界的接口。石英或者玻璃的打孔方法包括金刚石打孔法、超声波打孔法和激光打孔法等。金刚石打孔法是指利用钻床带动金刚石钻头，在芯片通道末端加工出孔槽，其设备简单，打孔速度快，但钻头质量对打孔质量影响很大。超声波打孔法利用超声波振动打孔，所打的孔边缘光滑整齐，芯片表面无损伤裂痕。激光打孔法是将激光能量聚焦到很小的范围内把芯片"烧穿"，可以打孔径很小的孔，但设备较贵，孔周围易产生微裂痕。

（6）封接

封接是指将带有微结构的芯片和盖片通过化学或物理方法封合起来，形成密闭通道。为了使封接过程顺利进行，石英和玻璃表面必须洁净。因此在封接前，需要将玻璃和石英表面进行清洗，将其表面清洗干净。封接的方法主要有以下几种：热封接、低温封接和阳极键合。

热封接是玻璃芯片封接最常用的一种方法。其具体方法是将盖片和带有通道的基片清洗干净后，对接置于真空装置中抽真空 1h，让其初步结合。然后将其置于程序化的升温炉中，在基片和盖片两侧施加压力，通过程序升温的方法，将基片和盖片键合起来。低温封接和热封接过程类似。不过在封接过程中不需要经过程序升温，而是采用氢氟酸、硅酸钠、环氧胶或者 PDMS 等作为黏合剂。通过将氢氟酸或者硅酸钠溶液滴入基片和盖片之间，发生化学反应，而将基片和盖片键合起来。

阳极键合是一种简单而有效的永久性封接玻璃芯片和硅片的方法。进行封接时，将洁净的玻璃片和硅片对齐紧贴在一起，置于 $300 \sim 500 ℃$ 环境中，将玻璃片与负极相连，硅片与正极相连，在玻璃片和硅片之间施加 $500 \sim 1000V$ 高压，玻璃片中的钠离子从玻璃-硅界面向阴极移动，在界面的玻璃一侧产生负电荷，硅片一侧形成正电荷，正负电荷通过静电引力结合在一起，促进玻璃片和硅片间的化学键合。

6.2.2 高分子聚合物材料芯片的加工

高分子聚合物微流控芯片的加工制作技术与石英、玻璃芯片的加工制作有很多区别。高分子聚合物芯片可以采用大规模生产的方法，降低制作成本。高分子聚合物微流控芯片的加工通常需要模具，所采用的制作技术主要包括热压法、模塑法、注塑法、激光烧蚀法、LIGA 技术和软光刻法等多种技术。

(1) 热压法

热压法是早期应用比较广泛的一种快速复制微结构的芯片制作技术。它是将聚合物基片与模具对准加热并施加一定压力得到具有微观结构的芯片。热压法的模具可以是直径很小的金属丝，或者是有凸突的微通道的硅片阳模。硅片阳模通常采用光刻法加工。在利用热压法进行芯片加工时，将阳模与聚合物基片对准放置到加工平台上，将聚合物基片加热到软化温度，通过在阳模上施加一定的压力并保持 30～60s，从而刻印出与阳模凹凸互补的微通道。

(2) 模塑法

模塑法是指在阳模上浇注液态的高分子材料，等高分子材料固化后，将其与阳模剥离后，得到具有微通道的基片，与盖片封装后，制得高分子聚合物微流控芯片。浇注用高分子材料应具有低黏度、低固化温度等特性，在重力、离心力等外力作用下可充满模具上的微通道和凹槽等处。浇注用高分子材料一般有两类，分别为固化型聚合物和溶剂挥发型聚合物。固化型聚合物有 PDMS、环氧树脂等，这类材料在与固化剂混合后，固化变硬后得到微流控芯片。溶剂挥发型聚合物有丙烯酸、橡胶、氟塑料等，通过将溶剂挥发的方法得到固化的微流控芯片。模塑法工艺简单，一次制出阳模后可大量复制，是一种经济方便的聚合物芯片加工方法。

(3) 注塑法

注塑法是指将塑料材料加热到玻璃态温度以上，通过金属注塑板上的小孔将它们注入金属模具腔体内，然后冷却脱模得到与掩膜结构相同的塑料芯片。在注塑法制作微流控芯片的过程中，模具制作复杂，技术要求高，周期长，是整个工艺过程中的关键步骤。利用注塑法加工微流控芯片前，需要将金属模具腔体抽真空，以避免在注塑过程中产生气泡影响芯片质量。一个好的模具可生产30万～50万张聚合物芯片，重复性好，生产周期短，成本较低，适宜于已成型的芯片生产。

(4) 激光烧蚀法

激光烧蚀法是一种非接触型加工技术。它可以直接根据计算机 CAD 数据在金属、塑料、陶瓷等材料上利用激光烧蚀的方法加工复杂的微结构。根据烧蚀对象不同可选择激光的脉冲强度和脉冲数。激光烧蚀法加工微通道的原理是利用紫外激光通过显微物镜和光刻掩膜，将激光能量聚焦在可光解的高分子材料基片上，使光刻掩膜在高分子基片上所界定区域内发生激光溅射。调整激光强度和基片表面所接收激光的脉冲数，可控制激光烧蚀的深度，得到具有一定深度的微通道，其蚀刻深度与所用激光频率和照射时间的乘积成正比。激光烧蚀法可以应用于聚甲基丙烯酸甲酯、聚碳酸酯、聚苯乙烯、醋酸纤维素、聚苯二甲酸乙二醇酯和聚四氟乙烯等高分子材料。这种方法步骤简单且精度好，不必在超净实验室中进行，但需要用到紫外激光器，对设备要求较高。

(5) LIGA 技术

LIGA 是德文 Lithographie、Galanoformung 和 Abformung 三个词的缩写，意指通过 X 射线深刻及电铸制造精密模具，再大量复制微结构的特殊工艺流程，由 X 射线深层光刻、微电铸和微复制三个环节组成，主要用于制作高深宽比的微流控芯片。LIGA 第一步为同步辐射 X 射线深层光刻。首先将几毫米厚的对 X 射线敏感的光胶材料涂布在一层导电性能很好的金属膜上，利用同步辐射光源 X 射线良好的平行性能和高辐射光强，将掩膜上的图形转移到光胶层上，通常光刻深度可达几百微米。图形区下的光胶因受掩膜保护未被 X 射线照射分解，而非图形区下的光胶受 X 射线强烈照射而分解，可溶于显影液中而被溶解去除，这样就得到了一个与掩膜结构相同，厚度几百微米、最小宽度可达几微米的聚合物三维立体结构。第二步为电铸，即在显影后的光胶图形间隙中沉积上金属，可采用电镀的方法，直接利用光胶下层的金属膜作电极进行电镀，将光胶图形上的间隙用金属填充，形成一个与光胶图形凹凸互补的金属凸凹版图，将光刻胶及附着的基底材料去掉，就得到注塑和热压法所需要的金属模具。第三步是利用热塑性高分子材料，通过注塑的方法复制芯片。

(6) 软光刻法

软光刻技术是近年来发展的微加工新方法，其核心是制造图形转移元件——弹性印模。该技术可以在高聚物材料上制造复杂的三维微通道，并且能进行表面改性，改变材料表面的化学属性，有可能成为制造低成本的微流控芯片的新方法。PDMS 是制作弹性印模的最佳材料。通过用光刻等技术先得到有微结构图形的母模，用模塑法在母模上浇注 PDMS，固化剥离后得到表面复制精细图形的弹性印模。PDMS 表面自由能低，化学性质稳定，与其他材料不易粘连，与基片接触严密，容易脱模，并且柔软弹性好，可在曲面上复制微图形。

(7) 高分子聚合物芯片的封装

大多数情况下，使用和基片相同的高聚物材料的盖片进行封合。高聚物材料的玻璃态温度大多在 120～180℃ 之间，因此，高聚物芯片热封合温度较石英、玻璃要低。热键合时，由于表面软化，聚合物材料微通道会发生变形。为了避免微通道变形，可以采用真空热封装。真空条件下进行热键合可以消除熔融界面处的气泡并且降低温度和压力，因此可以避免熔融的聚合物流进微通道。对于 PDMS，通常将基片与盖片用等离子体氧化处理或用深紫外线照射后，迅速贴合，可得到牢固和永久的封装。

6.2.3 纸芯片的加工

纸微流控芯片简称纸芯片，是以纸（如滤纸、层析纸及硝酸纤维素膜等）作为芯片材料制作生化分析平台的一种微流控芯片。纸芯片是近年才出现的技术，2007 年哈佛大学的 Whitesides 研究团队首次提出这一概念，并成功制作出能同时检测蛋白质和葡萄糖的纸芯片，随后纸芯片研究得到长足发展和广泛应用。纸芯片具有许多显著优点，比如制作简便、成本低廉等。纸芯片的制作材料可分为疏水性型和亲水性型两种，疏水性材料如光刻胶、PDMS、蜡、聚苯乙烯等，亲水性材料则是纸芯片的基质材料，如滤纸、硝酸纤维素膜和棉布等。

(1) 光刻法

传统光刻法可以应用于纸芯片的制作。2007 年初，Whitesides 小组以层析滤纸为基质，利用传统光刻法完成光刻胶在纸上的固化，并得到各种设计图案。其方法是：将滤纸浸没在用环戊酮溶解的 SU82010 光刻胶里，再在 2000r/min 下旋转匀胶，烘干除去环戊酮，然后将此浸有光刻胶的滤纸与掩膜在紫外灯下曝光、烘干，使光刻胶聚合，浸泡在丙二醇单甲醚中，用异丙醇清洗除去未聚合的光刻胶，再将整片层析纸用氧等离子曝光，以增加其亲水性。

(2) 打印法

打印法是指利用打印的方法制备纸芯片，主要有两种模式。一种是将整张纸都浸透疏水性材料，再"喷墨"打印上溶剂将疏水性材料溶解，在纸上暴露出亲水性的纸通道。另一种是直接在纸上打印疏水性材料，构成亲水/疏水相间的区域，形成纸通道。如 Abe 在 2008 年发展的第一种方法，首先将滤纸浸泡在 1％的聚苯乙烯溶液中，待其干燥后，将其放入喷墨打印机内。喷墨打印机中的墨盒被更换为甲苯溶液，利用"喷墨"打印的方法将预先设计好的图案打印到滤纸上，从打印喷头打印出来的甲苯会溶解聚苯乙烯，露出纸纤维，从而形成亲水的纸通道。

6.3　微流控芯片中微流体的控制和驱动

微流控芯片分离分析系统的主要特征是利用各种构型的微通道网络，通过对通道内流体的操控，完成芯片系统的分离分析功能。因此，微通道中流体的控制和驱动技术是微流控技术的基础。微流控芯片分离分析系统中最常用的微流体控制方法有电渗控制和微阀控制，最常用的微流体驱动方式是气动微泵驱动和电渗驱动。

6.3.1　微流体的控制

微流体控制是微流控分离分析系统的核心，分离分析过程中所涉及的进样、混合、反应、分离等过程都是在可控流体的运动中完成的。由于微流控芯片发展初期以芯片电泳为主要表现形式，毛细管电泳所依赖的电渗控制成为微流控芯片研究中应用最为广泛的微流体控制技术之一。另外，利用集成微阀对流体进行控制也是微流控芯片中常用的微流体方法。微阀的研制早在微流控芯片诞生以前就引起了人们的广泛关注，相关的技术积累有一部分被转移到微流控芯片的研究和应用中。

(1) 电渗控制

电渗是指在电场作用下，表面带电荷微通道内的液体沿通道内壁做整体定向移动的现象。其原理是由于微通道表面带某种性质的电荷，根据电中性原理，液流中通道表面附近形成沿通道表面的带相反电荷的双电层，在通道两端施加电压，扩散层在电场下产生迁移，从而带动通道内的流体整体移动。电渗控制的最大特点是操作简便和灵活，仅通过调节微通道网络中不同节点的电压值，就可控制微流体的迁移速度和运行方向，完成较为复杂的混合、反应和分离等操作。电渗流的形成需要外加高压电源作为动力，其流速和流向的控制和切换也主要由高压电源程序控制。

(2) 微阀控制

微阀的种类多种多样，理论上讲，凡是能控制微通道闭合和开启状态的部件均可以作为微阀使用。微阀的分类方法有多种，按照是否需要激励机构，可把微阀分成无源阀和有源阀两类。

无源阀不需要外部的动力或控制，利用流体本身流向和压力的变化就可实现阀状态的改变，以双晶片单向阀和凝胶阀为主要代表。双晶片单向阀由两个晶片相接而成，在一侧入口处加工出一弹性悬臂梁，如图 6-2(a) 所示。当流体正向移动时，悬臂梁受压向下变形，阀门开启；当流体反向流动时，悬臂梁受反向压力而与上晶片相接，使通道封闭。而凝胶阀是利用丙烯酰胺聚合体在高、低电压下的不同性质来实现阀开关状态的切换。在低电压下，空穴密集，通路堵塞；而在高电压下，空穴张开，通路打开。

(a) 双晶片单向阀　　　　　　　　(b) 气动微阀

图 6-2　微阀结构示意图

有源阀也称为主动阀，需要利用外界制动力来实现阀的开启和关闭操作。它有很多制动机理，包括气动、热膨胀、压电效应、形状记忆合金、静电、电磁等。气动微阀是以外部气体作为制动力的一类有源阀。Quake 研究组利用 PDMS 弹性体的性质，在 PDMS 芯片上制作了气动微阀，其结构如图 6-2(b) 所示。芯片上层为含有控制通道的 PDMS 薄片，中间层为 PDMS 薄膜，下层为含有流体通道的 PDMS 薄片，使控制通道和流体通道成交叉构型放置。在控制通道内施加气压时，中间层的 PDMS 薄膜发生形变，向下挤压流体通道，直至通道堵塞；撤销压力时，PDMS 阀膜在自身弹力的作用下恢复原状，通道重新畅通。这样可以通过调控施加在控制通道内的气压调控微阀的开启和闭合。

6.3.2　微流体驱动

微流体的驱动方式一般可分为两类。一类是机械驱动方式，包括气动微泵、压电微泵、往复式微泵和离心力驱动等，主要利用机械部件的运动来达到驱动流体的目的。驱动系统中包含能运动的机械部件。另一类是非机械驱动方式，包括电渗驱动、重力驱动等，其特点是系统本身没有活动的机械部件。

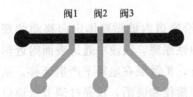

阀1　阀2　阀3

图 6-3　气动微泵结构示意图

(1) 气动微泵驱动

气动微泵是由多个气动微阀构成的，其原理是在微阀开关时，对流体的驱动作用。其结构如图 6-3 所示。如图所示三个 PDMS 气动微阀 1、2、3，在将阀 1 关闭时，由于 PDMS 为弹性体，在阀 1 和阀 2

之间的通道内积蓄压力，使通道内的流体在阀 2 打开时流入阀 2 和阀 3 之间的通道。而在阀 1 打开时，负压使得液体流入端的流体进入通道。这样顺序控制多个阀的开关，可以驱动流体从流入端流向流出端，起到微泵的作用。

（2）离心力驱动

离心力驱动系统是利用微电机带动下芯片旋转所产生的离心力作为微流控芯片中流体的驱动力。采用离心力驱动的芯片通常做成光盘状，因此也称为 CD 式芯片。利用离心力驱动只需单一电机就可以驱动数十乃至数百的独立结构单元，有利于高通量的样本分析，操作简便，易于微型化。

（3）电渗驱动

电渗驱动是微流控芯片中应用最为广泛的流体驱动方式之一。电渗不仅可用来直接驱动带电流体，也可用作动力微泵的动力源，作为电渗泵使用。与压力驱动相比，电渗驱动有系统架构简单、操作方便、流型扁平、无脉动等优势。但电渗驱动易受外加电场强度、通道表面情况等因素影响，稳定性较差。

6.4 微流控芯片检测器

检测是样品分析过程中不可或缺的一步，微流控芯片分离分析系统同样也离不开检测，自微流控芯片问世以来，检测器的研究一直是科学家关注的重点。微流控芯片分离分析系统对检测器的要求较常规分析方法要高，其要求主要体现在以下三个方面：第一，微流控芯片中，由于微芯片通道尺寸小，进样量少，因此可供检测的样品量少且检测区域也小，需要检测器具有更高的灵敏度；第二，在微流控芯片上化学反应和分离过程通常较快，因此检测器需要更快的响应速度；第三，采用微流控芯片技术的目的之一是仪器的微型化和便携化，因此检测器要尽可能小。

目前许多检测技术都已经应用到微流控芯片上，其中以光学检测法和电化学检测法最为常用。激光诱导荧光技术由于具有超高的灵敏度而最早被应用到微流控芯片技术中，其后化学发光、紫外吸收等光学检测器和安培检测器、电导检测器等电化学检测器陆续被应用到微流控芯片技术中。而对于生物大分子的检测，质谱具有强大的分辨和鉴定能力，因此也是微流控芯片检测技术研究的热点。

6.4.1 光学检测器

光学检测器是在微流控芯片上应用最早也是应用最多的一类检测器，有荧光检测器、光度检测器、化学发光检测器、激光热透镜检测器、发射光谱检测器和示差折光检测器。其中荧光检测器又分为激光诱导荧光检测器（LIF）和二极管荧光检测器；化学发光检测器又分为普通化学发光检测器和电致化学发光检测器；发射光谱检测器又分为等离子体发射光谱检测器和原子发射光谱检测器。

激光诱导荧光检测器是目前最灵敏的检测方法之一。激光诱导荧光检测器具有极高的灵敏度，一般可达 $10^{-12} \sim 10^{-9}\,mol/L$。对于某些荧光效率高的物质，通过光子计数、双光子激发等一些改进技术甚至可以达到单分子检测。激光诱导荧光检测器是最早应用在微流控芯片技术中的一种检测器,并且也是应用最多的检测器之一。根据光学系统设计的不同,激光诱导荧光检测器又可分为共聚焦激光诱导检测器和非共聚焦激光诱导检测器,共聚焦型检测器应用较多。图 6-4 为一种共聚焦激光诱导检测器结构示意。

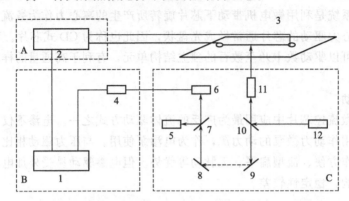

图 6-4　微流控芯片共聚焦激光诱导荧光检测器结构示意

A—微流控芯片电源系统;B—数据处理系统;C—激光诱导荧光光学检测系统;

1—计算机;2—微流控芯片电源;3—微流控芯片;4—模数转换器;

5—目镜,可以直接观察芯片通道;6—光电倍增管;7—分光器;

8,9—反射镜;10—元二色镜;11—目镜;12—激光器

在激光诱导光学检测系统中,激光器 12 发射出的激光通过元二色镜 10 反射至目镜 11,经过目镜聚焦后照射于芯片通道 3 内。样品发出的荧光经由目镜,透过元二色镜,两次反射后进入分光器 7,一部分荧光进入目镜 5,可以直接观察;另一部分进入光电倍增管 6 转换为电信号后,通过模数转换器 4 在数据处理软件上显示数据信号。

化学发光检测器是利用物质在化学反应过程中发射的荧光信号进行检测的一种检测器,其检测灵敏度可与激光诱导荧光检测器媲美。相比激光诱导荧光检测器,化学发光检测器无需激光光源,因此检测器结构简单,并且避免了光源的不稳定性和杂散光的影响。化学发光检测器的问题是需要额外的通道引入化学发光反应试剂,会对分离效果造成负面影响。

前述的荧光检测器需要样品带有荧光或者样品能够衍生带上荧光,因此其使用范围受到限制。紫外吸收检测器是一种通用型光学检测器,能够检测所有具有紫外吸收的样品,其应用范围大得多。但由于紫外吸收检测器灵敏度较荧光检测器低,而且微流控芯片通道尺寸小,光程短,因此难以满足低浓度样品的检测需求。目前紫外检测器的主要研究方向是在芯片上设计长光程的吸收光路来增强其检测灵敏度。

6.4.2　电化学检测器

电化学检测是通过电极将溶液中的待测物的化学信号转换为电信号,以实现对待测物检测的一种方法。电化学检测器灵敏度高、选择性好、体积小,能够适应微流控芯片分离分析系统对检测器的要求,并且电化学检测器适合微型化和集成化,因此在微流控芯片分离分析系统中具有独特的优势。根据电化学检测原理的不同,目前在微流控芯片分离分析系统中所采用的电化学检测器主要有安培检测器、电导检测器和电位检测器,其中安培检测器和电导检测器研究较多,电位检测器应用较少。

安培检测器是根据待测物在恒电位工作电极上发生电化学反应时所产生的氧化还原电流对待测物进行定量的一种检测器。安培检测器要求待测物在所选用电极上具有电化学活性，因此不是通用型检测器。安培检测器的工作电极可以直接加工在芯片上，形成集成一体化的芯片分离检测系统。但这样集成的电极一旦钝化后不易清洗或更换，因此检测重现性不是很好，限制了安培检测器的使用。

电导检测器是根据带电组分对溶液电导率的贡献而进行检测的，样品经过检测器时溶液电导发生变化而得到样品信号。电导检测器不像安培检测器一样要求待测物在工作电极上有电化学活性，只要待测物带电荷即可检测，因此是一种通用型离子检测器。同安培检测器一样，电导检测器的工作电极也可以集成到芯片上，但这种直接接触型的电导检测器具有和安培检测器相同的问题。在接触型电导检测器的基础上，发展了基于电容耦合的非接触型电导检测器。非接触型检测器中，用于检测的两个传感电极与盛有待测物溶液的微通道距离很近但不直接接触。在两个传感电极间施加高频交流电时，溶液中离子产生电导电流，非离子产生极化电流。非接触型电导检测器根据电流信号变化进行检测。非接触型电导检测器由于工作电极不接触溶液，因此不存在电极的钝化和污染，分析性能好，颇具发展前途。

6.4.3　质谱检测器

质谱的检测原理是使样品中各组分在离子源中发生电离，生成不同荷质比的带电离子，经过加速电场的作用，形成离子束，进入质量分析器，并在质量分析器中，利用电场和磁场使离子发生相反的速度色散，将它们分别聚焦从而确定其质量的一种分析方法。质谱能够提供被分析物的分子量，鉴定未知样品的结构，因此成为生物分析中最重要的一种检测手段。微流控芯片分析与质谱检测的联用，是生物大分子样品特别是蛋白质样品分析的发展方向。微流控芯片质谱检测器主要有两种，一种是电喷雾（ESI）谱，另一种是基质辅助激光解吸电离（MALDI）质谱。

电喷雾是溶液中的离子在高压下通过喷口雾化形成气态离子的一种软电离方式，电喷雾通常不破坏高分子量大分子的结构，因此适合蛋白质、多肽等生物大分子的分析。微流控芯片与电喷雾质谱连接接口有芯片一体化接口和外接毛细管接口两种模式。一体化接口是指将芯片通道末端加工成夹角合适的三角锥形或者圆锥形喷头，样品直接从芯片通道喷出、雾化，然后进入质谱检测。一体化接口没有死体积，因此分离的样品不会因为死体积再混合，保证了芯片分离的分离效率。外接毛细管接口是指将常规毛细管接口与芯片通道末端通过各种方式连接起来，样品从芯片通道中进入毛细管中，在毛细管末端雾化然后进入质谱检测。外接型接口研究成熟，喷雾效果好，但芯片通道与毛细管的接口会引入死体积，影响芯片的分离效果。

基质辅助激光解析电离质谱是利用激光照射样品与基质形成的共结晶薄膜，基质从激光中吸收能量传递给生物分子，从而使生物分子电离的一种质谱分析模式。基质辅助激光解吸电离质谱能够分析质量数达数万的大分子，因此是高分子量蛋白质分析的优良手段。但是因为其离子化过程中要求样品与基质共结晶，因此很难直接和微流控芯片联用，通常都是采用离线手段，在微流控芯片上将蛋白质分离后，点到标准靶板上再进行喷雾和检测。

6.5　微流控芯片电泳

　　微流控芯片电泳是从毛细管电泳技术借鉴而来，其分离分析原理与常规毛细管电泳相似，是在芯片微通道内，以电泳为驱动力，借助于离子或分子在电迁移或分配行为上的差异，对复杂试样中的多种组分进行高速分离的技术。实际上微流控芯片的研究工作就是从芯片电泳开始的，由于芯片电泳对 DNA、蛋白质、多肽等生物大分子分离所表现出来的高分辨、高速、高通量的分离分析能力，使其成为微流控芯片研究热点之一。

　　在芯片上进行电泳分析具有以下特点：采用 MEMS 技术，可以方便地在玻璃、石英、有机聚合物上加工出微米级的分离通道，或者制备出诸如开口柱、填充柱和整体柱等各种形式的毛细管电色谱柱；以电场作为流体的驱动力，通过调节场强的大小、方向等条件可方便地实现小体积（pL～nL）进样、分离等操作，无需机械泵和机械阀，符合微型化、自动化的发展需求；玻璃芯片或者石英芯片具有良好的散热能力，电泳产生的焦耳热能得到有效散发，因此可以在通道中施加常规毛细管电泳难以达到的高场强，结合小体积进样的功能，能实现高速高效分离。可以采用区带电泳、凝胶电泳、等电聚焦、等速电泳、胶束电动色谱、电色谱以及二维电泳等不同的分离模式，实现无机小分子乃至生物高聚物的快速分离；借助于 MEMS 技术，还可以在芯片上加工出各种流动分析单元，偶联成以电泳分离为中心的微型化、集成化和自动化的微型全分析系统。

6.5.1　微流控芯片电泳进样技术

　　常规毛细管电泳中常用压力、虹吸和电动进样法，这些方法大多需要复杂的机械操作。芯片电泳的分离通道短，分离速度快，分子扩散对理论塔板高度的贡献相对较小，在这种情况下，进样速度和进样区带长度对分离速度和分离效率的影响较毛细管电泳更明显。因此，发展芯片电泳进样技术是芯片电泳的关键技术之一。

　　采用十字通道进样是芯片电泳中最为常用的进样方法。该进样系统由垂直交叉的两条通道（试样通道和分离通道）组成，通过电压在试样通道和分离通道间的切换可以实现进样操作，具有快速、方便、进样体积小和易自动化等特点。最简单的十字通道进样方法称为简单进样法。这种进样方式的操作过程分为充样和进样两步，如图 6-5(a) 所示，充样时，在试样池 1 和试样废液池 2 之间施加电压，在电渗流的作用下，试样从 1 流向 2 的过程中，将十字交叉口处的一小段通道体积中充满试样，然后将电压切换到缓冲液池 3 和废液池 4 之间，储存在十字交叉口处的一段试样溶液在电渗流的推动下进入分离通道，并经历分离过程。为增大进样的体积，可以将简单的十字形进样器改成双 T 形进样器。

　　在简单进样法中，由于分子扩散作用，在进样过程中，会出现进样区带展宽的情况；在分离过程中，又会出现样品从样品通道泄漏进入分离通道，从而影响分离效率的情况。为解决这些问题，在简单进样法的基础上，又发展了夹流进样法。夹流进样法是在进样时，通过施加一定的电压使得样品流经十字交叉口时，被缓冲溶液挤压变细，用于遏制十字交叉口处样品向分离通道扩散的现象；在分离时，通过施加一定的电压将仍残留在左右两侧试样通道

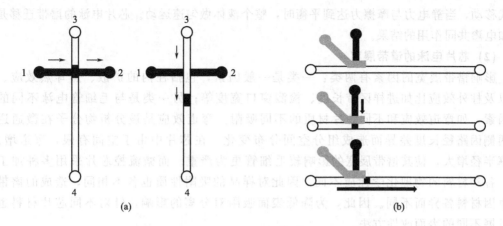

图 6-5　简单进样法（a）和微阀进样法（b）示意图

中的试样分别推向试样池和试样废液池，避免了试样溶液与流经十字交叉口的缓冲液接触。门式进样法同样采用十字通道结构，但它不再通过十字交叉口处的死体积完成定体积充样、进样和分离的步骤，而是通过电位的控制，使试样在电渗流的作用下流经十字交叉口时，交替进入分离通道和试样废液通道而实现进样和分离这两个步骤。

　　微阀进样法是利用集成到微流控芯片上的微阀来控制进样量的一种进样方法，与以上所介绍的进样法都有区别。简单进样法、夹流进样法和门式进样法等都是采用电驱动方式进行进样，而微阀进样法是压力驱动进样方式。微阀进样原理如图 6-5(b) 所示，流体通道为简单的 T 形，垂直通道为样品通道，水平通道为分离通道，微阀置于 T 形通道连接处样品通道末端。在进样前，关闭微阀，在样品池施加压力，因为微阀的作用样品不能进入分离通道。而进样时，打开微阀，样品通道与分离通道连接，样品由于压力的作用，进入分离通道。微阀进样法的进样量可以通过调节施加在样品池上的压力和微阀的打开时间而改变，是一种简便易行的进样方法。

6.5.2　微流控芯片区带电泳

　　区带电泳是芯片电泳中最常用的一种分离模式。由于该分离模式所用的分离介质简单，分离速度快，对于离子型化合物有很好的分离能力，因此，不但早期有关芯片电泳的基础研究大都采用这种分离模式，而且目前有关小分子量离子型化合物的分离分析中，该分离模式仍占主要地位。芯片区带电泳主要被用来分离氨基酸、药物、金属离子、环境样品中有害物质等样品。

(1) 芯片电泳的谱带迁移

　　电泳是电解质溶液中的带电粒子在电场作用下以不同的速度定向迁移的现象。利用这种现象对化学或生物组分进行分离分析的技术称为电泳分析。芯片电泳与毛细管电泳相同，其分离能力基于不同离子的电泳淌度不同。在芯片电泳中，带电粒子的迁移并不仅取决于其电泳淌度，还与电渗流有关。电渗是电场中液体相对于带电的管壁移动的现象，电渗的产生和双电层有关。双电层是浸没在液体中的带电表面具备的一种特性，是指两相之间由相对固定和游离的两部分离子组成的与固相表面电荷异号的离子层。在电场下，双电层中静电荷在电场力作用下定向移动，由于液体的黏度，这种移动往往会带动靠近固相表面的液体以一体的方式移动，当静电力与摩擦力达到平衡时，整个液体做匀速运动。芯片电泳的谱带迁移是电泳和电渗共同作用的结果。

（2）芯片电泳的谱带展宽

影响谱带展宽的因素有两类：一类是一般因素，包括柱内的扩散、焦耳热效应、吸附以及柱外效应比如进样区带长度、检测窗口宽度等；另一类是与毛细管电泳不同的特殊因素，如弯道效应和不同芯片材质的不同吸附。弯道效应是被分析物分子在微通道内外两侧因路径长度差异而造成组分空间分布变化。在芯片中由于空间有限，弯道增加，曲率半径增大，使其谱带展宽的影响较毛细管更为严重。而微流控芯片采用多种加工材料，各种材料的物理化学性质不同，因此对样品的吸附性质也各不相同，造成的谱带展宽也因材料各异而不同。因此，为降低表面吸附对分离的影响，针对不同芯片材料也需要发展不同的表面改性方法。

（3）芯片通道表面改性对芯片区带电泳的影响

在区带电泳中，芯片通道的表面性质主要影响两方面：第一是芯片通道表面的带电性质影响电渗流，因此影响分离窗口长度和分析重现性；第二是芯片表面通道的物理化学性质造成的样品吸附不同，因此会造成谱带展宽。芯片通道表面的改性方法主要是为了克服这两方面的限制。对于石英或者玻璃芯片，其表面改性方法可以借鉴石英毛细管的改性方法。但对于其他芯片，比如聚二甲基硅氧烷（PDMS）芯片，就需要发展新型改性方法。PDMS疏水性较强，在PDMS芯片内进行区带电泳时，电渗流较小且不稳定，影响分析重现性。文献中通常采用低温氧等离子体氧化的方法，改善PDMS表面亲水性和电渗流特性，还可以将离子型高聚物涂覆在PDMS表面，增强PDMS表面的稳定性。

6.5.3　微流控芯片凝胶电泳

凝胶电泳是芯片电泳的重要模式之一。凝胶电泳分离是在充有凝胶或者其他筛分介质的芯片通道内进行的，筛分介质形成具有一定孔径范围的网状结构，当带电粒子的体积分布处在筛分介质的孔径范围之内时，带电粒子在筛分介质中电泳时，因体积排阻作用不同而具有不同的迁移速率，从而达到分离的效果。由于凝胶流动性差，因此扩散所致的谱带展宽降低，同时筛分介质通常会抑制电渗流和通道表面对样品的吸附，因此凝胶电泳具有较高的分离能力。凝胶电泳是生物大分子比如DNA、蛋白质和多肽的分离分析的重要手段之一。

芯片凝胶电泳中应用较多的一类筛分介质是线性聚丙烯酰胺。在进行芯片通道内聚丙烯酰胺的合成时，通常需要先用双官能团试剂［3-(methacryloxy) propyl trimethoxysilane，MAPS］对通道表面进行硅烷化处理，然后将含有丙烯酰胺单体和脲的TBE（三羟甲基氨基甲烷-硼酸＋EDTA）缓冲液与引发剂过硫酸铵混合后充入芯片通道进行聚合反应。利用聚丙烯酰胺凝胶电泳，数分钟内DNA单碱基分辨（$R>0.5$）能力可达500个碱基对。

芯片凝胶电泳中应用较多的另一类筛分介质是含有羟烷基纤维素的筛分缓冲溶液。羟烷基纤维素的线性高聚物在缓冲溶液中易缠绕形成网络状结构，其缠绕程度取决于羟基纤维素的性质、浓度和缓冲液的性质。这种筛分介质称为动态筛分介质，其制备方便，使用灵活，尽管其分离能力不如聚丙烯酰胺凝胶，但由于其简单易用的特点，被广泛应用在生物大分子特别是DNA的分离分析中。

6.5.4 微流控芯片等电聚焦

等电聚焦是根据蛋白质、多肽等两性离子等电点的差异进行分离分析的电泳分析方法。在进行芯片等电聚焦分离时，先将被分析物和两性电解质的混合溶液充满芯片通道，芯片通道两端的液槽则充满酸性缓冲液和碱性缓冲液。在芯片通道两端施加电压时，通道中的两性电解质就会形成 pH 梯度。被分析物在电场作用下迁移到 pH 值与其等电点相同的区域时便不再带电，停止迁移，因而被分离。

在芯片通道中进行等电聚焦，由于芯片（石英或者玻璃芯片）散热性较毛细管好，因此可以施加很高的场强。根据等电聚焦理论，其分离度与施加场强的平方根成正比，因此芯片等电聚焦可以实现高效高速分离。芯片等电聚焦有别于区带电泳或者凝胶电泳的一个特点是可以整管进样，在分离完成后被分析物被压缩成其 pI 处很窄的区带，因此不仅具有分离能力，也具有富集能力，可以应用于痕量样品的分离分析，也可以应用于多维电泳分离中作为第一维使用。

6.5.5 微流控芯片等速电泳

等速电泳是在由前导电解质和尾随电解质所组成的非连续介质中进行电泳的分离技术。前导电解质和尾随电解质中与被分析物离子带相同电荷的离子迁移率应满足以下关系：前导离子迁移率＞被分析物离子迁移率＞尾随离子迁移率。在等速电泳过程中，试样被夹在前导离子和尾随离子之间，经过一段时间的电泳分离后，试样带中的不同组分按迁移率的大小顺序排列成相互紧挨着的区带，这些相连的区带以前导离子为龙头并以相同速度向终点池迁移。等速电泳最大的特点是大体积进样后，被分析物组分被压缩为一个个很窄的区带，从而达到柱上浓缩的目的，因此可以作为被分析物的预浓缩和净化手段与其他电泳形式比如区带电泳联用。

6.5.6 微流控芯片胶束电动色谱

芯片胶束电动毛细管色谱是以带电的、能在电场作用下定向运动的表面活性剂胶束为固定相的一种电动色谱分离技术。其分离机理既有电泳的因素，又有色谱分配的因素，因此可以应用于不带电荷的中性分子的分离。胶束电动毛细管色谱需要在缓冲液中加入一定浓度的表面活性剂并使之达到胶束浓度，因此其缓冲溶液的电导较常规区带电泳大，容易受到焦耳热效应而导致区带展宽。由于芯片（玻璃或者石英芯片）的散热性能较毛细管强，因此芯片胶束电动毛细管色谱中可以施加较强的电场强度，因此其分离能力较常规毛细管胶束电动色谱分离能力要强。芯片胶束电动毛细管色谱主要应用于其他电泳方法无法分离的中性分子的分离分析，比如中性有机染料和有机爆炸物等。

6.5.7 微流控芯片电色谱

芯片电色谱是在芯片通道中填充或者在通道表面涂渍、键合色谱固定相，利用电渗流或者电渗流结合压力流推动流动相，根据组分在固定相和流动相之间分配系数的不同分离被分析物的分离技术。芯片电色谱和毛细管电色谱的特点相同，其最大特点是由于使用平头流型的电渗流作为驱动力，相较于使用抛物流型的压力流作为驱动力的液相色谱，其峰展宽得到了很大的改善。因此，它既有电泳高柱效的特点，又有色谱分析高选择性的特点。现阶段芯片电色谱的研究热点是发展分析性能良好的电色谱柱。

按照固定相的分类，可以将芯片电色谱分为填充柱电色谱、开口柱电色谱和整体柱电色谱三种模式。填充柱电色谱是指色谱固定相是填充在芯片通道内的电色谱模式，填充柱的制备是填充柱电色谱的关键技术。通常填充柱的装填需要在柱的两端装备固定填充物的塞子，在常规液相色谱柱或者毛细管色谱柱中，这是一个难题。而在芯片电色谱柱中，可以通过微加工技术直接在芯片通道中加工微结构作为塞子来固定填料。相较于常规液相色谱或者毛细管电色谱，这是一个巨大优势。开口柱电色谱是指将固定相涂渍或者键合到芯片微通道表面的电色谱模式。由于开口柱色谱的柱效较低，通常开口柱电色谱需要较长的柱长。在芯片上通过加工弯曲通道的方法，可以在有限面积芯片上加工很长的色谱柱。芯片开口柱的制作也比较简单，可以在通道表面直接键合各种聚硅氧烷试剂得到反向键合开口柱。芯片整体柱电色谱是指在芯片通道内加工合成整体材料作为固定相的电色谱模式。芯片整体柱电色谱的色谱柱又有两种模式。一种是利用微加工直接在通道内加工出具有微结构的芯片，然后将固定相涂渍或者键合到微结构上。这种色谱柱的优点是微结构尺寸和分布高度一致，因此固定相均匀有序，涡流扩散项所导致的峰展宽得到抑制。并且这些微结构与芯片本为一体，也不存在常规色谱柱中因为固定相与色谱柱壁之间结合不紧密所造成的壁漏问题。另一种芯片整体柱电色谱是通过原位聚合反应将整体材料合成在芯片通道中。通过聚合物单体在芯片通道中的原位聚合反应，既避免了填充柱电色谱中填充固定相的困难，又避免了直接加工法所需要的高精度蚀刻。原位聚合反应整体柱的制备通常包括芯片通道的清洗、内壁的处理和单体的聚合反应等三步，聚合反应可通过热引发和光引发两种方式。

6.6　微流控芯片的应用

微流控芯片技术的发展是 20 世纪 90 年代中期以来影响最深远的重大科技进展之一，既具有重大的基础研究价值，又有明朗的产业化前景。微流控芯片不仅在分析仪器微型化、集成化和便携化方面有着巨大潜力，而且在生物医学、环境监测与保护、新药开发等众多研究领域具有广阔的前景和应用。

在生物医学领域，随着人类基因组计划的初步完成，人类基因组计划进入后基因测序时代，DNA 的分析技术需要更高通量的筛选技术。而在蛋白质组学研究中，由于蛋白质的种类组成较基因更为复杂，因此对高通量分析提出了更高的要求。微流控芯片技术大规模集成和高通量分析的能力，使对个体生物信息进行高速、并行采集和分析成为可能，必将成为未来生物信息学研究中的一个重要信息采集和数据处理平台，在后基因组学研究中发挥不可替代的作用。

而在环境监测与保护领域，微型化的便携式微流控芯片分离分析系统可以直接带到需要检测的环境中，在线检测环境中的空气、水源、土壤和食物的污染情况，为环境污染提供一线数据采集支持。同时,微流控芯片检测装置可以取代体积较大的传统检测装置,安装到工业生产线中,在线检测生产环境中的有毒物质,做到提前预警,排除安全隐患。

微流控芯片技术高通量、平行性的特点可以应用到药物筛选和开发。微流控芯片技术能够大规模地比较各种合成路线和条件,筛选药物的有效成分,大大缩短了传统药物筛选的时间,加快新化合物和药物研究开发进程。在中药现代化研究领域,中药化学成分十分复杂,微流控芯片技术也可以利用其集成化高通量分析的特点,快速完成大量的筛选、分析、比对等工作,建立中药及其制剂的指纹图谱,有力地推动中药的现代化进程。

6.6.1　微流控芯片在核酸研究中的应用

核酸是以核苷酸为基本单位的重要生物分子,包括脱氧核糖核酸(DNA)和核糖核酸(RNA)两种。核酸是遗传信息的携带者,也是基因表达的物质基础。对核酸结构、功能和调控的认识是人类在分子水平研究遗传、进化和疾病诊断的基础。基因结构与功能研究是微流控芯片应用最广阔的领域之一。微流控芯片最早的研究对象就是芯片电泳应用于 DNA 的分离与检测。微流控芯片电泳继承并优化了毛细管电泳的高效高速的特点,并能将多通道电泳集成到微小芯片上,进行高通量分析,大大加速了人类基因组计划的完成。1994 年,Manz 等首次将凝胶毛细管电泳移植到微流控芯片毛细管电泳中,分离了寡核苷酸混合物。1995 年,加州大学 Mathies 采用芯片电泳进行了基因测序研究,随后又将 PCR 集成到微流控芯片上。至今,核酸的扩增、分离以及测序仍是微流控芯片应用的主要领域,也是商业化较为广泛的领域。

(1) DNA 的酶解与扩增

DNA 的酶解和扩增是获取基因信息的第一步。1996 年美国橡树岭国家实验室的 Ramsey 在微流控芯片上进行了 DNA 酶解和限制性片段电泳分离的实验。其试样和限制酶在芯片上的反应通道内混合,实现芯片上的在线反应,然后直接电动进样进行电泳分离。1998 年,该小组又建立了在微流控芯片上实现包括细胞消解、PCR 扩增和电泳分离在内的集成化基因分析系统,开创了芯片上 PCR 反应研究的先河。而 Manz 等发展了芯片上连续流动式微流控 PCR 扩增芯片,其新颖之处在于扩增反应全部在流动中完成,从而大大加快了扩增速度。与常规 PCR 反应室不同,该 PCR 反应器是在玻璃基片蚀刻出逶迤形的反应通道,通道数十次经过三个温区。三个温区温度分别设定为 95℃、65℃ 和 77℃,芯片下面用三块铜块作为热源。当反应混合物流经不同温区时,流体自动变温,完成 PCR 的变性、退火与延伸三步反应。

(2) 核酸的分离及测序

在应用微流控芯片进行基因的研究中,DNA 片段的分离是测序的基础,绝大多数 DNA 片段的分离是通过芯片电泳实现的。在芯片电泳应用于 DNA 片段分离方面,最开始是用简单的单十字通道,在较小的芯片上分离寡核苷酸,如 Mathies 研究组在 1995 年采用简单十字通道利用 3.5cm 长的分离通道,检测了 150 个碱基,随后在 1999 年利用 6～7cm 长的分离通道,检测了 500 个碱基。而后,进入集成化平行多通道电泳测序阶段。2001 年 Mathies 在直径 150mm 的圆盘式玻璃芯片上,刻蚀了 96 个毛细管电泳通道阵列进行碱基的分离检测,可同时测定 96 个样本(见图 6-6)。该芯片两个样品池共用一个废液池,其通道转角处采用细弯道设计,以减少弯道所引起的区带展宽。同年的微全分析国际会议上,又报道了在直径 200mm 的圆盘玻璃芯片上，集成 384 个通道进行电泳分离碱基，可以同时测定 384 个样本。集成化的微流控芯片系统极大地提高了 DNA 分离和测序的通量，节省了分析时间。

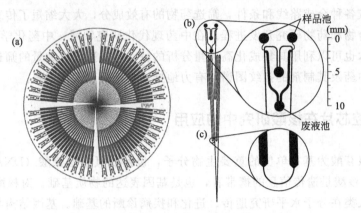

图 6-6　96 通道阵列微流控测序芯片示意图
(a) 芯片图；(b) 进样处放大图；(c) 通道转角处

在上述研究的基础上，科学家得以进一步开展基因表达、基因突变、基因分型和 DNA 测序等方面的研究。这些研究在临床诊断、病原体鉴定、卫生检疫和环境生态等方面都有极大的促进作用。

6.6.2　微流控芯片在蛋白质研究中的应用

蛋白质是由约 20 种氨基酸根据不同的排列顺序，以肽键的形式结合而成的具有一定空间结构的链状化合物。蛋白质是生理功能的执行者，也是生命现象的直接体现者，对蛋白质本身的存在形式和活动规律的认识以及对蛋白质结构和功能等的研究将直接阐明生命在生理或病理条件下的变化机制。然而，相比仅有四种碱基构成的核酸，蛋白质构成和种类更加复杂，因此对蛋白质的分析也更加困难。微流控芯片具有各种操作单元灵活组合、规模集成的特点，非常适合蛋白质研究的需要。包括从蛋白质样品的预处理、富集、分离和检测等都可以集成到微流控芯片上进行。

(1) 蛋白质样品的预处理

蛋白质样品的预处理是蛋白质能否被准确测定的一个关键步骤，目前蛋白质样品的预处理主要涉及蛋白质的纯化、富集和酶解等几个方面。蛋白质纯化的主要目的是使蛋白质组分与背景杂质分离，减少背景杂质对分离或检测的影响。蛋白质样品的纯化主要是进行样品的脱盐处理，这在质谱检测中显得尤为重要。微流控芯片上蛋白质的纯化可以通过在芯片上利用透析膜进行微渗析或者利用蛋白质和杂质小分子之间扩散系数的不同而进行液液萃取来实现。

蛋白质的富集是蛋白质样品预处理的一个重要方面。因为功能蛋白质分子的浓度通常很低，而现阶段检测器的灵敏度又受到限制，因此对实际样品中痕量蛋白质的检测是一个难题。在线富集技术是解决这一问题的有效方法之一。蛋白质的在线富集技术有电驱动模式和非电驱动模式两种。电驱动模式是指基于电场作用下的富集模式，有等速电泳富集、等电聚焦富集、场放大进样富集和纳米通道富集等多种方法。非电驱动模式又有基于分配机理的色谱富集法和膜富集方法。其中色谱富集法的代表，固相萃取富集和各种电泳富集方法应用较多。

目前，蛋白质组学分析是通过将蛋白质大分子降解为多肽，通过分析肽谱以及进行肽链的测序得到蛋白质分子的结构和组成得以实现。因此，将蛋白质进行酶解是蛋白质结构分析的一个重要组成部分。在微流控芯片上进行蛋白质的酶解，通常将蛋白酶固定在芯片通道内特定的载体上以形成固定化酶反应器而实现。蛋白酶的固定有很多方法，如将蛋白酶通过共价键合的方法固定到芯片通道表面，形成开管式蛋白酶反应器；还可以将蛋白酶固定到微球上，然后将微球填充到芯片通道内形成微球蛋白酶反应器；还可以在芯片通道内利用原位聚合法反应合成整体柱，然后将蛋白酶固定到整体材料上形成整体柱蛋白酶反应器；还可以将多孔膜固定到芯片通道内作为支撑材料，将蛋白酶吸附到多孔膜上形成膜蛋白酶反应器。

（2）蛋白质分离

随着人体基因组学计划的完成，生命科学研究已进入后基因组时代。在这个时代，生命科学的主要研究对象是功能基因组学，包括结构基因组研究和蛋白质组学研究。蛋白质组指的是"一种基因组所表达的全套蛋白质"，即包括一种细胞或者一种生物所表达的全部蛋白质。由于组成蛋白质的氨基酸种类较组成基因的碱基种类要多，并且蛋白质还要涉及功能化修饰和构象等问题，导致蛋白质组学的研究对象种类较核酸多很多。人类基因组的基因数约为 2.4 万个，而科学家估计人类蛋白质组的蛋白质种类大约在 20 万到 200 万之间，同时检测如此种类繁多的蛋白质对检测器来说是个不可能完成的任务。因此，发展蛋白质的分离方法是蛋白质分析的首要任务。电泳和色谱是两种主要的蛋白质分离技术，各种电泳和色谱的分离模式都已经在微流控芯片上得到实现。

理论上，芯片上蛋白质分离可以采用芯片电泳的所有分离模式，但蛋白质所特有的性质决定了其在实际应用中多采用筛分电泳和等电聚焦。筛分电泳在传统的平板电泳和毛细管电泳中应用就比较广泛，是 DNA 和蛋白质等大分子的传统分离方法。在芯片通道内进行凝胶筛分电泳无论是柱效还是分离速度，都比传统方法优越，但凝胶柱制备困难，使用寿命较短。芯片无胶筛分作为凝胶筛分的一种替代技术，在实际中的应用更为广泛，并且已经商业化。芯片等电聚焦相较传统等电聚焦方法，不仅样品用量少，而且由于芯片上分离通道的微型化，使得所能施加的分离电压得到大大提高，从而提高了等电聚焦的分离度和分离速度，几秒内就可以实现多种蛋白质的分离。

采用 MEMS 技术可以很方便地在芯片通道内制备出分离性能良好的色谱柱，因此，芯片色谱技术也在蛋白质的分离分析中得到了一定的发展。如图 6-7 所示，在石英微流控芯片上利用 MEMS 技术可以加工出有序排列的整体载体结构，该载体表面经 C_{18} 修饰后用于色谱分离蛋白质的酶解产物，较常规高效液相色谱分析速度快了很多。

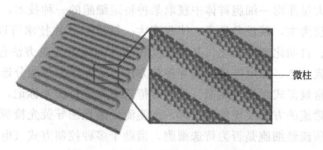

微柱

图 6-7　圆柱形有序排列整体载体结构

6.6.3 微流控芯片在小分子研究中的应用

微流控芯片不仅在以核酸、蛋白质等生物大分子为对象的研究中展示了其规模集成、灵活组合的优势，在对分子量小于1000的小分子的分离分析方面的应用也日益广泛。微流控芯片对小分子的分析主要应用于环境分析、药物分析以及食品安全卫生检测等方面。在对环境样品进行检测时，通常采用芯片电泳的方式对样品进行分离然后检测。环境中的污染物通常含量较低，因此常常采用等速电泳-区带电泳联用的方法，利用等速电泳预富集的能力，将被分析物在线富集然后利用区带电泳分离。而对于药物分析，更多的研究集中于手性药物的分离分析。对于手性药物的分离分析，通常采用电泳拆分法，在电泳缓冲液中加入拆分剂，然后施加电压进样分离。芯片电泳拆分法较常规方法分析速度快很多，通常在几秒甚至毫秒内完成手性药物的拆分。微流控芯片在食品分析中应用也见报道，如在葡萄酒和白酒中有机酸含量与酒的工艺条件和储藏条件有关，是主要呈味物质。研究人员利用芯片等速电泳-区带电泳联用的方法，可以检测白酒中有机酸的种类及含量。

6.6.4 微流控芯片在细胞研究中的应用

随着微流控芯片技术的发展，微流控芯片分析技术不仅在传统分析化学方面的应用日益广泛，也被其他学科接受而发展出越来越多的应用，如生命科学中的细胞研究。细胞是生物体结构和功能的基本单位，因此，也是生命科学的重要研究对象。现阶段的细胞研究不仅要从形态上观察细胞的微结构，更要从功能上研究细胞的化学组成和新陈代谢、信号传递等生命活动。传统生物学细胞操控方法通常采用光镊技术（利用光场与物体相互作用来钳制物体，通过移动光束实现物体迁移）等手段，这些方法极大地依赖于人工操作，操作复杂且费时。微流控芯片通道尺寸通常在微米级，与单个细胞的直径大小相近，便于对细胞进行操控；并且在微流控芯片上可以制作微阀等流体控制元件，进行多种操作单元的灵活组合，可以使细胞的进样、培养、捕获、裂解和分析检测等过程在微流控芯片上集成。因此，微流控芯片技术为细胞分析打开了一扇大门。微流控芯片技术在细胞研究中的应用主要集中在细胞培养、细胞分选、细胞捕获、细胞裂解及细胞成分分析上。

微流控芯片上细胞培养所用芯片目前主要用PDMS材料。该材料具有良好的生物相容性，对气体有一定的通透性，有利于细胞培养过程中气体的交换，还可以通过多层光刻技术构建多层芯片实现细胞的大规模培养。

细胞分选是从大量非均一细胞群体中获取某种特定细胞的一种技术，目前常用的细胞分选技术以流式细胞仪为主，其设备昂贵，体积庞大。微流控芯片技术可以克服这些局限性，实现仪器的小型化、自动化和便携化。基于微流控芯片的细胞分选方法包括荧光激发分选、磁珠免疫分选、夹流分选、介电电泳分选等多种方法。荧光激发细胞分选是最常用的一种分选方法，其原理和常规流式细胞仪相似。首先对待选细胞进行荧光标记，采用电动力、压力或空气夹流等形成鞘流的方式实现细胞进样，细胞流经激光诱导荧光检测区域后，根据检测到的荧光信号分辨所流经细胞是否为待选细胞，借助于多种控制方式（电、泵阀等）进一步完成细胞分选。

微流控芯片细胞成分分析有两个主要方向，一个方向是将细胞裂解后，对裂解液进行全谱图分析或者对某种特定成分进行分析，如蛋白质分析。另一个方向是应激分析，是对捕获在芯片上的细胞进行特定外界条件刺激，检测细胞分泌物来研究细胞功能以及细胞间信号传递。

第 7 章

化学传感器

环境、食品、医药和工农业及其他领域不断提出对检测技术的新要求，急待开发能直接测定各种待测物质化学传感器，甚至能识别有机化合物复杂结构的细微差别。为了解决这一类问题，各种化学及生物传感器的研究与应用应运而生。

传感器是一种检测装置，它能感受到被测量的信息，并将其按一定规律变换成为电信号或其他所需形式的信息输出，以满足信息的传输、处理、存储、显示、记录和控制等要求。传感器的测量系统可表示为：

$$\boxed{待测信息} \longrightarrow \boxed{敏感元件} \longrightarrow \boxed{换能器} \longrightarrow \boxed{数据与处理显示记录仪}$$

识别元件是对原始信息进行采集和转换的环节，对于任何一种传感器，输出信号 y 与输入信号 x 之间存在一定变换函数关系：

$$y = f(x)$$

输入信号 x 可以是各种物理量或化学量，包括温度、压力（重量）、光、物质的浓度等；输出信号通常为电学量：电流、电位、电导、电量等。

传感器的分类方法有多种，可以按照用途、工作原理、测量信号、敏感元件与被测对象之间的能量关系等分类。常见的传感器类型有：物理传感器、化学传感器、温度传感器、气敏传感器、光学式传感器、压电式传感器、电容式传感器、热电式传感器等。传感器的分类方法也多种多样。

化学传感器是能感受某种化学量，并按照一定关系将其转换成电信号而输出的装置。

本章主要介绍分析测试中常用的两种传感器。

7.1　光导纤维传感器及原理

7.1.1　光导纤维

光导纤维（optical fiber）简称光纤，是由前香港中文大学校长高锟博士 1966 年发明的，一种用于传输光、光信息和图像的器件。它利用光的全反射原理高效率传输光信息。利用光可以传递多种信息，如文字、图像、音频、视频、数据信息等。光纤的构成包括：纤芯、包层、涂敷层和护套，如图 7-1 所示。

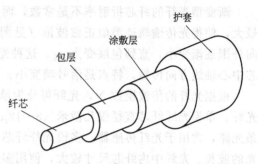

图 7-1　光纤结构示意图

光纤各部分的作用如下。

①　纤芯　是光纤的关键部位，直径为 5～75μm；材料主要为石英（用于紫外线）、或玻璃（用于可见光）及透明塑料（450nm 以上的光），纤芯折射率较高，光在光纤中传播时，通常发生全反射，能量损失小（见图 7-2）。

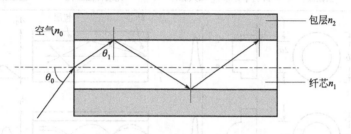

图 7-2　光在光纤中的全反射

②　包层　直径为 100～200μm；材料主要为玻璃或其他掺杂二氧化硅的材料，折射率略低于纤芯。

③　涂敷层　由聚硅氧烷或丙烯酸盐组成，用于隔离杂散光。

④　护套　由尼龙或其他有机材料制成，作用是提高机械强度，并保护光纤纤芯。

光纤除用于传输光及各种图像外，在生物医学应用中，也可用做观察体内组织器官的内窥镜等。由于光纤具有良好的电气绝缘性能，抗电磁场干扰、耐高温、耐腐蚀、体积小、质量轻、可绕曲等优点，所以在许多场合可发挥现有传感器所不能替代的作用。

光纤的分类及其主要参数：

根据光纤的折射率分布函数，光纤可分为阶跃型（step index fiber）和渐变型（graded index fiber）。

阶跃型光纤的纤芯折射率是常数，均匀分布。包层和纤芯界面呈阶跃型，即均匀台阶状。光波沿轴向呈锯齿波轨迹。纤芯折射率为 n_1 保持不变，到包层突然变为 n_2（如图 7-3）。这种光纤一般纤芯直径 50～80μm，光线以折线形状沿纤芯中心轴线方向传播，特点是信号畸变大。

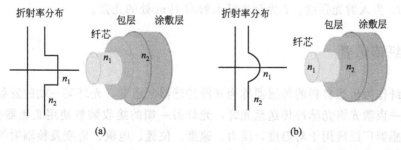

图 7-3　阶跃型（a）和渐变型（b）光纤的折射率分布

渐变型光纤的纤芯折射率不是常数，而是在径向按抛物线形式递减，中心轴线处折射率最大，使得光传输轨迹类似正弦波形（见图 7-4）。在纤芯中心折射率最大为 n_1，沿径向 r 向外围逐渐变小，直到包层变为 n_2。这种光纤一般纤芯直径为 $50\mu m$，光线以正弦形状沿纤芯中心轴线方向传播，特点是信号畸变小。

根据光纤的传输模数 N，光纤可分为单模（single mode）光纤和多模（multiple mode）光纤。单模光纤纤芯直径仅几微米（$8 \sim 12\mu m$），接近光波波长。单模光纤原则上只提供一条光路，常用于光纤传感器。多模光纤纤芯直径约为 $50\mu m$（$50 \sim 200\mu m$），纤芯直径远大于光的波长。光纤中内纤芯尺寸较大，使用多条光路传输同一信号，通过光的折射来控制传输速度。

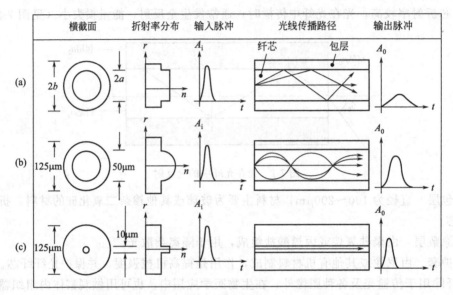

图 7-4　单模光纤和多模光纤的结构图及传光过程
（a）阶跃型多模光栅；（b）渐变型多模光栅；（c）单模光栅

光纤的主要参数有两个。

① 数值孔径（NA）　它反映了光纤对入射光的接受能力。NA 越大，说明光纤能够使光线全反射的入射角范围越大，即光纤的集光能力越强。

② 传输损耗　是指由于纤芯的吸收、散射及弯曲等使光纤传光产生的损耗。传输损耗是评价光纤质量的重要指标，常用衰减率表示。即

$$A = -10 \lg \frac{I}{I_0}$$

式中，I_0 为入射光强度；I 为距光纤入射端 1km 处的光强。

7.1.2　光纤传感器

利用光纤作为传感材料的传感器称为光纤传感器。通常，光纤某一端的发射装置使用发光二极管或一束激光将光脉冲传送至光纤，光纤另一端的接收装置使用光敏器件检测脉冲。目前光纤传感器广泛应用于对温度、压力、速度、位置、电流、应变及核辐射等物理量的检测、液面高度测量和用于化学成分的分析等，其应用前景极为广阔。

从分析化学角度看，光纤传感器包括光纤光度传感器、光纤化学传感器和光纤生物传感器。

(1) 光纤光度传感器

结构如图7-5所示，光纤仅作为传光介质，测试时直接将探头插入试液中，探测相关光信号。检测的常见光信号包括吸光度、荧光强度、化学发光强度等。

例如，美国橡树岭实验室在 UV 光度计上装两支 20m 光纤传感器，第一支为入射光，在探头处被试液吸收后，经反射又进入第二支光纤，在出口安装检测器，测量相应波长的光，该装置用于监测核废料处理液中的铀、钚。

光纤传感器还可测定地下水，如危险的垃圾库附近的地下水，受污染的地下水可发荧光，通过对荧光的检测，可判断地下垃圾库泄漏。光纤可长久地与废弃物一起埋入地下，在地面上监测。光纤不易锈蚀和遭辐射破坏，比定期取水样方便得多。

医学上还可用于监测人体内，如血管中氧络血红蛋白、O_2、CO_2 含量等。

(2) 光纤化学传感器

光纤化学传感器结构如图7-6所示，光纤的一端带有固定的化学试剂相，可与待测组分反应，引起试剂相应光学性质的变化，由光纤将这种变化的信息传输给检测器。在这种传感器系统中，传统的传感器和光纤相结合，为实现探针化的遥测技术提供了可能性。

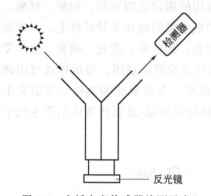

图7-5　光纤光度传感器检测示意

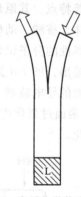

图7-6　光纤化学传感器示意

光纤化学传感器可用于光度传感器难以探测的物质，测量的光信号与上同。

光纤化学传感器分为可逆和不可逆两种。若试剂相不因与待测组分反应而消耗，属可逆的，反之为不可逆，要求试剂 L 消耗少，易更换。

下面介绍可逆光纤化学传感器原理。

光纤探头插入待测组分 M 的溶液中时，M 与 L 结合，形成配位比为 1:1 的络合物，若 L 的分子数远小于 M 的总数，则试液保持不变。对平衡体系：

$$M + L \rightleftharpoons ML$$

则

$$K = \frac{(ML)^*}{L^* \cdot [M]}$$

式中，L^*、$(ML)^*$ 分别为固定相中未结合、结合态 L 的物质的量。

显然

$$C_L = L^* + (ML)^*$$

则

$$L^* = \frac{C_L}{1 + K[M]} \tag{1}$$

$$(ML)^* = K[M] \times \frac{C_L}{1 + K[M]} \qquad (2)$$

式(2)/式(1)，得：
$$\frac{(ML)^*}{L^*} = K[M]$$

则 $(ML)^*/L^*$ 与 $[M]$ 成正比。若测量信号正比于 $(ML)^*$，则上式为定量关系式。

光纤传感器的装置较简单，可用一般光度计的光源、光栅和检测器。如图 7-7 所示为一个基于光吸收的 pH 光纤传感器。试剂酚红固定在聚丙酰胺微球上（共价键吸附）作为试剂相，周围的膜为纤维素渗析膜。$\lambda_m = 590nm$，探头直径 $\phi < 1mm$，可置于大号针管内，插入血管中测量 pH 值。

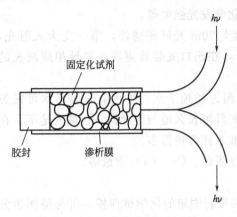

图 7-7 pH 光纤传感器示意

(3) 光纤生物传感器

光导纤维生物传感器（fiber optical biosensor）是近年来随着光导纤维技术的发展而出现的新型传感器，具有抗电磁干扰能力强、安全性能高、灵巧轻便、使用方便等特点。其原理是将具有分子识别作用的固定化指示剂，如酶、辅酶、生物受体、抗原、抗体、核酸、动植物组织、微生物等的敏感膜固定在光导纤维上，对样品中的待测物质进行选择性的分子识别，并转换成各种光信息，如紫外、荧光、磷光、化学发光和生物发光等信号输出。图 7-8 为光纤免疫传感器的结构及检测示意图。将抗体通过固载膜固定在光纤内心切面的导电玻璃 ITO 表面，待测物（抗原）与过氧化物酶标记抗原发生竞争反应，导致 ITO 表面过氧化物酶的量发生变化，并催化鲁米诺-过氧化氢体系产生化学发光的光强度发生变化。

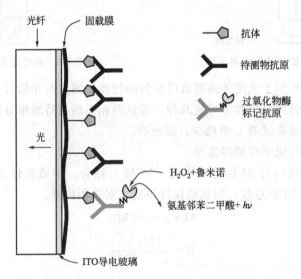

图 7-8 光纤免疫传感器示意

在大多数情况下，光导纤维只具有光传输的作用。从光源发出的单色光通过光耦合器进入光导纤维并作用于敏感层，在敏感层通过对分析物的分子识别和换能作用得到含有待测物信息的光信号，再经光导纤维传至检测器进行检测。

例如，在光纤的端头放置固定相层，如玻璃（包括硅藻凝胶、硅胶、石英和多孔玻璃微球等）、纤维素、琼脂糖、高分子聚合物（包括聚乙烯、聚氯乙烯、聚苯乙烯、聚丙烯酰胺等）等，厚度在 $5 \sim 200 \mu m$ 之间。在固定相上负载葡萄糖氧化酶和鲁米诺，制成了葡萄糖光纤生物传感器，测定试液中的葡萄糖时，葡萄糖在葡萄糖氧化酶催化作用下与溶液中的氧反应，生成过氧化氢，过氧化氢氧化鲁米诺，产生化学发光，光信号经光纤传导至检测器，即被检测。

可见，对于生物催化反应所产生的物质若不能直接给出光学信号，如许多酶催化反应都能消耗或产生质子、氧、二氧化碳或过氧化氢等，需要在生物催化层和光测量之间插入一个起换能作用的化学反应，使其转变为能进行光检测的物质。

光导纤维生物传感器的主要特点是具有很高的传输信息容量，可以同时反映出多元成分的多维信息，并通过波长、相位、衰减分布、偏振和强度调制、时间分辨、搜索瞬时信息等来加以分辨，真正实现多道光谱分析和复合传感器阵列的设计，达到复杂混合物中特定分析对象的检测。光导纤维生物传感器的探头直径可以小到纳米级，能直接插入非直线的微小空间和无法采样的小空间中，如活体组织、血管、细胞等，对分析物进行连续监测。

7.2 光导纤维传感器的特点及应用

7.2.1 光纤传感器的特点

光纤传感器具有如下特点。

① 探测和传输的光信号不受微波和电磁波的干扰，它可置于高温、高压、强电磁场、易燃、易爆和强放射性环境中。可实现远距离监测。目前已研制出几千米长的光纤荧光测量装置。

② 光纤本身绝缘，且光纤及其探头可做得很小而且柔软，可直接插入活体组织内，并能作长时间监测，如监测血液、细胞等。

③ 应用多波长和时间分辨技术，能制造出同时对两种或两种以上组分响应的光纤传感器，实现多组分同时测定。

④ 光度分析中的显色剂、荧光试剂、化学发光试剂、固定化酶等都可作为光纤传感器的固定试剂相，试剂相也可固定在适当基底上，不与光纤端直接接触，便于更换。

⑤ 光纤传感器对试液的测定属于非破坏性，不会引起试液变化。

光纤传感器在使用中也存在一些问题，如环境中的光线对测量产生干扰，样品测试需在暗处进行；光在光纤中的传播会产生强度损失；试剂相稳定时间不够长，动态范围窄。

7.2.2 应用前景

光纤传感器的研究历史不长，目前还处在发展阶段。今后光纤传感器方面的研究工作主要体现在以下方面：

① 与激光结合进行遥测；

② 在试剂相、支持体、固载技术等方面需进一步研究；

③ 与光信号有关的波长分辨、时间分辨技术；

④ 制备复合传感器；

⑤ 在生理学、临床医学中应用。

7.3 生物传感器及基本原理

生物传感器（biosensor）是由固定化生物物质与适当的换能器组成的生物传感系统，具有特异识别生物分子的能力，并能通过生物分子与分析物之间的相互作用，用于微量物质的检测。生物传感器是以传感器为基础，由生物学、医学、电化学、光学、热力学及电子技术等学科相互渗透和融合的产物。

1962 年，L. C. Clark 等提出把酶和氧电极组合起来用于监测酶反应，这是生物传感器的雏形。1967 年，Updike 和 Hicks 根据 Clark 的设想，采用酶固定化技术，把葡萄糖氧化酶固定在疏水膜上再和氧电极结合，组装成第一个生物传感器，即葡萄糖电极。20 世纪 70 年代以来发展了多种生物传感器，包括：微生物传感器、免疫传感器、生物组织传感器、细胞类脂膜传感器等，80 年代是生物传感器高速发展时期，研制了光学生物传感器、热生物传感器、生物电子学传感器等。近年来，生物传感器也在微电子学、生物医学、生命科学等领域深受重视。

生物传感器利用生物活性物质（如组织切片、细胞、细胞器、细胞膜、酶、抗体、核酸等）作为敏感元件，这些生物活性物质具有分子识别功能、高度的专一性和灵敏性。把这些具有高选择性反应的敏感元件与光学、精密量热学、电化学或者电子学的计量技术的信号转换器（换能器）分别结合起来而形成传感器。生物传感器具有简便、灵敏、快速、选择性好、抗干扰能力强、样品用量少、检测成本低、利于自动化的显著优点，能对样品实现现场检测、连续检测、在线检测、活体检测，应用前景十分广阔，受到世界各国的关注。目前，生物传感器广泛应用于工农业生产、环境监测、临床检验及食品工业等领域。生物传感器的主要测定对象是生物体内存在的生物活性物质。

7.3.1 生物传感器分类

生物传感器的种类较多，分类无统一的方法，生物传感器通常依据生物识别元件的敏感材料和换能器的种类进行分类。根据生物敏感材料的不同，可分为酶传感器（enzyme sensor）、微生物传感器（microbial sensor）、免疫传感器（immunological sensor）、组织传感器（tissue sensor）、基因传感器（gene sensor）、细胞及细胞器传感器（cell and organelle sensor）等。

根据换能器可将生物传感器分为电化学生物传感器、光学型生物传感器、介体生物传感器、量热型生物传感器、半导体生物传感器、压电晶体传感器和测声型生物传感器等。常见的生物敏感膜传感器的构成特征见表 7-1。

表 7-1　根据生物敏感材料对生物传感器的分类

敏感材料	分子识别部分	信号转换部分
酶传感器	酶	光、电化学装置
微生物传感器	微生物	场效应晶体管
免疫传感器	抗体和抗原	光、电化学装置
组织传感器	动、植物组织	光、电化学装置
基因传感器	DNA	光、电化学装置
细胞及细胞器传感器	细胞、细胞器	热敏电阻

7.3.2　生物传感器结构

生物传感器的基本组成单位包括具有分子识别功能的感受器（receptor）、换能器（transducer）和检测器（detector）三个部分，结构示意如图 7-9 所示。其中具有分子识别功能的关键部件是生物敏感膜。

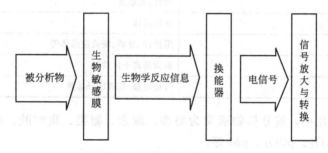

图 7-9　生物传感器结构示意图

生物敏感膜是能识别被测试物质的生物敏感材料。生物体的成分（如酶、抗原、抗体、核酸等）或生物体本身（如细胞、细胞器、组织等）具有分子识别功能的，均可作为敏感材料。敏感材料经固定化后形成一种膜结构，即生物传感器的感受器。具有分子识别功能的感受器是生物传感器的关键元件，决定了生物传感器选择性的好坏。

换能器是将敏感膜预转化得到的非电学量转换成电学量的组件。如电化学器件、热敏电阻、场效应管、光电二极管、光导纤维等。敏感膜上进行生化反应时消耗或生成的化学物质、产生的光或热等。生化反应中产生的信息是多元化的，因此选择不同的换能器对信息进行转换非常重要。

生物学反应中产生的变化包括化学量和物理量的变化，常见的物理量变化如下。

① 颜色反应　生物反应中的颜色变化包括生物体内产生色素以及酶与底物作用后产生有颜色物质两个方面。

② 生物发光　生物发光是由于某些生物体内的一些特殊物质（如荧光素）的氧化而产生的现象。如发光细菌体内的发光物质是荧光素，含量可达 5%。

③ 热熔变化　根据热力学第二定律，一个能自发进行的反应，总伴随有自由能的降低。自由能方程式为：

$$\Delta G = \Delta H - T\Delta S$$

式中，ΔG、ΔH 和 ΔS 分别表示自由能、热熔和熵的变化。酶促反应和微生物反应常常释放出可观的热量，根据焓变可定量测定底物的浓度。

④ 阻抗变化　生物反应可使底物中的电惰性物质，如碳水化合物、类脂和蛋白质等代谢为电活性产物，如乳酸盐、乙酸盐、碳酸盐和氨等代谢物。当微生物生长和代谢旺盛时，培养基中生成的电活性分子和离子增多，从而导致培养液的导电性增大，阻抗则随之降低；反之，则阻抗升高。这类反应是设计微生物传感器的基础。

除上述的物理量变化外，还有底物及生化反应产物的消耗与产生对应的其他电化学信息变化，如电流、电流-电位关系、电导等。

生物传感器中生化反应产生的信息及其对应的换能器的选择列于表 7-2 中。

表 7-2　生化反应产生的信息及其对应换能器的选择

生化反应产生的信息	换能器的选择
底物与产物变化	电流型或电位型离子选择性电极
质子变化	离子选择性电极、场效应晶体管
热效应	热敏元件
光效应	光纤、光敏管、荧光计
色效应	光纤、光敏管
质量变化	压电晶体
电荷密度变化	阻抗计、导纳、场效应晶体管
溶液密度变化	表面等离子体共振
气体分压变化	气敏电极、场效应晶体管

生物传感器应用中，被分析物通常为酶类、尿素、糖类、脂肪酸、激素、氨基酸、胺类、体液的 pH、pO_2、pCO_2、pM 等。

7.3.3　生物传感器原理

生物传感器通过敏感膜中感受器的分子识别作用，敏感材料和样品中的待测物质，发生生物化学反应，产生离子、质子、气体、光、热、质量变化等信号。在一定条件下，信号的大小与样品中被测物质的量存在定量关系。这些信号经换能器转换成电信号，再经信号处理系统、放大系统处理后，在仪器上显示或记录下来。传感器的性能主要取决于感受器的选择性、换能器的灵敏度以及它们的响应时间、可逆性和寿命等因素。

7.3.3.1　分子识别

分子识别是指生物传感器中的敏感物质能与待测成分进行特异性结合的性质。例如，葡萄糖氧化酶能从多种糖分子的混合液中，高选择性地识别出葡萄糖，并把它迅速氧化为葡萄糖酸内酯。生物传感器中的敏感材料包括酶、抗原、抗体、DNA、微生物细胞、细胞器、组织切片等。生物敏感物质能识别相应的生物分子，具有高度的选择性，因此制备的生物传感器也具有很高的选择性。

7.3.3.2　生物敏感物质的固定化

生物活性物质的固定化是指通过物理或化学的方法，将酶、抗原、抗体、细胞器等生物物质限制在一定的区间内，使其只能在特定的区间进行生化反应，但不妨碍底物的自由扩散。固定化技术是生物传感器研究和开发的重要依托。它影响敏感物质的活性和传感器的寿命。生物材料固定化后，热稳定性提高，可以重复使用，不需要在反应完成后进行生物材料和反应物质的分离，并能避免外源微生物对生物敏感物质的污染和降解。各种生物敏感物质的固定化方法主要有物理法和化学法，大致分为以下几种。

(1) 直接化学结合法

又称共价结合法（covalent binding），是生物活性物质通过共价键等方式直接固定在不溶性载体上。通常先将活泼的重氮基、亚氨基和卤素等引入到载体上使载体活化，然后这些基团再和生物分子中的氨基、巯基和羟基等结合，使生物材料固定在载体上（见图 7-10）。

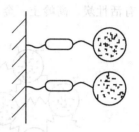
图 7-10 直接化学结合法固定生物活性物质

共价结合法的特点是结合牢固、不易脱落、传感器响应时间短、可以长时间使用等。但共价结合法操作复杂，反应条件比较激烈，固定的生物活性物质易失活，且只能固定一单层膜。因此需要严格控制操作条件，以尽量减少生物活性的丧失。

以酶与载体之间的共价键结合为例，结合形式通常有重氮法、肽键法、烷基化法等（见图 7-11）。

(a) 重氮法

(b) 肽键法

(c) 烷化法

图 7-11　酶共价法

(2) 交联法（网络法）

采用交联剂将生物材料彼此交联并被固定在惰性载体上，见图 7-12。交联剂为双功能试剂，如戊二醛等，生物材料中参与偶联的功能团有—NH$_2$、—COOH、—SH、—OH、咪唑基和酚基等。如利用酶分子中的—NH$_2$ 和交联剂戊二醛交联固定（图 7-12）。

交联法广泛用于酶膜和免疫分子膜的制备，其操作简便、结合牢固、可以长时间使用。缺点是在固定化时，由于主要应用于酶及抗体检测，所以要严格控制 pH 值，一般在蛋白质的等电点附近操作。此外，戊二醛本身能使蛋白质中毒，所以交联剂的浓度不能过高。

以上属于化学法，下面是物理法。

(3) 吸附法

利用载体与生物活性物质之间的范德华力、氢键、离子键等作用力，将活性物质吸附在有机或无机吸附膜（如聚苯乙烯、聚氯乙烯）等非水溶性载体上，见图 7-13。常用的载体有活性炭、高岭土、金、铝粉、壳聚糖、玻璃、胶原、纤维素和离子交换树脂等。

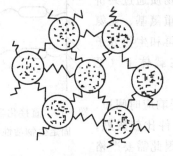

图 7-12 交联法固定生物活性物质

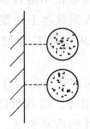

图 7-13 吸附法固定生物活性物质

吸附法操作简便、条件温和、对生物材料的活性结构破坏较少。但由于结合力弱，载体的理化性质稍有改变就可能引起解吸，使生物活性物质脱落。

(4) 包埋法

将生物活性物质与高分子物质原料混合均匀，制成高分子膜，使生物材料固定在高分子聚合物微孔中，见图 7-14。合成的高聚物有聚丙烯酰胺、聚氯乙烯、光敏树脂、尼龙、醋酸纤维等；天然的高聚物有海藻酸、明胶、胶原、琼脂等。

包埋法的优点是一般不产生化学修饰，对生物分子的活性影响小，聚合物的孔径和形状可任意控制。

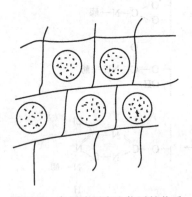

图 7-14 包埋法固定生物活性物质

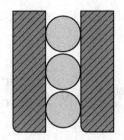

图 7-15 夹心法固定生物活性物质

(5) 夹心法

将生物材料包覆在双层微滤膜、超滤膜或透析膜之间，形成三明治结构（sandwich），见图 7-15。此法操作简单，不需要任何化学处理，生物固定量大，响应速度快，重现性好，尤其适用于微生物和组织膜的制作。

(6) 微胶囊法

将生物材料封闭于由膜组成的胶囊（microencapsulation）中。主要采用脂质体（liposome）来包埋生物活性材料。脂质体由脂质双分子层组成，内部为水相闭合的囊泡。微胶囊法条件温和，对生物活性物质的影响较小，但胶囊的稳定性一般较差，且条件苛刻（见图 7-16）。

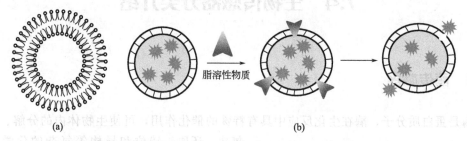

图 7-16　脂质体微胶囊结构（a）以及作为载体用于检测的原理（b）

（7）磁性粒子固定法

磁性纳米粒子是近年来发展迅速且极具应用价值的新型材料，磁性纳米粒子具有的顺磁性使其易于进行待测物的富集和分离。为提高磁性纳米粒子的稳定性和生物相容性，磁性纳米粒子表面通常需要包覆一层无机膜（如金、硅凝胶、碳酸钙等）或有机聚合物膜（如壳聚糖、聚乙烯吡咯烷酮、甲基硅烷等）。接着还要对磁性粒子进行靶向配套修饰，在其表面修饰酶、抗体、核酸、多肽等各种生物识别元件，实现磁性纳米粒子的功能化（见图 7-17）。

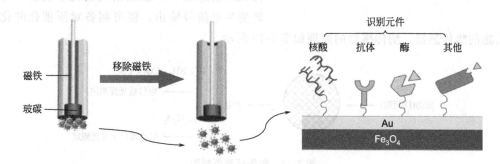

图 7-17　磁性粒子固定与磁分离示意图

7.3.3.3　信号转换

生物传感器中的生物敏感物质与待测物质发生生化反应后，所产生的化学变化或物理变化通过换能器转化成与分析物浓度有关的电信号，然后经过电子技术的处理后从仪表上显示或记录下来，这是设计各种生物传感器的基础。

已研究的大部分生物传感器的工作原理都是将化学变化转变成电信号。包括电流型和电位型。以酶传感器为例，酶能催化特定底物发生反应，从而使特定物质的量有所增减。用能将物质的量的改变转换成电信号的装置与固定化酶相耦合，即组成酶传感器。

有些生化反应能产生光，运用光学换能器将光信号转换成电信号，这是光学型生物传感器的工作原理。这类传感器大多数是将光敏材料直接或间接地固定在光纤端面上，光纤将光传入或输出，经光电倍增管检测输出的光信号。

若固定化的生物材料与相应的被测物质反应时伴有热的变化，而热熔的变化和被测物质的浓度存在一定的关系，可运用热敏元件把生化反应中的热效应转变成电信号，这是量热型生物传感器的设计基础。

7.4 生物传感器分类介绍

7.4.1 酶传感器

酶是蛋白质分子，酶在生化反应中具有特殊的催化作用，可使生物体内的分解、合成、氧化、还原、转位和异构等复杂的化学反应，在常温、常压、中性等温和的条件下有选择性地进行。这些反应包括糖类、醇类、有机酸、激素、氨基酸等生物分子的分解或氧化。酶的作用如生物催化剂，酶反应具有专一性和选择性（见图 7-18）。

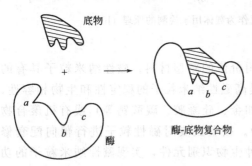

图 7-18 酶反应的专一性

这种选择性的催化能力可应用于分析化学。将酶固定化膜固定在电化学电极上，检测在酶催化反应过程中产生或消耗的化学物质，将其转变为电信号输出，便可制备对所催化的化合物敏感的酶传感器。酶传感器的原理如图 7-19 所示。

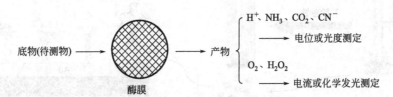

图 7-19 酶传感器原理图

酶传感器主要由具有选择性响应的感受器酶膜和换能器基础电极组合而成，常用的基础电极有氧电极、过氧化氢电极、氢离子电极、二氧化碳电极、氨敏电极等。

具有代表性的酶传感器是葡萄糖传感器。葡萄糖传感器是商品化最成熟的传感器。已被列入国家标准，应用于食品中葡萄糖、血糖和尿糖的测定。其结构示意图如图 7-20(a) 所示，酶膜结构如图 7-20(b) 所示。

葡萄糖传感器的感应器是含葡萄糖氧化酶（GOD）的膜，换能器是氧电极。将葡萄糖氧化酶用戊二醛交联固定在聚丙烯酰胺凝胶中做成敏感膜。测定时溶液中的溶解氧和待测底物葡萄糖同时渗入透过膜，到达酶膜。葡萄糖立即被催化氧化为葡萄糖内酯，同时消耗氧气而产生过氧化氢。有如下反应：

$$\text{葡萄糖} + H_2O + O_2 \xrightarrow{\text{GOD}} H_2O_2$$

H_2O_2 透过膜，到达 Pt 阳极附近电解液（KOH）中，$E_{pt} = 0.7V$（vs. Pb 阴极），在铂电极上发生电解反应：

$$H_2O_2 \longrightarrow 2H^+ + O_2 + 2e^-$$

根据测得的 H_2O_2 还原电流就可以得知葡萄糖浓度。也可测出氧的还原电流的下降，

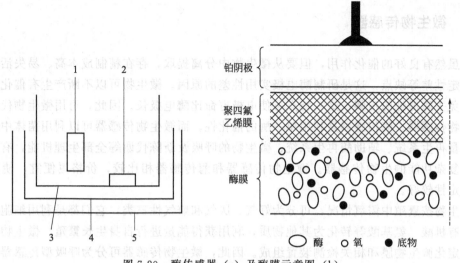

图 7-20 酶传感器（a）及酶膜示意图（b）

1—铅阴极；2—铂阳极；3—醋酸纤维素膜；4—GOD 酶膜；5—聚碳酸酯膜

换算出葡萄糖的浓度。

常见酶传感器见表 7-3。

表 7-3 常见酶传感器

测定对象	酶	检测电极
葡萄糖	葡萄糖氧化酶	O_2,H_2O_2,I_2,pH
麦芽糖	淀粉酶	Pt
蔗糖	转化酶＋变旋光酶＋葡萄糖酶	O_2
半乳糖	半乳糖酶	Pt
尿素	尿酶	NH_3,CO_2,pH
尿酸	尿酸酶	O_2
乳糖	乳糖氧化酶	O_2
胆固醇	胆固醇氧化酶	O_2,H_2O_2
中性脂质	蛋白酯酶	pH
L-氨基酸	L-氨基酸酶	H_2O_2,NH_3,I_2,O_2
L-精氨酸	精氨酸酶	NH_3
L-谷氨酸	谷氨酸脱氢酶	NH_4^+,CO_2
L-天冬氨酸	天冬酰胺酶	NH_4^+
L-赖氨酸	赖氨酸脱羧酶	CO_2
L-苯丙氨酸	L-苯丙氨酸脱氢酶	C
青霉素	青霉素酶	pH
苦杏仁苷	苦杏仁苷酶	CN^-
硝基化合物	硝基还原酶-亚硝基还原酶	NH_4^+
亚硝基化合物	亚硝基还原酶	NH_3

7.4.2　微生物传感器

酶虽然有良好的催化作用，但要从微生物中分离提取，存在精制成本高、易失活、寿命短、稳定性差等缺点，这是研制酶电极实用性差的原因。微生物可以不断产生有催化活性的酶，可免去酶提纯的步骤，这一特点可使电极寿命比酶电极长。因此，可用微生物代替酶制备微生物传感器。酶传感器是利用单一酶的催化性，而微生物传感器可以利用菌体中的复合酶、能量再生系统、辅助酶再生系统、微生物的呼吸及新陈代谢等全部生理机能，有可能获得具有复杂功能的生物传感器。微生物传感器和酶传感器相比较，价格更便宜，使用时间长，稳定性较好。

微生物按繁殖中需氧情况，可分为好气、厌气和兼气性三类，它们都是利用细胞内的酶将糖、有机酸、氨基酸等转化为其他物质，利用获得能量进行自身生长繁殖。微生物传感器是由固定化微生物膜和相关检测装置组成。因此，微生物传感器可分为呼吸型传感器和代谢产物测定型传感器。前者大多监测微生物在同化底物时消耗的氧；后者监测微生物在同化底物时产生的代谢物质，如 NH_3、CO_2、H^+ 和 H_2 等。

（1）呼吸型传感器

呼吸活性测定型微生物传感器是由微生物固定化膜和氧电极或二氧化碳电极所构成。如把活的微生物吸附固定在多孔型醋酸纤维素膜上，再把此膜装在氧电极的透氧膜上就可制成微生物传感器。较成功的例子是生物化学需氧量（BOD）传感器。BOD 值是环境监测中一个非常重要的指标。BOD 传感器是由氧电极和固定化的微生物膜组成。其中氧电极的阴极是一个直径 14mm 的圆盘金电极，阳极是金属钛电极，Ag/AgCl 电极是参比电极。将好气性微生物，如地衣芽孢杆菌或异常汉逊酵母菌经培养后，固定在乙酸纤维素中，膜覆盖在氧电极上，组成了三电极体系的电流型传感器。好气性微生物将有机物氧化分解成简单化合物时需要消耗氧，这样，测定电极上 O_2 的消耗量可计算出 BOD。

该法比原有的 BOD_5（5 日生化需氧量）方法速度有极大提高。用常规方法测定一次 BOD 值需要 5 天时间，而 BOD 传感器测定一个样品只需 15min。另外，也可以采用化学发光法来测定氧气的消耗量。

（2）代谢产物测定型传感器

厌气性微生物可摄取有机物而产生某些代谢产物。如果代谢产物能引起电极反应或被电极响应，就可将电极和固定化膜结合制成产物测定型传感器。其机理如图 7-21 所示。

例如，膜中固定了生氢微生物，待测物质（葡萄糖、淀粉、丙酮酸、氨基酸和蛋白质）被氧化而产生氢气，氢气通过透气膜扩散到铂电极表面被氧化产生电流，由电流数值可以测出有机物含量。

又如，将培养好的大肠杆菌离心，得到湿菌体，用牛血清白蛋白和戊二醛固定成膜，夹在两片渗透膜之间，再覆盖于氨气敏电极的透氨膜上即构成 L-天冬氨酸传感器。

大肠杆菌在厌氧条件下正常呼吸被

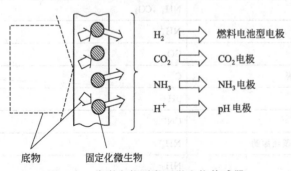

底物　　固定化微生物

图 7-21　代谢产物测定型微生物传感器

抑制，其谷氨酸脱羧酶使谷氨酸脱羧，而产生 CO_2，将该菌固定化成膜，并与 CO_2 气敏电极组装在一起，用来测定谷氨酸含量。

常见微生物传感器见表 7-4。

表 7-4　常见微生物传感器

测定对象	微生物类型	测定电极
葡萄糖	荧光假单胞菌	O_2
同化糖	乳酸发酵短杆菌	O_2
乙酸	芸苔丝孢酵母	O_2
氨	硝化菌	O_2
甲醇	未鉴定菌	O_2
乙醇	芸苔丝孢酵母	O_2
制霉菌素	酿酒酵母菌	O_2
变异原	枯草杆菌	O_2
亚硝酸盐	硝化杆菌	O_2
维生素 B_{12}	大肠杆菌	O_2
甲烷	鞭毛甲基单胞菌	O_2
BOD	丝孢酵母，地衣芽孢杆菌	O_2
维生素 B_1	发酵乳杆菌	燃料电池（H_2）
甲酸	酪酸羧菌	燃料电池（H_2）
头孢菌素	弗氏柠檬酸杆菌	pH
烟酸	阿拉伯糖乳杆菌	pH
谷氨酸	大肠杆菌	CO_2
赖氨酸	大肠杆菌	CO_2
尿酸	芽孢杆菌	O_2
L-天冬氨酸	大肠杆菌	NH_3
L-半胱氨酸	摩氏变形菌	H_2S

7.4.3　组织传感器

组织传感器实际上是酶传感器的衍生物。因为酶可以从动植物的器官、组织中提取出来，经过纯化成为单一的酶。组织传感器是利用天然组织中酶的催化作用，所以也是一种酶传感器。由于这种酶存在于天然的动植物组织内，比较稳定，制成的传感器寿命较长。另外，取材容易，很适合于国内研究推广应用。

最早提出组织传感器的是 Rechnitz，是将猪肾组织切片覆盖在氨气敏电极表面，制备成可测定谷氨酸的传感器，这是因为猪肾组织内含有丰富的谷氨酰胺酯，它可将谷氨酸转化为 NH_3，这种电极可保持稳定一个月以上。此后，多种动物组织切片，如肾、肝、肌肉、肠黏膜等，植物组织切片，如植物的根、茎、叶、蕊、穗，以及蘑菇等先后作为组织传感器的生物敏感膜材料（见表 7-5）。

表 7-5　常见的组织传感器

测定对象	组织	检测电极
谷氨酰胺	猪肾	NH_3
腺苷	鼠小肠黏膜细胞	NH_3
AMP	兔肉	NH_3
鸟嘌呤	兔肝,鼠脑	NH_3
过氧化氢	牛肝,莴苣子,土豆	O_2
谷氨酸	黄瓜	CO_2
多巴胺	香蕉肉,鸡肾	NH_3
丙酮酸	稻谷	CO_2
尿素	杰克豆,大豆	NH_3,CO_2
尿酸	鱼肝	NH_3
PO_4^{3-}/F^-	土豆/葡萄糖氧化酶	O_2
酪氨酸	甜菜	O_2
半胱氨酸	黄瓜叶	NH_3
儿茶酚	烟	
儿茶酚胺	鱼鳞	

组织传感器转换元件一般为 CO_2、NH_3、O_2 电极以及能检测某种离子、H_2 的器件。

例如,南瓜中果皮含有活性很高的抗坏血酸氧化酶,用切片机将南瓜中果皮切成 0.3mm 厚的长形薄片(见图 7-22),用 25 目的尼龙网装在氧电极的 Teflon 膜表面,可用于抗坏血酸的测定。对瓜皮各部位切片的响应酶活性进行比较,确定在果皮 2mm 加深处抗坏血酸氧化酶活性最高。

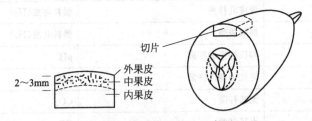

图 7-22　南瓜组织切片示意图

又如,鸟嘌呤测定用的组织传感器。其构成是用尼龙网将兔肝组织切片固定在氨气体指示电极上(见图 7-23)。

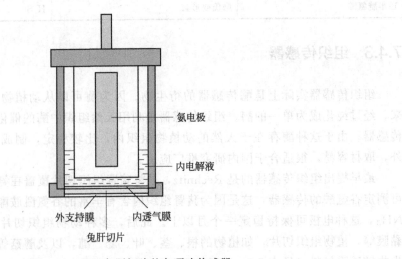

图 7-23　基于兔肝切片的鸟嘌呤传感器

再如，把大豆粉直接用戊二醛固定成膜，覆盖在氨或二氧化碳气敏电极上构成尿素传感器，用来测定尿液中的尿素含量。尿素传感器的感应器是含有脲酶的膜，换能器是平面 pH 玻璃电极。当尿素渗入感应器时，立即被脲酶催化分解为氨和二氧化碳，并通过透膜氨或二氧化碳到达 pH 电极表面，引起玻璃膜电位的变化。从 pH 变化的幅度，可以求出尿素的浓度。

组织传感器具有以下优点：①酶存在于天然的动植物组织中，与其他生物分子协同作用，性质非常稳定，制备成的传感器寿命较长；②组织细胞中的酶处于天然状态和理想环境，可发挥最佳的催化功效，催化效率高；③生物组织通常有一定的膜结构和机械性，适于直接固定做膜。所以，组织传感器制作简便、价格便宜；④生物组织可提供丰富的酶源，可用于未知种类酶以及无法分离酶的催化反应。但组织传感器最大的问题是不容易商品化。

7.4.4 免疫传感器

当异物（抗原）侵入体内时，身体为了防御异物的侵入，能产生可与异物特异性结合的蛋白质（抗体），使自身获得免疫性。

抗原是一种能刺激机体产生响应的专一性抗体，并能与之结合而产生反应的物质。如异种蛋白、大分子多糖或糖脂蛋白复合物等。

抗体是机体由于抗原的刺激而形成的具有专一性的免疫球蛋白。

抗体能与抗原发生结合反应，抗原和抗体的反应具有高度的特异性，这种特异性已被广泛应用于临床检测。免疫传感器就是利用抗原与抗体之间的特异性识别功能研制而成的，利用抗原对抗体（或反之）的识别能力和亲和力，以免疫测定为基础的生物传感器。

把抗原（或抗体）固定在一种膜上，即成为对特定抗体（或抗原）有选择性响应的亲和膜。

免疫传感器中的换能器多采用电化学型、光学型检测器。以电位型免疫传感器为例，抗体与抗原结合后的电化学性质与单一抗体或抗原的电化学性质发生了较大的变化。将抗体（或抗原）固定在膜或电极的表面，与抗原（或抗体）形成免疫复合物后，膜中电极表面的物理性质，如表面电荷密度、离子在膜中的扩散速度，发生了改变，从而引起了膜电位或电极电位的改变。

例如，用三醋酸纤维素为基质固定抗原，制成可特异性吸附对应抗体的敏感膜，从而在免疫敏感膜表面形成抗原抗体复合物。抗体是带电荷的蛋白质，使固定化膜具有一定的荷电状态，产生免疫反应后，膜电位发生变化，产生亲和膜电位，测量膜电位变化量即可求出待测抗原或抗体的量。

【例1】 绒毛促性腺激素（hCG）免疫传感器

hCG 是诊断妊娠与否的主要标志化合物。免疫传感器由金属钛丝制成。将钛丝加热到 500℃，使其表面形成二氧化钛膜，将此电极浸入溴化氰溶液中使表面活化，然后浸入兔抗人 hCG 抗体溶液中使抗体结合到二氧化钛膜上，即制成 hCG 传感器；另一支钛丝电极经形成二氧化钛膜、表面活化后，浸入尿素溶液中，使电极结合尿素分子，构成参比电极。

将一对电极插入待测溶液中，由于待测 hCG 抗原与兔抗人 hCG 抗体结合，引起电极表面的电荷分布发生变化。该变化通过电极电位的测量反映出来，由此可计算出 hCG 的浓度。此外，抗体也可以交联在乙酰纤维素膜上形成免疫电极（见图 7-24）。

图 7-24　hCG 电位型免疫传感器

【例 2】　α-甲胎蛋白（AFP）免疫传感器

α-甲胎蛋白（AFP）是诊断肝癌的重要蛋白质。将 AFP 的抗体固定于氧电极的表面，即构成 α-甲胎蛋白免疫传感器。测定时，在待测 AFP 的溶液中加入已知浓度的标记过氧化氢酶的 AFP 溶液，当遇到 AFP 的抗体时，待测的 AFP 抗原和标记的 AFP 抗原在电极上产生与抗体结合的竞争反应，最后达到一定比例。然后将电极取出洗净，再放入含有过氧化氢的溶液中。由于标记的酶能分解过氧化氢产生氧，氧的增加使传感器电流值增大，从电流的增加速度可求出结合到膜上的标记 AFP 的量。根据 AFP 抗体膜的最大抗原结合量，便可推算出被测非标记 AFP 抗原的量。

【例 3】　免疫球蛋白的测定（IgG 传感器）

用共价交联法把人血清 IgG（免疫球蛋白甘氨酸）固定在聚苯乙烯膜上，作为敏感膜，内参比电极为 Ag/AgCl，SCE 作参比电极，在磷酸盐溶液中电位法测定 IgG。

7.4.5　基因传感器

基因传感器是以核酸杂交过程高特异性为基础的传感检测技术。目前基因传感器主要为 DNA 生物传感器。根据换能器类型主要可以分为电化学型、光学型和质量型 DNA 传感器。以电化学型基因传感器为例，电化学 DNA 生物传感器首先将单链的 DNA 探针固定到电极表面，探针 DNA 对靶 DNA 进行特异性识别，发生杂交，导致电极表面修饰层发生变化，通过电化学标识物来反映电极表面电信号（如电流、电位或电容）的变化。进而对目标 DNA 进行定性或定量分析。其检测原理如图 7-25 所示。

电化学 DNA 传感器被认为是开辟了电化学与分子生物学交叉的新领域。今后在基因疾病诊断方面具有广泛的研究前景。

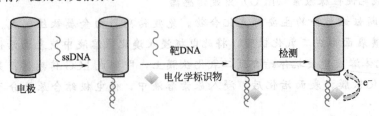

图 7-25　电化学 DNA 传感器检测原理

7.4.6　细胞及细胞器传感器

　　细胞传感器（cell-based biosensor）是指将生物活体细胞作为敏感元件，结合一定的换能器，用来检测胞内或者胞外的微环境生理代谢化学物质、细胞膜电位变化或与免疫细胞等起特异性交互作用后产生响应的一种装置。细胞传感器能够测量许多功能性信息，即检测被分析物对活性细胞的生理功能的影响。如细胞内自由离子浓度的变化（Cl^-、Na^+）、某些细胞对外界重金属离子以及pH值敏感、一些细胞对外界荷尔蒙刺激会产生移动，病毒会引起某些细胞大小发生改变以及面对外界刺激（光、电、药等），兴奋细胞会产生动作电位。因此，细胞传感器在生物医学、环境监测、药物开发等领域有着十分广阔的应用前景。

　　细胞的生命周期较短，使用中活性受环境的影响较大，采用从细胞中提取的细胞器（organelle）作为敏感材料可有效避免这个问题。将类囊体从叶绿体中分离，根据除草剂对类囊体束缚酶分解过氧化氢的拮抗作用，结合高灵敏的伏安法和电流法，可建立测定多种除草剂的灵敏、简便分析方法。利用光聚合法形成PVA-SbQ网状聚合物（见图7-26），可将类囊体膜进行固定，制备广谱型细胞器生物传感器，利用对类囊体中酶的拮抗作用进行农药和除草剂的检测。

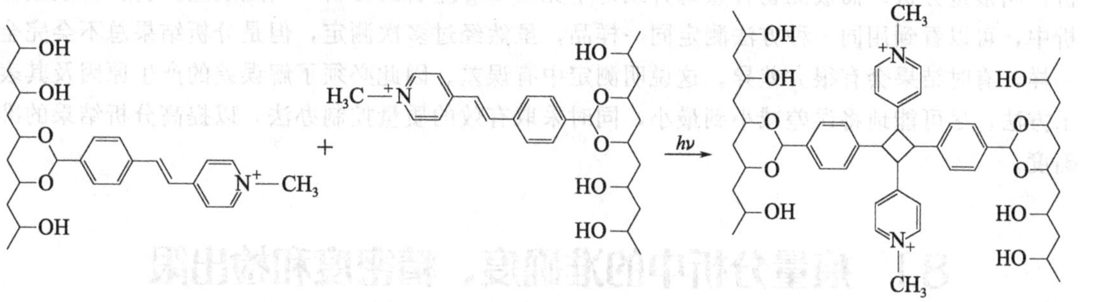

图 7-26　PVA-SbQ 的光聚合原理图

7.5　生物传感器的特点

　　生物传感器与传统的化学传感器和离线分析技术相比，具有明显的优势，如高度特异性，灵敏度高，稳定性好，成本低廉，体积小，能在体进行快速实时的连续检测。一般不需要样品的预处理，样品用量少，响应快，固定化敏感材料可反复多次使用，成本远低于离线分析仪器，易于推广普及。

第8章
痕量分析及分析质量控制

一般对含量低于百万分之一（即每升或每千克样品中含量为 $1\mu g$）的被测物组分进行分析，叫痕量分析。而被测物含量每升或每千克为 $1ng$ 左右的分析，叫超痕量分析。在痕量分析中，可以看到用同一种方法测定同一样品，虽然经过多次测定，但是分析结果总不会完全一样，有时结果会有很大差异。这说明测定中有误差。因此必须了解误差的产生原因及其表示方法，尽可能地将误差减小到最小，同时采取有效的质量控制办法，以提高分析结果的准确度。

8.1 痕量分析中的准确度、精密度和检出限

准确度、精密度和检出限是分析化学中的基本概念或术语。国标标准化组织（ISO）、国际电工委员会（IEC）、国际法制计量组织（OIML）、国际计量局（BIPM）、国际纯粹与和应用物理学联合会（IUPAP）、国际纯粹与应用化学联合会（IUPAC）以及国际临床化学联合会（IFCC）7个国际组织于1993年修订了《国际通用计量学基本术语》。我国国家质量技术监督局于1998年发布了《通用计量术语及定义》国家计量技术规范。在以上两个文本中，对测量准确度、测量仪器的准确度和准确度等级均有确切的定义和说明。本文以这些文件为依据，对这几个概念分别进行讨论。

8.1.1 准确度

8.1.1.1 准确度的定义

准确度（accuracy）是分析化学中的重要概念。准确度表明测定值与真值的符合程度。准确度的高低用误差来表示。测定值与真实值之间的差值为误差，所以误差愈小，测定值愈

准确，即准确度愈高，误差可用绝对误差和相对误差来表示。

通常认为，测量准确度是一个定性的概念，不宜将其定量化。换言之，可以说准确度高低、准确度等级或准确度符合××标准等，而不宜将准确度与数字直接相连，例如，不能说准确度为 0.32%、0.0003g 或 ±3mg 等。

8.1.1.2 系统误差及来源

系统误差又称可测误差或恒定误差，往往是由不可避免的因素造成的。在分析测定工作中系统误差产生的原因主要有：方法误差、仪器误差、人员误差、环境误差、试剂误差等。

(1) 方法误差

方法误差又称理论误差，是由测定方法本身造成的误差，或是由于测定所依据的原理本身不完善而导致的误差。例如，在重量分析中，由于沉淀的溶解，共沉淀现象，灼烧时沉淀分解或挥发等；在滴定分析中，反应进行不完全或有副反应，干扰离子的影响，使得滴定终点与理论计算的化学计量点不能完全符合，如此等等原因都会引起测定的系统误差。如重量分析中沉淀物沉淀不完全或洗涤过程中少量溶解，给分析测定结果带来负误差，或由于杂质共沉淀以及称量时沉淀吸水，引起正误差。又如滴定分析中，等摩尔反应终点和滴定终点不完全符合等。

(2) 仪器、试剂误差

仪器误差也称工具误差，是测定所用仪器不完善造成的。分析中所用的仪器主要指基准仪器（天平、玻璃量具）和测定仪器（如分光光度计等）。由于天平是分析测定中最基本的基准仪器，应由计量部门定期进行检校。

市售的玻璃量具（容量瓶、移液管、滴定管、比色管等），其真实容量并非全部都与其标称的容量相符，对一些要求较高的分析工作，要根据容许误差范围，对所用的仪器进行容量检定。

分析所用的测定仪器，要按说明书进行调校。在使用过程中应随时进行检查，以免发生异常而造成测定误差。

试剂误差来源于试剂或蒸馏水中含有的微量杂质。

(3) 人员误差

由于测定人员的分辨力、反应速度的差异和固有习惯引起的误差称人员误差。这类误差往往因人而异，因而可以采取让不同人员进行分析，以平均值报告分析结果的方法予以限制。每个分析工作者掌握操作规程、控制条件与使用仪器常有出入而造成的。如不同的操作者对滴定终点颜色变化的分辨判断能力的差异，个人视差也常引起不正确读数等。

(4) 环境误差

这是由于测定环境所带来的误差。例如室温、湿度不是所要求的标准条件，测定时仪器振动和电磁场、电网电压、电源频率等变化的影响，室内照明影响滴定终点的判断等。在实验中如发现环境条件对测定结果有影响时，应重新进行测定。

引起误差的主要来源有取样、试样储存不正确，试剂、器皿及工作环境空气的污染，容器表面的吸附与解吸，元素及化合物的挥发损失，化学反应中的价态及状态变化，信号干扰，不正确的标准溶液和校正曲线及试样与标样的组成差异等。

(5) 随机误差

随机误差也称为偶然误差，是在相同的实验条件下，对同一量进行多次测定时，单次测定值与平均值之间的误差。随机误差的产生是由于分析过程中种种随机因素的影响导致，如室温、相对湿度和气压等环境条件的不稳定，分析人员操作的微小差异以及仪器的不稳定等。虽然随机误差的大小和正负都不固定，但测定的次数足够多时，绝对值相近的正负随机误差出现的概率大致相等，它们之间常能互相抵消。因此，通过增加平行测定的次数获取平均值的办法可以减小随机误差。

8.1.1.3 准确度与精密度的关系

通常情况下，准确度高，精密度一定高；精密度高，准确度不一定高；精密度是保证准确度的前提条件，没有好的精密度就不可能有好的准确度。因为在事实上，准确度是在一定的精密度下，多次测量的平均值与真值相符的程度。为了说明这两个概念和它们之间的关系，以及怎样用数量来表示，以分析测定某铁矿标准样品中铁的含量（质量分数）为例来说明。该铁矿标准样品中铁的质量分数为 37.40%，有甲、乙、丙、丁四位分析工作者在同样的实验条件下，对该铁矿标准样品中铁的质量分数进行测定，结果如图 8-1 所示。

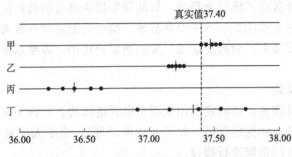

图 8-1　准确度和精密度的关系

从图 8-1 中可以看出，甲的精密度和准确度都较高；乙的精密度较高，但准确度较差；丙的准确度较差，精密度也较差；丁的准确度较高，但精密度较差。

8.1.1.4 提高分析结果准确度的方法

要提高分析结果的准确度，必须考虑在分析过程中可能产生的各种误差，采取有效措施，将这些误差降至最小。

(1) 选择合适的分析方法

各种分析方法的准确度是不同的。化学分析法对高含量组分的测定能获得准确和较满意的结果，相对误差一般在千分之几。而对低含量组分的测定，化学分析法就达不到这个要求。仪器分析法虽然误差较大，但是由于灵敏度高，可以测出低含量组分。在选择分析方法时，一定要根据组分含量及对准确度的要求，在可能的条件下选择最佳分析方法。

(2) 增加平行测定的次数

如前所述增加测定次数可以减少随机误差。在一般分析工作中，测定次数为 2～4 次。如果没有意外失误发生，基本上可以得到比较准确的分析结果。

(3) 测定中做空白实验

即在不加试样的情况下，按试样分析规程在同样操作条件下进行的分析。所得结果的数值称为空白值。然后从试样结果中扣除空白值就得到比较可靠的分析结果。

(4) 注意仪器校正

具有准确体积和质量的仪器，如滴定管、移液管、容量瓶和分析天平砝码，都应进行校正，以消除仪器不准所引起的系统误差。因为这些测量数据都是要参加分析结果计算的。

（5）系统误差的检查

当建立一个新的分析方法时，必须采取适当的方法来考察分析结果的可靠性。

① 标准物对照试验　对照试验就是用同样的分析方法在同样的条件下，用标准参考物质代替试样进行的平行测定，考察方法的测定值与标准参考物质参考值之间的符合程度。测量所得的数据必须落在真实值范围之内。目前，许多国家都设有国家一级的标准化机构，提供各类标准参考物质，可供痕量分析参考。实践证明，在分析过程中检查有无系统误差存在，做对照试验是最有效的办法。通过对照试验可以校正测试结果，消除系统误差。

② 几种分析方法的测定结果对照　在没有标准参考物质的情况下，这是考核方法准确度的一种简便而有效的方法。如果几种分析方法的测定值相吻合，说明所得的分析结果是可靠的。

③ 加标回收实验　在没有标准参考物质可供分析的情况下，人们还可采用加标法检查准确度，即在试样中加入标准，测量加标回收率 R。

$$R = \frac{\text{加标后测得总值} - \text{试样原值}}{\text{加标量}} \times 100\%$$

加标量应尽量与样品中待测物含量相等或相近，在任何情况下加标量均不得大于待测物含量的 3 倍。此外，要注意试液基体由于加入标液后发生变化，否则结果不一定可靠。

8.1.1.5　痕量分析的标准参考物质

痕量分析的标准参考物质必须满足以下要求：

① 标准参考物质的基体必须与试样的基体相同或大体一致；

② 标准参考物质中待测组分的含量必须准确已知；

③ 标准参考物质中待测组分的浓度应与试样中该组分的浓度位于同一个数量级。

8.1.2　精密度

（1）精密度的定义

精密度是评价分析方法的另一重要指标，它表示多次测量某一量时测定值的离散程度。通常用相对标准偏差 RSD 值的大小来表示分析方法的精密度，作为衡量测量值重复性的指标。IUPAC 对精密度的定义及计算方法也作了相应的规定，方法的单次测定标准偏差（S）和相对标准偏差（RSD）分别用下式表示：

$$S = \left[\frac{1}{n-1} \sum_{i=1}^{n} (x_i - \bar{x})^2 \right]^{\frac{1}{2}} \tag{1}$$

$$RSD = \frac{S}{\bar{x}} \tag{2}$$

式中，x_i 为单次测定值；$\bar{x}$ 为算术平均值；n 为测定次数。

【例1】 分析铁矿中的铁的质量分数，得到如下数据（%）：37.45，37.20，37.50，37.30，37.25，计算此结果的精密度。

解：

$$\bar{x} = \frac{37.45 + 37.20 + 37.50 + 37.30 + 37.25}{5} = 37.34 （\%）$$

相对偏差 $\bar{d}$ 为：

$$\bar{d} = \frac{1}{n} \sum |d_i| = \frac{1}{n} \sum |x_i - \bar{x}|$$

$$=\frac{1}{5}\times(0.11+0.14+0.04+0.16+0.09)\%=0.11\%$$

$$S=\sqrt{\frac{\sum d_i^2}{n-1}}=\sqrt{\frac{\sum(x_i-\bar{x})^2}{n-1}}$$

$$=\sqrt{\frac{0.11^2+0.14^2+0.04^2+0.16^2+0.09^2}{5-1}}$$

$$=0.13（\%）$$

$$RSD=\frac{S}{\bar{x}}\times100\%=\frac{0.13}{37.34}\times100\%=0.35\%$$

(2) 重复性与再现性

重复性与再现性也是有区别的。重复性是指同一分析人员在同一实验室对同一试样分析所得结果的离散程度；而再现性则是指不同的实验室用同一分析方法对同一试样分析结果的离散程度。方法的标准偏差是重复性的指标，而允许偏差则是再现性的指标。

(3) 方法的精密度与测量信号值或浓度值的关系

精密度与测量信号值的典型关系曲线如图 8-2 所示。当元素浓度或含量接近方法的测定下限时，测量信号值较小，其精密度相当差，相对标准偏差值（RSD）大；随着测量信号的增大，虽然标准偏差值（s）增大，RSD 反而急剧降低，并逐渐保持不变。

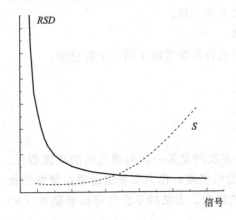

图 8-2　测量信号与测量值的
标准偏差（S）和相对标准
偏差（RSD）的关系曲线

(4) 改善精密度的方法

① 正确选择分析方法　对精密度起决定作用的，应该说还是分析方法本身，例如，在现代痕量分析方法中，原子吸收光谱法被人们公认为是准确度很高的分析方法，一般来说，很容易做到将方法的相对标准偏差减小到 1% 以下。GC、HPLC 精密度较差，S_R 约为 5%。

② 降低空白值　由于痕量分析中元素的测定值同空白值常处于同一数量级水平，因此，如何减小空白值就显得更为重要。

③ 增加测量次数　随着测量次数的增多，测定的精密度也增加。但这样做增大了工作量，因而不是一个十分可取的方法。

④ 采用内标法　测量时采用内标也是改善方法精密度的有效途径之一。例如，在 ICP-AES 法中内标的采用防止了因实验条件波动带来的不利影响，提高了测定方法的精密度。

⑤ 测量条件最优化的选择　大量研究证实，保证测量在最优化的条件下进行，不仅可以改善方法的检出限，而且可以提高方法的精密度和准确度。

8.1.3　检出限

评价一个分析方法可以有多种指标，如灵敏度、精密度、准确度、线性范围、多元素同时测定能力以及抗干扰水平等。但对痕量/超痕量分析方法而言，在以上诸指标中最重要的莫过于分析方法的检测功能了。一个非常准确但检测功能达不到要求的分析方法在痕量分析中是毫无意义的。因此，人们总是把检测功能作为痕量分析中的第一个重要问题来讨论和研究。

通常以检出限这个概念来表示分析方法检测功能的优劣，它的含义是指分析方法在确定的实验条件下可以检测的元素最低浓度或含量。若被测元素在分析试样中的含量高于方法的检出限，则它可以被检出，反之，则不能被检出。

(1) 检出限的定义

1975 年，IUPAC 通过了关于检出限的规定。按照这一规定，方法的检出限是指产生可分辨的最低信号所需要的元素浓度值。检出限有两种表示方式，即绝对检出限（以分析物的质量 μg、ng、pg 表示）和相对检出限（以分析物的浓度 mg/L、$\mu g/L$、ng/L 表示）。计算检出限的公式是：

$$X_L = X_b + k\delta_b \tag{3}$$
$$D_L = (X_L - X_b)/S = k\delta_b/S \tag{4}$$

式中，X_L 为可被检出的最小分析信号值；X_b 为平均空白信号值；k 为与置信度有关的整数；δ_b 为空白信号的标准偏差；D_L 为检出限；S 为方法的灵敏度。

根据上述定义可知，检出限包含了以下两层基本含义：①表明了所测的分析信号能可靠地与背景信号相区别；②指明了所得到的灵敏度的可信程度。

如果分析方法中系统误差不存在或可忽略，则测定值的测量误差的大小可以用统计学的方法来确定，其分布应服从高斯正态分布定律。

取 $k=3$ 表明测量方法的置信水平为 99.86%。现在这个值已经被 IUPAC 所确认：$D_L = 3\delta_b/S$。

检出限的测定：

① 测量背景 10 次以上，求出背景测量值的标准偏差 δ_b；

② 将 δ_b 乘以 3 倍；

③ 在元素的工作曲线（强度对浓度）上求出与 $3\delta_b$ 相对应的浓度值 D_L，即为方法的检出限。

(2) 检出限与灵敏度

灵敏度是表示分析方法的另一个重要特征。IUPAC 又对灵敏度作了专门的规定。根据这一定则，方法的灵敏度（S）表示被测元素浓度或含量改变 1 个单位时所引起的测量信号的变化；即 $S=dx/dc$。也可以把灵敏度理解为分析曲线的斜率。某一分析方法的灵敏度高，是指被测元素的单位浓度或含量的变化可以引起分析信号更显著的变化，灵敏度除上述定义外，对某一特定分析方法的含义、定义及数学表示方法见表 8-1。

表 8-1　灵敏度的定义和数学表达式

名称	符号	定义	数学表达式及单位
工作曲线的灵敏度	S	分析曲线的斜率	$S=dx/dc$（信号单位/浓度，或信号单位/质量）
显色反应的灵敏度	ε	有色溶液的摩尔吸光系数	$\varepsilon=A/c_b$
原子吸收灵敏度	m_A	产生 1% 吸收（$A=0.0044$）时的浓度	$m_A=0.0044(dc/dA)$

由式(4)可见，分析方法的检出限与灵敏度和背景的标准偏差密切相关，灵敏度越高，背景值及其波动越小，则方法的检出限越低。

【例2】 光度分析 11 次空白信号测定值为：

$X_1 = 0.001$，$X_2 = 0.000$，$X_3 = 0.001$，$X_4 = 0.002$，$X_5 = 0.002$，$X_6 = 0.003$，$X_7 = 0.001$，$X_8 = 0.002$，$X_9 = 0.001$，$X_{10} = 0.001$，$X_{11} = 0.001$

计算得 $\delta_b = 8.09 \times 10^{-4}$，测得 $S = 0.15/(mg/L)$，则

$$D_L = 3 \times 8.09 \times 10^{-4}/0.15 = 1.62 \times 10^{-2} \ (mg/L)$$

(3) 检出限与空白

空白是指化学组成与分析试样接近但不含被测元素的试样，在痕量分析中，由于被测元素的浓度接近于方法的检出限，所测得的分析信号值与空白信号值常常处在同一数量级。因此，空白值的大小及波动便直接影响到方法检出限的改善。

在分析过程中，工作环境、试剂纯度、器皿材料、制样方法以及溶液储存等环节均可以成为空白值的来源。在一个非净化的实验室中，常见元素 Si、Al、Fe、Ca、Na、K、Mg、C、Ti、Cl、P 和 S 的含量可达 $0.1\mu g/L$，未提纯的有机溶剂（如四氯化碳、乙醇）含有 $10^{-10} \sim 10^{-9} g/g$ 的金属杂质；常用的无机酸（盐酸、硝酸、氢氟酸）中的金属杂质总量可达 $10^{-6}\% \sim 10^{-5}\%$（质量分数）。因此，在痕量及超痕量分析中，常出现这种情况，尽管分析方法十分灵敏，但由于空白值无法降低，其检测功能也难以改善。从某种意义上可以说，痕量分析中检出限的改善除取决于分析方法本身外，在很大程度上还依赖于是否能降低空白值。

空白值的大小不仅影响方法的检出限，也影响方法的精密度，那种认为只要空白值恒定就不会影响测定结果精密度的看法是不正确的。因为在痕量分析中测定值与空白值往往处于同一数量级，试样中某一成分的真实含量是试样分析结果减去平行进行的空白测定结果而得。实验表明，空白值越大或不恒定，所得结果的精密度就越差。因此，为了可靠地扣除空白值，提高痕量分析的精密度，应将空白值减小到相当于待测元素含量的十分之一以下。

(4) 检出限与测定限

除了检出限外，在文献中有时还出现所谓测定限，但两者是有区别的。

检出限过去也称为检出极限、检测限、测定极限、波动浓度极限等，为避免引起混淆或歧义，1991 年全国自然科学名词审定委员会公布的《化学名词》的规定，用检出限代替上述称谓。如前所述，检出限是指产生一个能可靠地被检出的分析信号所需要的某元素的最小浓度或含量。而测定限则是指定量分析实际可以达到的极限，也可以这样理解：把前者看作属于定性分析，而后者看作属于定量分析的范畴。因为当元素在试样中的含量相当于方法的检出限时，虽然可以可靠地测量出其分析信号，证明该元素在试样中确实存在，但这时的测定误差可能非常大（例如相对标准偏差 100%），测量的结果仅具有作为定性分析的价值。测定限在数值上通常高于检出限，IUPAC 所属的分析和应用化学专业委员会在 1984 年规定：以空白测量值标准差的 10 倍（即 $10\delta_b$）对应浓度值作为分析方法的实际测定限。

另外，按 1997 年 IUPAC 通过的规定，"测定限"改称为"定量限"或"最小定量值"。需要指出的是，目前很多国际组织（机构），如国际临床化学联合会、世界卫生组织、生物学标准化专家委员会、美国国家临床实验室标准委员会等，根据各自专业领域的实际情况，对检出限、测定限（定量限）、检测限的定义与 IUPAC 的规定并不完全相同，阅读文献时应注意其区别。

8.2 痕量分析中的沾污控制

8.2.1 痕量分析中沾污控制的重要性

痕量分析通常指待测物的含量小于 $1\mu g/g$ 的分析测定。在现代痕量分析中,各种痕量分析方法在不断发展,分析仪器和分析方法的检出限日益改善,有关痕量分析的研究及应用工作愈来愈多,即测定痕量物质的浓度范围下降到 ng/g 级、pg/g 级,甚至 fg/g 级时,沾污会给分析结果带来显著的影响。如海水中有近 70 种元素的含量在 $1ng/g$ 以下,曾组织过多次国际实验室间分析结果的互相校对,从互相校对结果来看,海水中痕量元素分析结果的精密度很少在 $\pm10\%$ 以内,有的数据相差几倍,甚至相差 $2\sim3$ 个数量级。国内曾组织 8 个实验室对近岸海水中铜、铅、锌、镉、铁、铬、锰、钴、镍等多种超痕量元素进行了互相校对,结果说明如下。

① 混合标准溶液中各种金属离子浓度范围为 $1\sim20\mu g/g$,分析结果的精密度较好。[测定值与配制值相差小于 $\pm10\%$ 的占测定总数 84%,$\pm(10\%\sim20\%)$ 占 16%,超过 $\pm20\%$ 占 10%]。

② 海水中各种金属离子的浓度范围(平均测定值)为 $0.049\sim5.5ng/g$,各个实验室之间测定结果差别很大,精密度不好,可比性很差,多数实验室之间存在系统误差。

向海水中加入各金属离子使其浓度范围为 $1.1\sim25.5ng/g$,比原海水中浓度提高 $5\sim20$ 倍,各实验室之间的测定结果差别减小。如海水中锌的平均测定值为 $2.03ng/g$,测得范围为 $0.81\sim34.5ng/g$,数据相差 40 余倍;增大海水中锌的浓度使其提高约 10 倍($22.03ng/g$),测得范围为 $6.8\sim36.4ng/g$,数据相差 5 倍多,测定精密度得以改善。添加浓度 $10\sim20ng/g$,平均回收率在 88%~112% 之间。添加浓度 $1\sim6ng/g$,平均回收率在 85%~135% 之间。

造成海水中痕量元素分析数据分散、可比性很差的原因有多种,沾污是最主要的原因,测定范围为 $\mu g/g$ 级时,沾污对分析结果的影响较小。当测定范围降低到 ng/g 级时,沾污对分析结果带来严重影响,且浓度愈低影响愈严重。由此可见,忽视痕量杂质的沾污,虽然也可获得一些数据,但根据这些数据来探索自然规律或解决科学技术问题,则必将导致错误的结论。近年来随着痕量分析观念的更新以及取样、测定和减少沾污诸方法的改进,已经发现海水中许多元素的浓度比过去所已知的数据低了许多,甚至低几个数量级。从 70 年代初期到 80 年代初的分析结果来看,除个别元素外,大多数元素至少已降低半个到 1 个数量级。

在生物材料中痕量元素的测定数据也有类似的情况,例如人尿中的铬,1964~1970 年所报告的 24h 即 1 天收集尿液中铬含量数据从 $18\mu g/d$ 到 $1500\mu g/d$。1971~1978 年所报告的数据大约只有 $3\sim10\mu g/d$,但人们通过进食而摄入的铬并未减少。

因为在超痕量分析中,如果分析过程中有显著的沾污,所得结果将毫无意义。

8.2.2 沾污的来源

在痕量分析中沾污影响是一个重要问题。因为欲测定的组分均在万分之一以下,其绝对量往往是微克或者纳克级，有时甚至更少。如果不加注意，按常规操作，通过取样、制样、操作处理以及实验用水、试剂、器皿乃至实验室的大气等等因素所带进去的沾污量不可忽视，有时甚至会超过待测组分的含量。当然，用高灵敏度或非破坏性的分析方法可以在相当大的程度上减少或避免沾污，但在实践中，这样的方法毕竟很有限，而且也不是每一个实验室都可以做到；至于减少取样量，简化试样预处理操作，可以部分地减少沾污，但仍不能彻底消除。有人认为在实用上可以从分析值中减去空白值，这样可以消除沾污的影响。但是，如果空白值大于测定值那就没有意义了。欲得到相对准确的结果，空白值应该比测定值至少低一个数量级。所以痕量分析中每个步骤都应该考虑沾污，以求获得准确和精密的结果。

为了进一步探讨实验用水、试剂、器皿乃至实验室的大气沾污对分析结果的影响，美国国家标准局在测定生物材料标准样品中 ng/g 级铬时，仔细考察了它们对分析空白值的影响。在普通实验室及未纯化试剂时，铬的空白值高且波动大，在洁净实验室内分析，铬的空白值及波动都明显减小，但平均空白值仍约为 200ng，在洁净实验室及纯化试剂和水的条件下，得到铬的空白值最低且波动最小。由此可见在超痕量分析中，控制沾污的重要性和必要性。

实验用水、试剂、器皿乃至实验室的大气是沾污的主要来源，现在分别讨论如下。

8.2.2.1 来自大气的沾污

实验室空气中可能含有各种各样液体或固体颗粒物质、气溶胶和尘埃等。它们在空气中的含量一般可能都不多，但通过各种渠道一旦引入实验体系，相对于待测的痕量组分来说，就不可忽视了。

空气中污染物的种类和量在各个实验室不同，且随地区、时间、气候、周围环境的不同而异。要具体调查大气中污染物的确切情况是困难的。例如，在雨雪天，大气得到自然净化，空气中的污染物（飘尘或气溶胶等）减少很多；空气流动时与静止状态也大不一样。至于工业区与文化区、城市与农村当然更是互不相同，不同地区大气悬浮物中的元素含量有如下规律：工业区大气悬浮物中元素的含量比农业区高得多，即使作为最洁净区的南极也并非绝对清洁。但是，人们还是把南极看成是地球上"无污染区"，它对于研究大气化学本底有着极其重要的意义。

大气的化学组成主要有氮、氧、氩等组分相对固定的气体成分，有二氧化碳、一氧化二氮等含量大体上比较固定的气体成分，也有水汽、一氧化碳、二氧化硫和臭氧等变化很大的气体成分。其中还常悬浮有尘埃、烟粒、盐粒、水滴、冰晶、花粉、孢子、细菌等固体和液体的气溶胶粒子。其中氮、氧、氩和二氧化碳占质量总数的 99.99% 以上。含硫化合物、含氮化合物、含碳化合物、卤化物、放射性物质和颗粒物等称为污染物。这些污染物环流在大气中，通过各种渠道进入分析实验室。因此，实验室内空气的组分，往往和周围大气的组分相接近，并且随着时间、空间的变化而涨落。城市与城市、城市与乡村、山区与平原，喧闹的白天与幽静的夜晚，大气组分都会有所不同。大风促使污染物加速传播，雨雪又会使空气得到一定程度的净化。

表 8-2 空气中微粒分布情况

平均粒径/μm	粒径范围/μm	微粒数/ft^3 空气	质量百分比	微粒百分比
20.0	10～50	12.5×10^3	28	1×10^{-10}
7.5	5～10	10×10^4	63	8×10^{-10}

平均粒径/μm	粒径范围/μm	微粒数/ft³ 空气	质量百分比	微粒百分比
2.5	1~5	12.5×10^6	6	1×10^{-7}
0.75	0.5~1	10×10^7	2	8×10^{-7}
0.25	0.1~0.5	12.5×10^9	1	1×10^{-4}
0.05	0.001~0.1	12.5×10^{15}	<1	99.9999

注：1ft=0.3048m。

表 8-2 的数据告诉我们，在空气微粒总数中，仅有微不足道的少数微粒就占了几乎全部质量。

实验室大气环境的洁净基于大气中悬浮微粒的控制，环境洁净等级的划分也是按大气中微粒的数目和大小来确定的。美国国家标准局（NBS）制定的实验室洁净标准如表 8-3 所示。一般未经净化的实验室的级别为 $3 \times 10^6 \sim 1 \times 10^7$ 级。

表 8-3　美国国家标准局（NBS）制定的实验室洁净标准

级别	工作区域最高沾污量/(微粒数/ft²)	
100	（半径>0.5μm 微粒）	100
	（半径>5.0μm 微粒）	0
10000	（半径>0.5μm 微粒）	10000
	（半径>5.0μm 微粒）	0
100000	（半径>0.5μm 微粒）	100000
	（半径>5.0μm 微粒）	70

要避免或减少大气中尘埃的沾污，有两种主要的方式可供采用。一种是所有进入实验室的空气都必须经过净化。通过空气净化系统将空气中的微粒子、有害空气、细菌等污染物排除，并将室内温度、洁净度、压力、气流速度与气流分布、噪声振动及照明、静电控制在某一需求范围内。另一种是在手套箱中或超净工作台上工作。当然，一般实验室如果能合理地考虑房子的结构和设施，采用空调，门窗尽量不与室外空气直接流通，并且室内只有极少数工作人员，尽量减少进出实验室人数。也可以在谨慎操作的条件下，进行某些痕量元素的分析工作。顺便指出，分析人员本身及其工作服，也是沾污源之一。例如，分析人员从室外或从 10000 级实验室进入 100 级实验室时，必须严格遵守该区域所要求的各项洁净措施。

大气沾污的特点如下：

① 空气中半径>5.0μm 的微粒占少数，但占有 90% 以上的质量；

② 空气中 Si、Zn、Ca、Fe、Pb、Na、S、Al 等元素含量较高，分析这些元素时要特别注意；

③ 大气对无机痕量分析的影响高于有机痕量分析的影响。

8.2.2.2　来自实验室用水的沾污

对于湿法分析来说，水的用量比试剂和分析试样大得多，所以若水质不够纯净，由此而引起的沾污特别值得重视。实验室的普通蒸馏水质量较差，而且所含杂质的量往往是变化无常的，所以一般不适用于痕量分析。在其他条件相同的情况下，用不同的蒸馏方式所得蒸馏水中的杂质含量是不相同的；其次，如果用完全相同的蒸馏方式，三次蒸馏与二次蒸馏的结果，其水质并无改善，可见一味增加重蒸馏次数并无好处。

表 8-4　通过阳离子交换树脂从蒸馏水中除去重金属离子的情况

蒸馏及离子交换处理的情况	存在于水中的部分金属含量/($\mu g/L$)		
	Cu	Pb	Zn
实验室的一般蒸馏水(铜蒸馏器)(作为以下处理的水源)	200	55	20
离子交换,一次处理	3.5	1.5	<10
离子交换,五次处理	0.0	1.0	<10
经高硼硅酸盐玻璃(Pyrex)蒸馏器重蒸馏一次	1.6	2.5	<10

表 8-4 说明了离子交换树脂处理水的效果,也说明一味增加交换的次数也不能获得最理想的效果,如果将蒸馏与离子交换结合起来效果较好。一般应该是以普通蒸馏水再经强酸性阳离子与强碱性阴离子的混合床交换处理,可获得质量较好的水。另外,普通蒸馏水再经石英蒸馏器蒸馏也可达到净化的目的(见表 8-5)。

表 8-5　普通蒸馏水经蒸馏或离子交换处理的比较

处理方式	存在于水中的金属含量/($\mu g/L$)			
	Ca	Al	Mg	Si
石英蒸馏器重蒸馏	0.07	0.5	0.05	5
离子交换聚乙烯柱	0.03	0.1	0.01	1

要获得水质较为理想的实验室用水,可在石英蒸馏器中以普通蒸馏水为水源,用亚沸蒸馏方式进行蒸馏。所谓亚沸蒸馏与沸腾蒸馏或常规蒸馏的不同之处在于后者会由于气泡破裂时在蒸气流中形成雾状微粒(微滴),以及非精馏组分经液膜蠕升而导致沾污。亚沸蒸馏能免除以上影响。它一般用透明石英、聚四氟乙烯等材料制成亚沸蒸馏装置,以红外线辐照可以不经煮沸液体而使其表面蒸发。此法可广泛用于水、挥发性无机酸、氨水及有机溶剂的纯化。

亚沸蒸馏所获得的水,其中所含的金属离子一般最高不超过以下浓度(ng/mL):Pb 0.008,Zn 0.004,Cu 0.001,Sn 0.02,Ni 0.02,Ti 0.004,Fe 0.05,Cd 0.005,Cr 0.02,Ag 0.002,Ba 0.01,Sr 0.002,Mg 0.09,K 0.09,Na 0.06,Tl 0.01,Ca 0.08。

其总量一般不超过 0.5ng/mL。

要求获得的水达到如此纯净的程度,还需要有如下条件来配合:作为水源的一次蒸馏水所含杂质应该较少,一切器皿的材质都应是化学惰性(如石英、聚四氟乙烯、铂等),而且不含能被水浸取出来的杂质。此外,还要求实验室的大气沾污很小。当然,不管是用什么样的水质,空白测定都是必不可少的。

美国材料与试验协会(ASTM)的标准还把实验用水分成四种规格,见表 8-6。

表 8-6　试剂用水规格(ASTM)

特性	规格			
	I	II	III	IV
最大杂质总量/(mg/L)	0.1	0.1	1.0	2.0
最小电阻率(25℃)/MΩ·cm	16.66	1.0	1.0	0.2
KMnO₄ 保留时间/min	60	60	60	60
pH 值	6.8~7.2	6.6~7.2	6.5~7.5	5.0~8.0

表 8-6 中 I 级为超纯水，可用于痕量分析；II 级为二次蒸馏水；III 级可用于分析实验室的一般场合；IV 级用于纯度要求不高的场合。

总之，水质纯化的目标并不是一定要把杂质元素减至最低，甚至达到绝对纯净的程度，这既不可能也不必要，只是要求把杂质降低到比被测元素适当低的水平，不至于对所采用的测定方法引起显著的空白值即可。

8.2.2.3 来自试剂的沾污

杂质含量很低的试剂虽已有市售，大多数杂质成分在这类"超纯""特级纯""优级纯""光谱纯"或"保证试剂"中确实比在普通的"分析试剂"或"化学纯"试剂中的含量要低，但仍要注意的是，即使是某种所谓"超纯"试剂，在测定某一特定元素的场合仍必须作特殊处理，否则由试剂引入的沾污还是太高。例如，测定 ng/g 级的硒，如果要用到硫酸的话，事先必须要对硫酸作去硒处理，因为在超纯硫酸中含硒从 $0.01\mu g/g$ 到 $0.1\mu g/g$ 都曾有过报道。又例如，在一般市售浓酸试剂中，有下列含铁量（单位 $\mu g/g$）：HCl 0.05；HBr 0.09；$HClO_4$ 0.4；H_2SO_4 0.3；HNO_3 0.1。所以，对于一般化学试剂用于痕量分析时，都必须做空白试验。如果空白值超过一定限度，都必须进行提纯处理。

8.2.2.4 来自实验室所用器皿及材料的沾污

从采样开始一直到测定，全部分析过程中都要用到各种各样的器皿和材料，由于器材不纯而引起的沾污，也不容忽视。

对于痕量分析，所用器皿及其材料最好应符合下列要求。

① 化学稳定性好 尽管 Pyrex 和国产九五硬质玻璃有良好的抗化学腐蚀能力，但若让它们长时间保持同无机酸接触也会有一定量的化学组分（如 mg/L 级的钠，$\mu g/L$ 级的铁、铝等）被浸出。石英的抗化学腐蚀性优于玻璃；聚四氟乙烯号称塑料之王，化学稳定性极佳，是制作痕量分析器皿的理想材料。

② 热稳定性较好 石英和铂有很好的热稳定性，都可耐 1000℃以上的高温。有机材料的热稳定性则较差。聚四氟乙烯材料最高也不过 250℃。

③ 纯度要高 在常规分析使用的一般玻璃器皿，原则上不适用于痕量分析。石英和聚合有机材料所含杂质则低得多。

综合考虑，适用于痕量分析的材料，根据其重要性按以下次序递减：

$$聚四氟乙烯 > 聚乙烯 > 石英 > 铂 > 硬质玻璃$$

对于个别情况，上述顺序可能按需要做个别调整。正如同目前尚不存在"万能"的分析方法一样，完美无缺能广泛适用的"万能"材料，也是不存在的。痕量分析工作者应根据分析的具体要求和实验室的可能条件进行合理的选择。在符合痕量分析要求的前提下，尽量避免使用稀缺和昂贵材料。

常用材料的性能介绍如下。

(1) 硬质玻璃

用于分析实验室的玻璃器皿一般由硼硅玻璃或铝硅玻璃制成。其主要化学成分为二氧化硅，含量约 80%，此外尚含有 B、Al、Na、K 及其他微量元素。Pyrex 玻璃以具有较强的耐化学腐蚀能力著称，广泛用于制作分析实验的器皿。玻璃容器在普通分析中获得广泛应用的原因在于一是有较好的化学稳定性和热稳定性，二是价格低廉。但硬质玻璃不适用于痕量分析，一方面，玻璃中的化学组分易被浸出，成为严重的污染源；另一方面，因玻璃表面吸附造成的损失也不可低估。玻璃可被氢氟酸、强碱溶液和热浓磷酸等化学试剂强烈腐蚀。

(2) 石英

石英玻璃一般由天然或人工合成的石英粉在高温下炼制而成。石英有比玻璃更优越的性能，是痕量分析的优良材料，主要性能是：①对无机酸（氢氟酸、热浓硫酸除外）有相当好的化学稳定性；②良好的热稳定性，允许长时间在 $1000\sim1100℃$ 下工作。但若温度超过 $1200℃$，则开始晶化，冷却时产生裂缝；③热胀系数很小，可承受骤热或骤冷，便于加工和使用。

(3) 刚玉

在金属氧化物制品中，刚玉（氧化铝）坩埚在高温灼烧试样中有一定的实用价值。在灼烧温度不太高的情况下，其耐碱熔的能力较强，但易被酸式硫酸盐腐蚀，刚玉的纯度不高，性脆，很少用于痕量分析。

(4) 铂

分析用的金属器皿中，铂无疑是最重要的了。金属铂的最大特点是耐化学腐蚀，不与任何单一无机酸（包括氢氟酸）作用，将铂坩埚与浓 HCl、浓 H_2SO_4、HF（40%）和 H_3PO_4 分别加热至冒烟，铂的损失量分别为 $30\sim80\mu g$、$8\sim11\mu g$、$7\sim10\mu g$ 和 $8\sim9\mu g$。用碱金属的碳酸盐、硼酸盐、氟化物和酸式硫酸盐高温熔融，铂也表现出良好的化学稳定性，仅有十分之几至几毫克的铂损失。

铂为十分贵重的稀有金属材料，使用铂器皿时应特别注意以下几点。

① 铂易溶于王水、氯水和溴水，在任何情况下均不得让铂器与上述试剂接触。

② 铂在高温下易与某些金属生成低熔点的合金，切记不得用铂皿灼烧 Hg、Pb、Au、Cu、Si、Zn、Cd、As、Al、Bi、Fe 和 C 单质的试样。

③ 贵金属化合物在高温下可分解为相应的金属单质，故也不能用铂坩埚灼烧这类试样。

④ 在红热温度下氢有穿透金属铂的能力，切记不可将铂器皿在还原焰中加热。

铂器皿在痕量分析中主要用于有机物的干灰化和物质的灼烧。

(5) 聚乙烯

塑料器皿中以聚乙烯较为重要。高压聚乙烯材料实际上仅含极微量的金属杂质，广泛用作痕量分析中溶液的贮存容器。聚乙烯对酸、碱、盐的水溶液均很稳定，但氧化性介质（如高氯酸、硝酸、王水）对它有破坏作用。在氧化剂和光长时间作用下，聚乙烯会变硬，变脆，并在表面出现裂缝。

聚乙烯材料的一个重大缺陷是耐热性能差，当超过 $60℃$ 时开始软化，故一般应在 $<60℃$ 的温度下使用。聚乙烯于 $120\sim200℃$ 温度下容易变形，可利用这一性质进行加工成型。当使用聚乙烯瓶贮存某些有机溶剂（如乙醚、丙酮）时，将发生溶胀，并溶于该溶剂中。用聚乙烯制作的试剂瓶孔隙度较大，NH_3、H_2S、H_2O 等蒸气质点可以从容器壁溢出。长期保存将使样品产生明显的损失。

(6) 聚丙烯

聚丙烯材料有比聚乙烯材料高的耐热温度，可以在低于 $110℃$ 的温度下使用，这是它的优点。但聚丙烯在合成过程中需使用无机物质作催化剂，可能引入无机杂质。用聚丙烯作痕量分析中的容器材料时应注意。但它用作实验室水槽和台面铺垫材料却很普遍。含无机填料的聚氯乙烯不能用于痕量分析。

(7) 聚四氟乙烯

聚四氟乙烯（简称 PTFE）又称特氟隆或氟塑料-4，有塑料王之称。它具有其他材料无与伦比的抗化学腐蚀的能力，既不与任何无机酸或碱作用，也不与任何单一的有机溶剂起化学反应。聚四氟乙烯的热稳定性也优于其他有机塑料，可以在低于250℃的温度下使用。但加热温度不得超过330℃（软化温度），否则，因分解产生剧毒气体。用作容器的聚四氟乙烯原料的纯度都很高，一般仅含$10^{-5}\%$的Al、Ca、Cu、Fe、Mg、Si和$10^{-3}\%$的Na。以上优点使聚四氟乙烯容器或材料在痕量分析中获得十分广泛的应用。以聚四氟乙烯取代铂制作蒸馏器用于氢氟酸的提纯，所含金属杂质可降低到原来的$1/10\sim1/2$。以聚四氟乙烯材料作容器的高压分解技术广泛用于生物、环境试样及其他难熔样品的分解，分析结果十分满意。用聚四氟乙烯瓶长期贮存溶液试样比聚乙烯瓶更为合适，但其价格较贵。

聚四氟乙烯材料的主要缺点是导热性差，导致试样分解的周期明显加长，此外，高的热胀系数使其在反复使用中易产生裂缝，密封性能也较差。

表8-7列出了分析实验室中常用容器材料所含痕量杂质的浓度范围，表8-8对用于无机痕量分析的容器材料的性能进行了比较。

表8-7 分析实验室中常用容器中的痕量元素

材料名称	含量范围/$(\mu g/g)$			
	100	10～0.1	0.1～0.01	0.01～0.001
聚乙烯（聚丙烯）	Na,Zn,Ca	K,Br,Fe,Pb,Cl,Si,Sr	Mn,Al,Sn,Se,I	Cu,Sb,Co,Hg
聚氯乙烯	Na,Sn,Al,Ca	Br,Pb,Sn,Cd,Zn,W,Mg	As,Sb	—
聚四氟乙烯	K,Na	Cl,Al,W	Fe,Cu,Mn,Cr,Ni	Co
聚碳酸酯	Br,Cl	Al,Fe	Co,Cr,Cu,Mn,Ni,Pb	—
石英	—	Cl,Fe,K	Br,Ni,Cu,Sb,Cr	Mn,Co,As,Cs,Ag
硬质玻璃	Al,K,Mg,Mn,Sr	Fe,Pb,B,Zn,Cu,Rb,Ti,Ga,Cr,Zn	Sb,Rb,La,Au,As,Co	Sc,Tl,U,Y,In

表8-8 用于无机痕量分析的容器材料性能比较

材料名称	最高工作温度/℃	对以下试剂抗腐蚀能力极差	渗透性
玻璃	600	氢氟酸、浓磷酸、氢氧化钠(钾)溶液	无
玻璃	900	氢氟酸、浓磷酸、氢氧化钠(钾)溶液	无
石英	1100	氢氟酸、浓磷酸、氢氧化钠(钾)溶液	无
铂	1500	王水	无
聚乙烯	80	有机溶剂、浓硝酸、浓硫酸	可透性
聚丙烯	130	有机溶剂、浓硝酸、浓磷酸、氢氧化钠溶液	可透性
聚四氟乙烯	250	无	可透性

8.2.3 痕量分析中的损失问题

由于痕量分析所测定的量常常是$\mu g/g$级或ng/g级，甚至更低，如果由于吸附、挥发、共沉淀、共萃取或其他原因而损失极少量的待测组分，哪怕只有pg、ng或更低的量，有时也会导致很大的相对误差。因为，待测组分的量与损失的量可能相差无几。当然，正误差也可能产生，这是因为标准溶液中该组分可能部分吸附于容具器壁上而损失。

首先，应认识到吸附损失是各种损失的原因中最主要的。玻璃和塑料能从水溶液中吸附某些无机离子早已为人所知。但这种吸附作用的确切本性是不清楚的。也许某些吸附是所谓"分子型"的，特别是在玻璃（硅酸盐）上，一种重要类型的离子吸附是离子交换。某些金属阳离子与硅酸盐骨架中的碱金属或碱土金属离子进行交换。金属离子的被吸附与溶液的 pH 值也密切相关，从分析观点来看，可以通过溶液的酸化而减小大多数阳离子的这种吸附倾向，在酸性介质中，$0.01\sim0.1mol/L$ H^+ 能取代阳离子在容器表面的吸附。至于阴离子，如 $AuCl_4^-$ 能在玻璃的—SiOH 基上交换。若增加 OH^- 浓度（即提高 pH 值），就有可能减少金属络阴离子的这种交换吸附。金属阳离子在微酸性、近中性或微碱性溶液中常常发生最大吸附。这里可以包括金属离子水解产物的吸附。这些水解产物也可以以分子形态被吸附（或形成）在器壁上。这时吸附也就是沉淀。如果剧烈摇动溶液，器壁上的沉淀物可能脱落下来而返回于液态介质中去。

吸附作用当然也能发生在塑料器皿的壁上。这种吸附的本性或机理，至今尚不是十分清楚。在通常状况下，聚乙烯和聚丙烯能吸附或吸收各种分子。例如，硫化氢、硒化氢、氨、溴、碘、有机溶剂和某些有机试剂分子，这些分子一旦被吸附或渗入塑料之中就难以除去了。还要指出：有些塑料器壁具有可渗透性，有些分子就可能透过器壁而渗漏。例如，金属汞就能透过聚乙烯器壁而扩散。一些塑料含有填充剂或增塑剂，其影响尤为复杂，最好不使用。

金属离子的吸附作用是缓慢的，在各种材料上的吸附量为时间的函数，但达到平衡的时间不是以 min 或 h 计算，而要以天数来计算。其次，在稀的溶液中，痕量金属离子被吸附随溶液的稀释程度而按比例增强，这在痕量分析中是值得重视的一个现象。

一般情况下，某些非金属元素（例如 As、Se、Te 等）较易挥发损失，金属元素中，以汞及其化合物最易挥发损失，某些元素的氧化物和卤化物在高温时挥发性增大。例如，OsO_4、RuO_4、Re_2O_7、$GeCl_4$、$AsCl_3$、$SbCl_3$、$SbBr_3$、CrO_2Cl_2、$SeBr_4$、$SnCl_4$、$TiCl_4$ 等。此外在强烈的还原环境下，有些元素又可能生成挥发性氢化物而逃逸。例如，As、Sb、Bi、Ge、Sn、Pb、Se、Te 等。有些金属氯化物和氟化物具有稍低的沸点，在有水存在的条件下虽然不挥发，但在高温浓酸加热蒸发冒烟时，这些卤化物就有可能部分挥发而损失，由上可知，在着手测定某一痕量元素之前，应对该元素的化学性质和物理性质（特别是它的热稳定性、挥发性）有充分的了解，以避免在加热过程中导致挥发损失。

其他导致损失的原因，尚有共沉淀、萃取、配合反应、形成沉淀以及操作过程中不应有的错误等。此外，样品采集以后，不能长久贮存。时间太久，有些痕量组分被吸附的量增大，有些或挥发逸失，有些或通过塑料容器具的微孔渗出，有些或会发生化学变化，所有这些都应予以注意。

8.3　无机痕量分析的分离与富集

8.3.1　分离与富集的必要性及特点

(1) 分离与富集的必要性
痕量元素分析目前所采用的测定方法虽然其灵敏度一般都较高，但有时在实际分析工作中，遇到的样品往往含有多种组分，进行测定时彼此发生干扰，不仅影响分析结果的准确度，甚至无法进行测定。为了消除干扰，比较简单的方法是控制分析条件或采用适当的掩蔽剂。但是在许多情况下，仅仅控制分析条件或加入掩蔽剂，不能消除干扰，还必须把被测元素与干扰组分分离以后才能进行测定。由于下述原因或其中之一，就使得试样中的痕量元素很难应用某一方法来直接测定：①试样中待测定的元素含量低于方法的检出限；②试样中存在难以掩蔽的干扰元素；③试样的基体效应比较显著；④基体元素的毒性或放射性很强，或价格较昂贵；⑤试样中待测元素的分布很不均匀；⑥没有合适的用于校正的标准参考物质；⑦试样的化学和物理性质不适宜于直接测定。

一般来说，在测定前采用富集或分离技术可以在一定程度上克服上述困难。如饮用水中 Cu^{2+} 的含量不能超过 $0.1mg/L$、$Cr(Ⅵ)$ 的含量不能超过 $0.65mg/L$ 等。这样低的含量直接用一般方法难以测定，因此可以在分离的同时把被测组分富集起来，然后进行测定。所以分离的过程也同时起到富集的作用，提高测定方法的灵敏度，因此定量分离是分析化学的重要内容之一。

（2）分离与富集的主要特点

主要特点包括：①能相对降低测定下限 1~3 个数量级，光谱方法中化学预浓缩便是典型例子；②由于消除了干扰，方法的精密度和准确度都有增加；③可以消除基体效应的影响；④参比标准可用单一材料；⑤有助于取样的均匀性；⑥有时亦可扩大测定组分的数目；⑦分离或富集的缺点，分析时间延长；所需试剂必须是高纯；有时还需要特殊的设备；还可能由于操作的复杂而增大了沾污或损失的机会。但总的来说，在必须进行分离和富集时还是利多于弊。

应根据具体试样及待测组分的性质综合考虑所选定的分析测定方法的特点，从而选择具体的分离、富集的方法。

8.3.2 如何选择和评价分离、富集技术

分析化学中对分离富集的总体要求如下：

① 被测组分在分离过程中的损失应小至可忽略不计；

② 干扰组分应减小至不再干扰被测组分的测定；

③ 对于痕量组分的分离，一般要采取适当措施，使其得到浓缩和富集，富集效果用富集倍数表示。

分离和富集的技术很多，按所依据的原理不同，大致分为物理、化学和物理化学方法。

在众多的分离、富集技术中如何选择和评价？主要应该从待测元素回收率、分离因数、富集效率来考虑，当然，也应该兼顾是否会导致更大的沾污或损失。操作是否简单、快速，以及费用是否昂贵等问题。

（1）待测元素的回收率和分离因数

一种分离方法的分离效果，是否符合定量分析的要求，可通过回收率和分离率的大小来判断，例如，当分离物质 A 时回收率 R_A：

$$R_A = \frac{\text{分离后 A 的质量}}{\text{分离前 A 的质量}} \times 100\%$$

式中，R_A 表示被分离组分回收的完全程度。在分离过程中，R_A 越大（最大接近于

1），分离效果越好。在富集和相应的操作中由于容器壁的吸附，试样分离时痕量元素的挥发、分解不完全和分离不完善等原因可能会造成待测元素的损失。一般来说，痕量元素含量越低，其损失的百分数越大，因此，在富集过程中痕量元素的回收率通常低于100％。但是，有时由于沾污或其他因素的影响，也可能导致其回收率稍微超过100％，应根据分析目的以及采用的分析方法提出对回收率的要求。一般情况下，在大多数痕量分析中回收率在90％～110％之间是可以接受的。有些情况下（例如待测元素的含量太低时），回收率在80％～120％之间也被允许。放射性示踪技术是研究痕量元素回收率的最好方法。

如果在分离时，是为了将物质与物质分离开来。则希望两者分离得越完全越好，其分离效果可用分离因数 $S_{B/A}$ 表示。

$$S_{B/A} = \frac{R_B}{R_A}$$

式中，$S_{B/A}$ 表示分离的完全程度。在分离过程中，$S_{B/A}$ 越小，分离效果越好。对痕量组分的分析，一般要求 $S_{B/A} \approx 10^{-6}$。

(2) 痕量元素的富集系数

富集系数（或富集倍数）为富集后待测元素的回收率与基体元素的回收率（recovery）之比。回收率 R 可按下式求得

$$R = \frac{Q}{Q_0} \times 100\%$$

式中，Q 和 Q_0 分别为富集后与富集前待测元素的量，根据沾污的情况，必要时应对前者进行校正，如前所述，痕量元素回收率一般小于100％。有人认为，如果有非常好的重现性，再低一些也能通过校正而获得良好的结果。

痕量元素的富集系数（F）可定义为：

$$F = \frac{Q/Q_0}{Q_m/Q_{0m}} = \frac{R}{R_m}$$

式中，Q_m 与 Q_{0m} 分别为富集前与富集后基体的量；R_m 为基体提取率。F 的大小依赖于样品中待测元素的浓度和所选用的测定技术。有时要求 F 大于 10^5，若采用一些较好的痕量富集技术是不难实现的。由于现代仪器测定技术有低的检出限和充分的选择性，因此在大多数无机痕量分析中富集系数达 $10^2 \sim 10^4$ 也就足够了。

(3) 易沾污性

在富集及相应的处理过程中，试样可能受到实验室气氛、实验室用水、试剂和所用的仪器，以及从事分析的人员本身等各种污染物的沾污。很难准确地估计出污染的程度，并以此来校正分析结果。因为大多数污染较复杂，而且不能再现，从而使富集由于沾污而变得毫无意义。因此，选用某一种富集技术时，必须充分了解该方法可能受到沾污的途径和可能存在的污染源，从而把沾污降到可以允许的范围。

(4) 操作的简易性

不言而喻，分离富集技术应尽可能简单、快速，而且富集技术与以后测定步骤的顺利衔接，也十分重要，有些富集技术和另一分析步骤是统一的。例如，气体或液体试样中微粒的分离与采样是统一的，原子吸收光谱中基体改进剂法以及溶出伏安法中电沉积富集与溶出电流测定也都是统一的。

8.3.3　常用的一些分离富集方法

分离富集的目的在于将干扰组分分离出去（被测组分含量高时）和将被测组分分离出来（被测组分含量低时）。分析化学中常用下列分离富集的方法。

（1）沉淀分离法

沉淀法是最古老、经典的化学分离方法。在分析化学中常常以某种沉淀作载体，将痕量组分定量地共沉淀下来，溶解在少量溶剂中，达到分离与富集的目的；或者把共存的组分沉淀下来，以消除它们对欲测组分的干扰。虽然，沉淀分离需经过过滤、洗涤等手续，操作较繁琐费时；某些组分的沉淀分离选择性较差，分离不完全。但是由于分离操作的改进，加快了过滤、洗涤的速度；另一方面通过使用选择性较好的有机沉淀剂，提高了分离效率，因而到目前为止，沉淀分离法在分析化学中还是一种常用的分离方法。

沉淀法中主要包括：沉淀分离法（适用于 g/L 以上常量组分的分离）和共沉淀分离法（适用于痕量组分的分离）。

共沉淀分离与富集一方面要求欲富集的痕量组分回收率高，另一方面要求共沉淀载体不干扰待富集组分的测定。共沉淀分离包括表面吸附共沉淀、混晶共沉淀和"固体萃取剂"共沉淀等。

① 表面吸附共沉淀，例如：利用生成 $Fe(OH)_3$、$Al(OH)_3$ 或 $MnO(OH)_2$ 作载体，通过吸附共沉淀将微量或痕量组分共沉淀分离富集。

② 混晶共沉淀，即利用生成混晶对微量组分或痕量组分进行共沉淀分离富集。例如利用 Pb^{2+} 与 Ba^{2+} 生成硫酸盐混晶，用 $BaSO_4$ 共沉淀分离富集 Pb^{2+}。

③ "固体萃取剂"共沉淀，即利用"固体萃取剂"进行共沉淀分离富集。例如：U（Ⅵ）-1-亚硝基-2-萘酚微溶螯合物量少时难以沉淀，在体系中加入 α-萘酚的乙醇溶液，由于 α-萘酚在水溶液中溶解度小，故析出沉淀，同时将 U（Ⅵ）-1-亚硝基-2-萘酚螯合物共沉淀富集。α-萘酚不与 U（Ⅵ）及其螯合物发生反应，称为"惰性共沉淀剂"。

（2）溶剂萃取分离法

萃取分离法包括液-液、固-液和气-液等几种方法，但应用最广泛的为液-液萃取分离法（亦称溶剂萃取分离法）。它是基于不同物质在不同溶剂中分配系数（主要是溶解度）的不同而建立的。该法常用一种与水不相溶的有机溶剂与试液一起混合振荡，然后静置分层，这时便有一种或几种组分转入有机相中，而另一些组分则仍留在试液中，从而达到分离的目的。

物质对水的亲疏性是可以改变的，为了将待分离组分从水相萃取到有机相，萃取过程通常也是将物质由亲水性转化为疏水性的过程。

溶剂萃取分离法既可用于常量元素的分离，又可用于痕量元素的分离与富集，而且方法具有选择性好、回收率高、设备简单、操作简便、快速，以及易于实现自动控制等特点，因此一直受到广泛重视。至今为止已研究了 90 多种元素的溶剂萃取体系。但该法劳动强度大，溶剂易挥发、易燃、有毒。

（3）离子交换分离法

离子交换分离法是利用离子交换剂与溶液中的离子发生交换反应使离子分离的方法。离子交换剂是具有离子交换能力的物质。其原理是基于离子在离子交换剂（固相）与液相之间的分配，是一种固-液分离法。这种分配是发生在溶液和离子交换剂之间的相同符号离子的交换作用。各种离子与离子交换树脂交换能力不同，被交换到树脂上的离子可选用适当的洗脱剂依次洗脱，从而达到分离的目的。其实质是使离子交换亲和力差别很小的待测组分在反复的交换洗脱过程中得到放大，从而在宏观上造成它们在交换柱中迁移速度上的差别，使之分离。

离子交换剂可分为无机离子交换剂（如高价金属磷酸盐、高价金属水合氧化物）、有机离子交换剂（如凝胶型、大孔型离子交换树脂）。离子交换剂可使用天然材料如黏土、沸石、淀粉、纤维素、蛋白质等，但目前更多使用的是合成的离子交换树脂。

离子交换树脂包括阳离子交换树脂和阴离子交换树脂。前者用于分离富集阳离子，树脂所含活性基团为阳离子交换基团：磺酸基（—SO_3H）、羧基（—COOH）、酚羟基（—OH）；后者用于分离、富集阴离子，树脂所含活性基团为阴离子交换基团：伯氨基（$RN^+H_3 \cdot OH^-$）、仲氨基（$R_2N^+H_2 \cdot OH^-$）、叔氨基（$R_3N^+H \cdot OH^-$）、季铵基（$R_4N^+ \cdot OH^-$）、二乙酸氨基 [—$N(CH_2COOH)_2$]。

离子交换分离法具有如下特点：①分离效率高，吸附的选择性高，适应性强，分离容易；②适用于带电荷的离子之间的分离，几乎所有无机离子以及许多结构复杂性质相似的有机化合物都适用；另外，还可用于带电荷与中性物质的分离制备等；③适用于微量组分的富集和高纯物质的制备；④缺点是操作比较麻烦，周期长，一般只用它解决某些比较复杂的分离问题。

(4) 色谱分离法

色谱分离法又称层析分离法，是一种高效分离方法，能把各种性质相似的物质彼此分离。这种方法是由一种流动相带着试样经过固定相，待分离物质在固/液两相之间进行反复的分配，由于物质在两相之间的分配系数不同，移动速度也不一样，从而达到互相分离的目的。

液相色谱分离法有多种类型，按其操作的形式不同，可分为柱色谱法、纸色谱法和薄层色谱法等。

柱色谱：将固定相颗粒装填在金属或玻璃柱内进行色谱分离。

纸色谱：利用滤纸作为固定相进行色谱分离。

薄层色谱：把吸附剂粉末做成薄层作为固定相进行色谱分离。

经典柱色谱、纸色谱和薄层色谱的分离过程和检测过程是分开的，二者分别操作。如果将进样、高效分离柱和高灵敏检测有机结合起来，实现分离分析一体化，可直接用于混合物和复杂样品的分析，这就是现代色谱分析方法。现代色谱分析主要有气相色谱、高效液相色谱和高效薄层色谱，它们是现代仪器分析的一个重要组成部分。

(5) 挥发和蒸馏分离法

挥发和蒸馏分离法是利用物质的挥发性的差异进行分离的一种方法。挥发法是将气体和挥发组分从液体或固体样品中转变为气相的过程，它包括蒸发、蒸馏、升华、气体发生和驱气，有时又称为气态分离法。挥发和蒸馏法多用于分离基体，或用于分离待测痕量组分。蒸馏还用于物质组分的分离提纯或制备。一般来说，在一定温度和压力下，试样中若含有挥发性的元素或化合物或能将之衍生化为具有挥发性的衍生物，并且挥发性和蒸气压力足够大，而其他物质小到可以忽略时，就可经热处理将其选择性挥发或蒸馏驱赶出来，达到定量分离的目的。挥发和蒸馏分离法极有效，组分分离清楚，常作为一种不可缺少的分离手段。

表 8-9　常见的无机化合物的挥发形式

挥发形式	化合物
单质	I_2，Hg
氧化物	SO_2，RuO_4，OsO_2，SeO_2，TeO_2，As_2O_3
氢化物	AsH_3，SbH_3，H_2S，H_2Se，H_2Te
氟化物	BF_3，SiF_4
氯化物	$HgCl_2$，$CeCl_4$，$AsCl_3$，$SbCl_3$，$SnCl_4$，$SeCl_4$，$TeCl_4$，CrO_2Cl_2
溴化物	$CdBr_2$，$CeBr_3$，$AsBr_3$，$SnBr_4$
酯类	$B(OCH_3)$，$B(OCH_2CH_3)$

常见的无机化合物的挥发形式见表 8-9，该法的优点是能获取大量试样来测定其中少量组分，由于无机物中挥发性物质并不多，所以方法选择性高；而有机物中许多物质具有挥发性，所以得到广泛应用。

(6) 其他分离法

包括浮选分离法、固相微萃取分离法、超临界流体萃取分离法、液膜萃取分离法、毛细管电泳分离法等。

① 浮选分离法　又称气浮分离法，向水中通入大量微小气泡，在一定条件下使呈表面活性的待分离物质吸附或黏附于上升的气泡表面而浮升到液面，从而使某组分得以分离的方法，也称泡沫浮选法。

② 固相微萃取分离法　属于非溶剂型萃取法，是将涂有高分子固相液膜的石英纤维直接插入试样溶液或气样中，对待分离物质进行萃取，经过一定时间在固相涂层和水溶液两相中达到分配平衡，即可取出进行色谱分析。

③ 超临界流体萃取分离法　超临界流体是介于气液之间的一种既非气态又非液态的物态，它只能在物质的温度和压力超过临界点时才能存在。超临界流体的密度较大，与溶质分子的作用力很强，很容易溶解其他物质。它的黏度较小，所以传质速率很高，加上表面张力小，容易渗透固体颗粒，可使萃取过程在高效、快速又经济的条件下完成。

④ 液膜萃取分离法　由浸透了与水互不相溶的有机溶剂的多孔聚四氟乙烯薄膜把水溶液分隔成萃取相与被萃取相；其中与流动的试液系统相连的相为被萃取相，静止不动的相为萃取相。试液中离子流入被萃取相与其中加入的试剂形成中性分子。这种中性分子通过扩散溶入吸附在多孔聚四氟乙烯上的有机液膜中，再进一步扩散进入萃取相。进入萃取相的中性分子受萃取相中化学条件的影响又分解为离子而无法再返回液膜中，结果使被萃取相中的离子通过液膜进入萃取相中。

⑤ 毛细管电泳分离法　电泳分离是依据在电场中溶质不同的迁移速率。毛细管电泳分离法是在充有流动电解质的毛细管两端施加高电压，利用电位梯度及离子淌度的差别，实现流体中组分的电泳分离。对于给定的离子和介质，淌度是该离子的特征常数，根据离子所受的电场力与其通过介质时所受的摩擦力的差别，可对离子进行分离。

8.4　分析质量控制和分析质量保证

影响分析质量的因素很多，如分析方法、分析环境、分析人员的素质、所用试剂、标准、溶剂、仪器以及实验室管理质量等，既涉及系统误差，又涉及偶然误差。所以分析测试中必须建立良好的分析质量控制及分析质量保证体系。

如前所述，痕量分析对环境条件尤其敏感，要求特别严格。例如，1.0×10^{-9} mol/L 的被测组分，其溶液在保存过程中将有 50% 被器壁吸附，浓度低至 1.0×10^{-11} mol/L 时将全部被吸附。实验室空气中的多种气体和漂浮的尘埃，操作者本身所携带的灰尘微粒和油脂都有可能污染溶液和所用器皿，使微量、痕量分析根本无法进行而导致失败。因此，仪器分析实验室应保持高度清洁卫生，有良好的净化空气和清洁操作者的设施及装置。

8.4.1　分析质量控制

进行分析质量控制是分析结果准确可靠的必要基础，要求分析工作者具有较高的素质和丰富的经验，经过严格的专业训练，具有优良的职业道德、求实的工作作风和高度的责任心。工作时，细心认真、一丝不苟、操作娴熟、诚实地完成分析测定的全过程，这是进行分析质量控制、提高分析质量的前提。进行分析质量控制，时间和耗费都会增大，但这是十分必要和值得的。

分析质量控制是在分析实施的过程中进行的，它把分析过程与质量检查有机地融为一体，及时监控并反馈信息，找出影响质量的因素，尽快采取相应措施。分析质量控制一般要使用统一的标准方法，并在每批待测样品分析时都带入一个控制样，在相同的条件下进行测定，由分析质量控制图进行实验室的内部质量控制。实验室每年还要进行 2～3 次未知浓度参比样品的分析，以进行实验室之间的分析质量控制。

控制样可以自制，水分析的控制样以纯试剂配制的溶液混合而成；生物类和土壤控制样可取较大量的样品，经风干、研细、过筛、混匀后，用一个含量较大且比较容易测定的项目进行检验。分析某一项目时，把控制样在不同天数按规定的方法平行测定 15～20 次，求平均值 $\bar{x}$ 及标准偏差 S，即可绘制精密度均值分析质量控制图（见图 8-3）。有标样时，以标样与控制样同时测定，如果标样数据符合规定范围，说明所用控制样的结果可靠。如果没有标

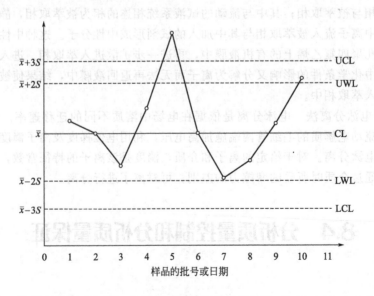

图 8-3　精密度均值分析质量控制

样，可把控制样送到其他有经验的实验室核对。

作均值分析质量控制图时，将控制样均值 $\bar{x}$ 做成与横坐标平行的中心线（CL），$\bar{x}\pm 3S$ 为上、下控制线（UCL 及 LCL），$\bar{x}\pm 2S$ 为上、下警戒线（UWL 及 LWL）。当进行样品测定时，每批样品都带入一个控制样，将控制样的测定数据填入控制图中，此步骤称为"打点"。如果控制样的结果落在上、下控制线之内，则结果可靠。当然，离中心线（CL）越近，测定的精密度越高，可靠程度越理想。如果"打点"的结果落在警戒线和控制线之间，说明精密度不太理想，应引起注意；如果"打点"的结果超过控制线（图 8-3 的第五批结果），说明精密度太差，该批样品结果全部无效，应及时找出超控原因，采取适当措施，使控制样"回控"以后再重新测定，以此来控制和减免测定过程中较为显著的偶然误差。

准确度控制图可用回收率表示。向控制样中加入一定量待测组分的标准溶液进行分析，测得值与原有值之差占加入量的百分率就是回收率。根据情况做 15～20 次回收率实验，求得回收率的平均值及回收率实验的标准偏差 S，然后按照和精密度控制图相同的方法绘出回收率分析质量控制图。测定样品时，带入控制样进行回收率实验，然后根据测定的回收率值利用该图"打点"，确定测定过程是否存在显著的系统误差。

8.4.2　分析质量保证

分析质量保证由一个系统组成，该系统能向政府部门、质量监督机构和有关业务单位委托人保证实验室工作所产生的分析数据达到了一定的质量。分析质量保证是一项管理方面的任务，是一种防止虚假分析结果的廉价措施，是人品和诚信的保证。它能够证明分析过程已认认真真、实实在在地实施，实事求是地记录数据和测定过程，防止伪造实验数据的可能性，并保证测定数据的责任性和追溯性。对分析过程的每个环节、每个步骤、每个报告结果都能容易地查到分析者的姓名、分析日期、分析方法、原始数据记录、所用仪器及其工作条件和分析过程中的质量控制等方面的情况。

参 考 文 献

[1] 许金钧，王尊本. 荧光分析法. 第 3 版. 北京：科学出版社，2006.

[2] 陈国珍，黄贤智，郑朱梓. 荧光光度分析. 第 2 版. 北京：科学出版社，1990.

[3] 夏锦尧. 实用荧光分析法. 北京：中国人民公安大学出版社，1992.

[4] 朱明华，施文赵. 近代分析化学. 北京：高等教育出版社，1991.

[5] 张毅. 无机分析中的有机试剂. 武汉：中国地质大学出版社，1991.

[6] 罗庆尧，曾云鹗，邓延倬. 分析化学丛书（第四卷，第一册）：分光光度分析，北京：科学出版社，1998.

[7] 陈国树. 催化动力学分析法及应用. 南昌：江西高校出版社，1991.

[8] 方肇伦. 流动注射分析法. 北京：科学出版社，1999.

[9] 黄德培等. 化学传感器原理及在临床医学中的应用. 上海：华东理工大学出版社，2003.

[10] 姚守拙. 化学与生物传感器. 北京：化学工业出版社，2006.

[11] 杨玉星. 生物医学传感器与检测技术. 北京：化学工业出版社，2005.

[12] 方惠群，于俊生，史坚. 仪器分析. 北京：科学出版社，2002.

[13] 朱明华. 仪器分析. 第 2 版. 北京：高等教育出版社，2002.

[14] 高向阳. 新编仪器分析. 第 2 版. 北京：科学出版社，2004.

[15] 化学名词审定委员会. 全国自然科学名词审定委员会公布：化学名词. 北京：科学出版社，1991.

[16] 方肇伦等. 微流控分析芯片. 北京：科学出版社，2003.

[17] 林秉承著. 微纳流控芯片实验室. 北京：科学出版社，2015.

[18] 陈文元，张卫平著. 集成微流控聚合物 PCR 芯片. 上海：上海交通大学出版社，2009.

[19] 王平. 细胞传感器. 北京：科学出版社，2007.